煤大分子结构力解作用的分子模拟

Molecular Simulation of Mechanolysis of Coal Macromolecular Structure

潘结南　杨艳辉　著

科学出版社

北京

内 容 简 介

煤在整个形成过程之中及形成之后都或多或少受到不同方向、不同性质、不同强度的构造应力作用。构造应力不仅使煤的宏观结构发生变形破坏，还对煤的微观结构甚至大分子结构产生重要影响。本书选取代表低、中、高阶煤的大分子结构模型，借助分子力学、分子动力学模拟和量子化学计算等方法，对煤聚合物在拉伸、剪切变形过程中的化学变化展开研究，揭示煤大分子结构在力作用下的化学响应及其作用机理。

本书可供煤层气(瓦斯)地质、煤地质学等方面的研究人员与科技工作者阅读参考，也可作为高等院校相关专业研究生参考书。

图书在版编目(CIP)数据

煤大分子结构力解作用的分子模拟=Molecular Simulation of Mechanolysis of Coal Macromolecular Structure / 潘结南，杨艳辉著. —北京：科学出版社，2022.2

ISBN 978-7-03-071359-9

Ⅰ. ①煤…　Ⅱ. ①潘…　②杨…　Ⅲ. ①煤–分子结构–研究　Ⅳ. ①TQ530

中国版本图书馆 CIP 数据核字(2022)第 013127 号

责任编辑：冯晓利 / 责任校对：崔向琳
责任印制：师艳茹 / 封面设计：无极书装

科学出版社 出版
北京东黄城根北街 16 号
邮政编码：100717
http://www.sciencep.com

北京九天鸿程印刷有限责任公司 印刷
科学出版社发行　各地新华书店经销
*
2022 年 2 月第 一 版　　开本：787×1092 1/16
2022 年 2 月第一次印刷　　印张：13 1/2
字数：320 000
定价：168.00 元
(如有印装质量问题，我社负责调换)

前　言

　　力化学现象的发现由来已久，而力化学作用在很长一段时间内都被认为是热的影响，直到在力作用下产生了仅靠热量无法得到的产物，力化学才被确立。力化学是研究物质受机械力的作用而发生化学变化或物理化学变化的化学分支学科，它为交叉学科相关领域的研究提供了一种新方法。作者长期从事煤与煤层气(瓦斯)地质研究，构造煤形成的微观机制、煤与瓦斯突出过程"超量"瓦斯的来源等问题采用传统理论难以得到完美解释，力化学理论为揭示其作用机理提供了可能。为此，本书采用力化学理论和分子模拟等方法，对煤大分子结构力解作用过程及机理进行深入探讨。

　　本书共 5 章，内容涉及分子力学、分子动力学、量子化学等理论方法的介绍，煤大分子结构及煤聚合物模型的构建及优化，煤聚合物模型在拉伸、剪切变形过程中的化学变化及机理。全书按照模拟顺序进行撰写，其中煤大分子结构模型的构建和优化是基础，煤聚合物模型的构建和优化是关键，拉伸和剪切变形过程的数据处理和分析是难点，化学变化和机理揭示是重点。本书着重围绕变形作用对煤大分子结构的影响进行研究，发现了力(变形)可以使煤大分子发生断键，不同作用力表现出不同的结果。其中，不同煤阶煤聚合物在拉伸作用下断裂的化学键主要是连接各个煤大分子基本结构单元的桥键、烷基主链上的化学键等，其造成煤大分子链缩短，促进煤大分子结构的演化。不同煤阶煤聚合物在剪切作用下，连接煤大分子基本结构单元的桥键及烷基主链上的化学键易受到拉伸作用，发生拉伸断裂，处于煤大分子最外围的原子(原子团)易受到周围分子施加的剪切作用，发生剪切断裂。该研究发现了很多有趣的现象，例如，剪切作用过程中能够产生气体小分子，其与分子官能团的种类和数量相关，此外也能够形成新的化学键。本书尚有许多问题未能解答，如分子间如何作用、作用过程中化学键的受力情况、化学键不同断键方式需要的能量等，这些问题在今后将会继续深入研究。

　　本书的目的是对煤的力解作用进行探讨，从而揭示煤的动力变质作用、非常规煤化作用、煤与瓦斯突出过程中超量煤层气等地质现象的机理，以此抛砖引玉，为煤聚合物力化学模拟研究提供一定的思路，为力化学的发展提供一些借鉴。

　　本书主要依托于作者主持的国家自然科学基金面上项目"构造煤甲烷吸附/解吸特征及与其微晶结构耦合机理"和河南省高校科技创新团队支持计划项目"煤层气储层

物性及其地质控制"的部分研究成果。本书的出版得到了河南理工大学创新型科研团队项目和河南理工大学资源环境学院地质资源与地质工程河南省重点学科经费资助。同时，本书的出版得到了河南理工大学齐永安教授、罗绍河教授、曹运兴教授、张玉贵教授、郑德顺教授、金毅教授、宋党育教授等多方面的帮助。

在本书的撰写过程中，得到了中国科学院大学侯泉林教授的指导。此外，中国科学院大学韩雨贞博士、王瑾博士及河南理工大学王凯博士在分子模拟与力解产气机理方面进行了有益的探讨，作者的博士生郑鹤丹、硕士生葛涛元为本书的图形绘制提供了帮助。在此一并致以衷心的感谢！

煤大分子结构的力解作用是一个新的研究方向，由于作者水平有限，书中难免存在疏漏之处，希望广大读者不吝赐教。如有任何建议、意见或者疑问，请及时联系作者，以期在后续版本中加以改进和完善。

潘结南

2021 年 4 月

目　录

第1章
绪　论

1.1　概　述

我国煤矿瓦斯灾害严重，约半数矿井为高瓦斯、突出矿井。研究表明，煤体结构较完整的煤储层不易发生煤与瓦斯突出事故，而褶皱、断层等构造部位中煤体结构破坏严重的区域，不仅富含大量的瓦斯，还是煤与瓦斯突出事故的易发区域。我国晚古生代煤储层受构造应力的作用非常强烈，地质条件相对复杂，断层、褶皱等构造比较发育，易发生煤与瓦斯突出事故。目前，关于煤与瓦斯突出的机理虽有多种假说，尚未完全形成公认的理论，但绝大多数煤与瓦斯突出与构造应力作用密切相关。不仅如此，在煤矿开采过程中也发现许多地质现象，这些现象有些能够危害煤矿的安全生产，有些是煤地质工作者广泛关切的。例如，断层附近煤镜质组反射率普遍高于同层周边煤的镜质组反射率；在煤矿井下工作面上隅角及采空区检测到氢气分子(梁汉东，2001)；内蒙古多处低阶煤煤矿井下 CO 超标，而室内实验也发现煤在加载蠕变变形的作用下，能够产生 CO 等气体(Hou et al., 2012)。这些现象说明，构造应力使煤大分子结构产生了某种化学作用，即力化学(包括应力降解和应力缩聚)作用。

众所周知，宏观上，构造应力作用能够使煤体结构发生不同程度的变形破坏，形成不同类型的构造变形煤。微观上，构造应力变形作用也能对煤大分子结构产生显著影响。由于当前科技水平的限制，缺乏相应的实验理论、方法、仪器及有效的观测手段，难以在分子水平上展开相关实验。随着计算机和计算方法的不断发展，分子动力学为研究该问题提供了技术支持。分子动力学是一门结合物理、数学和化学的计算技术，其模拟软件已经成为室内实验和理论分析不可缺少的辅助工具。借助分子动力学模拟软件可以获得在室内实验很难甚至无法获取的信息，尽管分子动力学模拟无法完全代替实验，但却可以对室内无法达到的实验条件进行有效的预测和验证。

越来越多的地质现象需要靠研究应力降解(力解)来揭示其机理，而力解正成为解决地质问题的关键之一，这也是地质学科发展未来的研究趋势。目前，煤大分子结构的构建技术已经趋于成熟，实现力解研究的模拟理论与方法已经具备。为了揭示煤与瓦斯突出的机理，必须从力解的角度对煤大分子结构受构造应力作用发生变形的微观动力学过程展开研究，查明构造变形对煤大分子结构的影响，揭示其微观变化的机理。

构造变形对煤大分子结构力解作用是煤演化过程的重要组成部分，因此对煤大分子结构力解作用的过程和机理进行研究具有重要意义，主要表现为以下几个方面。

(1) 弥补了室内实验无法在线观测煤大分子结构在应力作用下的变化过程的不足。

(2) 可以提高对煤受构造变形动力变质作用的认识，有助于揭示煤大分子力化学演化的机理。

(3) 有助于揭示煤矿开采过程中发现的多种现象，提高对煤与瓦斯突出机理的认识，对煤矿安全高效开采具有一定的指导意义。

1.2 国内外的研究现状及发展动态分析

1.2.1 国内外煤大分子结构的研究进展

1. 煤大分子结构研究方法的进展

煤大分子结构的研究方法主要分为物理测定方法和化学测定方法两大类。

1) 物理测定方法

物理测定方法主要包括：傅里叶变换红外光谱 (Fourier transform infrared spectroscopy，FTIR)、拉曼光谱 (Raman spectra)、高分辨率透射电子显微镜 (high resolution transmission electron microscope，HRTEM)、X 射线衍射 (X-ray diffraction，XRD)、X 射线光电子能谱 (X-ray photoelectron spectroscopy，XPS)、核磁共振 (nuclear magnetic resonance，NMR)。

(1) FTIR 研究成果代表如下：徐龙君等 (1998)、琚宜文等 (2005)、李小明等 (2005)、于立业等 (2015a, 2015b)、姬新强等 (2016)。

(2) Raman 光谱研究成果代表如下：李霞等 (2016)、Tuinstra 和 Koenig (1970)、Zerda 等 (1981)、Mochida 等 (1984)、Beny-Bassez 和 Rouzaud (1985)、Marques 等 (2009)、Nestler 等 (2003)、Urban 等 (2003)、Bar-Ziv 等 (2000)、Livneh 等 (2000)、Ferrari 和 Robertson (2000)、苏现波等 (2016)。

(3) HRTEM 研究成果代表如下：Mathews 等 (2010)、Castro-Marcano 等 (2012)、任秀彬等 (2015)、Yang 等 (2006)、Sharma 等 (1999, 2000a, 2000b, 2000c)、Aso 等 (2004)、Shim 等 (2000)、Palotás 等 (1996)、Wornat 等 (1995)、Niekerk 和 Mathews (2010)、Yehliu 等 (2011)、郭亚楠等 (2013)、张小东等 (2013)、Ju 和 Li (2009)、Endo 等 (1998)。

(4) XRD 研究成果代表如下：徐龙君等 (1998)、李霞等 (2016)、张小东等 (2013)、刘冬冬等 (2016)、Zubkova (2005)、李绍锋和吴诗勇 (2010)、Xu L 等 (2014)、Liu 等 (2015)、张小东和张鹏 (2014)、秦勇 (1994)、姜波等 (1998)、李小明等 (2004)、张路锁等 (2010)。

(5) XPS 研究成果代表如下：马玲玲等 (2014)、Marinov 等 (2004)、Kelemen 等

(1994)、常海洲等(2006)、刘艳华等(2004)。

(6)NMR 研究成果代表如下：杨保联等(1995)、陈红等(2009)、钱琳等(2013)、秦勇等(1998)、赵洪宝等(2016)、Guo 等(2007)、姚艳斌等(2010)、Yao 等(2014)、相建华等(2016)、Niekerk 等(2008)、Roberts 等(2015)。

物理方法针对煤样本身分子结构的特性进行检测，获取相应的特定信息。这类方法具有可重复性、操作简单和数据可靠等优势，在煤大分子结构表征上得到了广泛应用，且这类方法随着仪器的进步极大推进了煤大分子结构的研究。主要研究方法及其测定内容见表 1-1。

表 1-1　煤大分子结构的研究方法及其测定内容

研究方法	测定内容
红外/拉曼光谱(IR/Raman)	官能团、脂肪和芳香结构、芳香度
高分辨率透射电子显微镜(HRTEM)	煤大分子的基本结构单元、堆砌度、芳香层片大小等
X 射线衍射(XRD)	芳香结构的大小与排列、原子分布
X 射线光电子能谱(XPS) X 射线吸收近边结构谱(XANES)	原子价态与成键、杂原子组分、氮氧硫官能团
核磁共振谱(NMR)	碳、氢原子分布、芳香度、缩合芳香结构
质谱(MS)	碳原子分布、碳氢化合物类型、相对分子量

2) 化学测定方法

化学测定方法主要包括萃取(谢克昌，2002；张小东等，2006；张小东和张鹏，2014；季淮君等，2015；杨延辉等，2016)、加氢(谷小会等，2006a，2006b；谷红伟，2009；蔺华林等，2007a，2007b；杨辉等，2014)、热解(Zhang et al.，2013；李娜等，2016)。

化学方法通过降解煤的分子结构来获取代表性碎片，以碎片的结构推测煤大分子结构。这类方法在煤大分子结构的研究初期提供了许多基础数据，发挥了重要的作用，但这类方法的缺点是流程复杂、分析周期长、灵敏度低等，逐渐被物理方法取代。

2. 煤大分子结构构建研究进展

在过去的几十年里，煤大分子结构的研究是卓有成效的。1942 年，宾夕法尼亚州学院(现为宾夕法尼亚州立大学)构建了第一个煤大分子结构模型(Fuchs and Sandoff，1942)，该模型为兼有范德瓦耳斯力的二维结构的产生奠定了基础，也为构建煤大分子结构的研究拉开了序幕。20 世纪 40 年代又出现了两种煤大分子结构模型(Gillet，1948，1949)。50～60 年代，出现了比较著名的 Given 模型(Given，1960)和许多不广为人知的模型(Cartz and Hirsch，1960；Ladner and Stacey，1961；Hill and Lyon，1962；Given，1964；Marzec，2002)。70～80 年代，煤大分子结构模型逐渐从二维模型发展到三维模型(Spiro，1981)，其中比较著名的有 Wender 模型(Wender，1976)、Solomon 模型(Solomon，1981)、Wiser 模型(Wiser，1975)和 Shinn(Shinn，1984)模型。90 年代是计算方法的构建和表征结构的开始，随着计算化学成为一个独特的专业学科，煤大分子结构模型的研究进入了分子动力学阶段(Vorpagel and Lavin, 1992; Nakamura et al., 1993; Carlson and Faulon, 1994; Kumagai et al., 1999; Patrakov et al., 2005; Vu et al., 2005; Domazetis et al., 2005; Domazetis and James, 2006)。上述煤大分子结构模型中比较著名的模型在当时的科研水平下能够解释煤的部分性质和特征，例如，①煤大分子结构模型：Krevelen 模型、Given 模型、Wiser 模型、Shinn 模型；②煤分子间构造模型：Hirsch 模型、Riley 模型(van Krevelen and Schuyer, 1957)、交联模型(Spiro and Kosky, 1982)、两相模型或主-客(host-guest)模型(Given et al., 1986)、缔合模型(Hatcher et al., 1992)。在这些模型中，尤以 Hirsch 模型和两相模型最具有代表性。

国内以曾凡桂教授团队为代表，对煤大分子结构的构建展开了细致的研究，获得了丰硕的成果。贾燕(2002)采用溶剂抽提和红外光谱等检测方法展开了对煤大分子结构的研究；降文萍(2004)通过热解动力学提高了对煤分子结构的认识；王三跃(2004)通过核磁共振、红外光谱等实验构建了两种褐煤大分子结构模型。此后又有多位学者构建了九种煤大分子结构模型(郑仲, 2009; 吴文忠, 2010; 马延平, 2012; 李鹏鹏, 2014; 司加康, 2014; 程丽媛, 2015; 董夔, 2015; 赵云刚, 2018; 王小令, 2019)。陈皓侃等(2000)采用分子力学和分子动力学方法对不同变质程度烟煤的分子结构进行了研究。相建华等(2011, 2013)构建了兖州和成庄煤大分子结构模型，并采用分子动力学方法对模型进行了优化。Yan 等(2020)构建并评价了晋城无烟煤的煤大分子结构。

1.2.2　国内外煤大分子结构分子动力学的研究现状

近年来计算机辅助分子设计(computer-aided molecular design, CAMD)技术在煤大分子结构研究中的广泛应用(Meyers, 1982)，不但可以方便地构建某一特定的煤大分子结构模型，而且可以了解其三维立体结构，同时在分子力学、分子动力学和量子化学等研究的基础上，更加深刻地认识了煤的微观结构参数(Ohkawa et al., 1997; Takanohashi and Kawashma, 2002)。这也是煤化过程中煤大分子结构的演化过程及机理、煤分子之间相互作用方式和煤加工过程中煤大分子结构的变化及其与产物之间的关系等研究的基础(王三跃等, 2004)。

国内外学者针对煤大分子结构的分子动力学模型的密度、吸附性能、扩散系数、润湿性、热解规律等方面展开了研究。其中煤大分子结构密度模拟的代表作有 Lian 等(2020)利用 XRD、XPS、^{13}C-NMR 等实验方法构建了 DMC-S(dense medium component-scaffold)煤大分子结构模型，并将构建的模型以不同的密度放入聚合物模型中以找到能量最低时的密度，并认为这是煤大分子结构的最优密度。降文萍等(2007)通过不同数量的苯环来代表不同变质程度的煤，以此计算了不同变质程度的煤与甲烷气体之间的相互作用，结果表明煤对甲烷的吸附属于物理吸附，煤表面与甲烷分子的吸附能随着煤变质程度的升高而增加。Qiu 等(2012)利用 3 种不同的簇结构代表煤模型并研究了甲烷在不同吸附构型及不同吸附位上的吸附，研究结果显示六元环的中心位是最稳定的吸附位，甲烷以正三角锥形吸附在表面时的吸附能最大，结构最稳定，这与陈昌国等(2000)的研究结果一致。而 Liu 等(2013)在采用石墨超胞来研究煤与甲烷分子的相互作用时，发现甲烷主要以正三角锥吸附在 C—C 桥位上。Dong 等(2019)对 CO_2 和 CH_4 在中阶煤的选择性吸附进行了研究，并发现 CO_2 的吸附性能强于 CH_4，温度升高有助于 CH_4 的解吸，这与 Zhou 等(2019)和 Li 等(2019)的研究结果一致。近年来，分子动力学模拟逐渐成为解决煤体复杂物理行为的重要途径，Hu 等(2010)采用分子模拟的方法研究了 CO_2 和 CH_4 在 Wiser 煤上的吸附与扩散规律，发现 CH_4 的扩散系数大于 CO_2。马延平等(2012)构建了柳林 3#镜煤吡啶残煤大分子结构模型并进行了分子动力学模拟，探究了煤大分子结构的密度及稳定性。王宝俊等(2016)基于石墨烯缺陷对煤层气吸附与扩散行为的影响进行了研究，认为单缺陷和羰基的存在有利于煤层气的扩散。Gao Z Y 等(2019)采用分子动力学方法研究了烟煤和水的相互作用，羧基易吸水且羧基上的 H 对水的吸附强于 O 对水的吸附。Zhang 等(2020)对不同煤化程度的煤表面润湿进行研究，认为由于含氧官能团的增加，水接触角的减少顺序为烟煤、无烟煤和低阶煤。刘佳等(2015)对煤中吡咯与吡啶类氮热解进行了分子动力学模拟，两者的主要含氮产物与中间产物均为 HCN 和—CN，其他主要产物为 H_2、C_2H_2 及 C_3H_4 等；随着温度的升高和时间的增长，两者热解的产物数量与种类也越来越多，产物中的氮逐渐从 HCN 向 NH_3 和 N_2 转移，但吡啶的热解产物要远少于吡咯，且其热解时间也远远晚于吡咯。Gao M J 等(2019)对府谷煤进行了热解动力学模拟，发现其主要产物为 C_2H_4。Zheng 等(2019)对淖毛湖煤进行热解的分子动力学研究，发现—O—$(CH_2)_n$—的变化趋势与低阶煤中交联结构在低温下的反应密切相关，热解早期伴随产生高浓度的含氧化合物，二次热解能产生芳香族片段。Wang 等(2020)对褐煤的加氢热解过程中后氮的转移机理进行了研究，氮在热解体系中的转移为逐步加氢和脱烷基化的作用过程。Xu 等(2019a, 2019b)对褐煤热解动力学进行了研究，发现褐煤的热解过程主要是煤大分子结构桥键的断裂，热解产物为 C_2H_4 和酚类。

1.2.3 构造应力对煤大分子结构影响的研究进展

1. 构造应力对煤大分子结构的影响

早在 20 世纪 20 年代，White(1928, 1935)解释了美国东部煤的变质作用主要是由构造应力(thrust pressure)造成的。White 忽视了这样一些观察结果，即煤的等级可能会增加而结构变形的强度没有任何实质性差异(Ruppert et al., 2010)，这个机理因而被抹黑了。之后，随着更多有力证据的发现，人们普遍认为，温度随深度的增加，煤的等级随深度的增加而增加，这被描述为"希尔特定律"(Stach et al., 1982)。构造变形在地层中广泛存在，尽管有关构造变形对化学结构影响的证据已经积累了很多年，并提出了一些假设，但该机制仍然存在争议(Hou et al., 2012)。大多数地质学家倾向于认为，构造应力的影响实际上是热力影响，构造应力是机械工作转化为热量的结果。

从 20 世纪后期开始，煤地质学家逐渐认识到这种简化的理论不能解释所有观测到的煤化模式(Hower, 1997; Fowler and Gayer, 1999; Hower and Gayer, 2002; Sivek et al., 2008)。对于逆冲断层附近的非常规煤化作用尤其如此，在剪切带附近或内部发现煤的镜质组反射率升高。大多数研究人员将逆断层附近的局部煤炭变质程度升高归因于微剪切导致的摩擦热的作用。典型的例子：①Bustin(1983)报道的落基山脉的例子；②England 和 Bustin(1986)报道的加拿大东南部科迪勒拉山脉的例子；③Suchy 等(1997)报道的瑞士阿尔卑斯山 Kandersteg 地区的例子。石墨化作用、煤化作用的结束阶段也可能发生在含碳丰富的断层上（Kuo et al., 2014; Buseck and Beyssac, 2014）。石墨化研究普遍认为，剪切应力在这一过程中起着至关重要的作用（Wilks et al., 1993; Barzoi, 2015），这可能促进基本结构单元的逐步对齐（Bustin, 1995a, 1995b）并降低煤石墨化的活化能（Ross and Bustin, 1990）。石墨化可以在低至 600℃ 的剪切实验中发生，比加热温度（高于 2000℃）低得多（Bustin et al., 1995a, 1995b）。使用电子顺磁共振（eletron paramagnetic resonance, EPR），研究人员发现在应力/机械力作用下可通过键断裂诱导出更多的自由基（李小明和曹代勇，2009; Liu et al., 2014）。FTIR 和 ^{13}C-NMR 的结果表明，与相邻的主煤相比，构造变形煤（tectonically deformed coal, TDC）具有较低的脂肪族碳原子和较高的芳族碳（Ju et al., 2005; 李小明等，2005; Cao et al., 2007; Li et al., 2011; Xu et al., 2015）。由于 TDC 和原煤是从邻近地区采样的，认为它们经历了相同的热演化，它们之间的差异是应力的影响。应力对 TDC 的影响可总结为"应力降解"和"应力缩聚"（Cao et al., 2007），这意味着应力可以促进煤炭的早期演化。

20 世纪末至今，以曹运兴、张玉贵、侯泉林、肖藏岩等为代表的国内专家对煤的构造应力演化进行了研究。曹运兴等（1996）通过 XRD 和 EPR 等实验对煤的动力变质作用进行了研究，他们认为动力变质作用广泛存在，动力变质的演化方向与深成变质的演化方向一致，但路径不同。张玉贵等研究团队从量子力学、力化学的角度对构造煤的演化及生烃作用进行了研究，认为力化学的作用使大分子链烃断裂，降解为分子量较小的自由基团，以流体有机质形式（烃类）逸出；另外力化学为聚合、芳构化等反应提供能量，芳香化程度增加，表现出力化学的缩聚特征（王宝俊等，2003; 张玉贵等，2005, 2007, 2008; 姜家钰，2014）。Li 等（2018）通过研磨实验研究了机械化学对煤自燃的影响，煤会在机械作用下氧化生成大量的含氧官能团；侯泉林团队（Xu R T et al., 2014; Han et al., 2017; Wang et al., 2017, 2019）通过实验和量子力学计算并研究了煤变形过程中的产气过程及机理，认为应力使煤大分子结构的化学键断裂产生 CO 和 CH_4，在低阶煤中脂肪侧链容易断裂，中阶煤中容易在平行方向产生更大的芳香层，应力可以促进煤大分子结构的演变。李小诗等（2012）根据对两淮煤田构造煤样品进行的 XRD、Raman 光谱与 FTIR 的综合研究，认为不同变形机理构造的变形作用可以引起构造煤大分子结构的变化。脆性变形作用主要将机械能转换成（摩擦）热能，导致部分脂肪类官能团和烷烃支链等侧链小分子断裂脱落，促进了降解作用；韧性变形煤通过大分子结构单元位错的增加积累转换成应变能，在缓慢的变形过程中使部分降解的小分子逐步缩聚成芳环，促进缩聚作用的进行。有学者通过红外光谱和扫描电镜对低阶烟煤进行分析（肖藏岩等，2015; 肖藏岩，2016），认为在还原性较强的条件下，煤分子侧链因构造应力的作用而断裂、脱落产生大量自由基，这些自由基部分相互结合产生 CO。Liu 等（2018）对煤化学结构在亚高温、高压下的变化规律进行了研究，认为韧性变形可导致芳香族碳总量的增加，分子结构紊乱程度的降低，二级结构缺陷的减少。塑性变形下过量的应变能积累则可以导致煤中芳香层分子结构的位错和滑移及次生结构缺陷的增加。Liu 等（2019）对低阶煤受构造应力的化学结构演化进行了研究：在煤变形过程中，桥键更容易被拉伸甚至断裂，把煤分子裂解成几个更小的部分。含氧官能团和甲基可因变形而脱落。韧性变形通过促进小的无序单元嵌入次级结构缺陷，不仅增加了芳香族层的凝结程度，还提高了芳香层的有序度和堆积度。

2. 力化学的研究进展

Baláž 和 Dutková(2009)研究了精细铣削在机械化学中的应用，与传统工艺相比其在晶体工程、材料工程、煤炭工业、建筑业、农业、制药和废物处理等方面有较好的应用前景。近年来原子力显微镜(AFM)和分子动力学模拟技术的应用表明，应力可直接作用于分子(Frank and Friedrichs, 2009; Weder, 2009; Craig, 2012)，通过化学键变化（包括化学键断裂、伸长、扭转等情况）从而引发或加速反应(Duwez et al., 2006; Hickenboth et al., 2007; Wang et al., 2008; Davis et al., 2009; Kryger et al., 2011; Brantley et al., 2012; Stöttinger et al., 2014; Felts et al., 2015; Dopieralski et al., 2017)。这减少了化学反应的能垒并加速了反应(Smalø and Uggerud, 2012)。这与热量如何影响反应则完全不同(Seidel and Kuhnemuth, 2014)。加热可以增加反应物的能量，使更多的反应物超越反应能垒并反应，但热量不能减少反应能垒。通过改变反应能垒，应力甚至可以改变反应途径。

参 考 文 献

曹运兴, 张玉贵, 李凯琦, 等. 1996. 构造煤的动力变质作用及其演化规律. 煤田地质与勘探, (4): 15-18.

常海洲, 王传格, 曾凡桂, 等. 2006. 不同还原程度煤显微组分组表面结构 XPS 对比分析. 燃料化学学报, 34(4): 389-394.

陈昌国, 魏锡文, 鲜学福. 2000. 用从头计算法研究煤表面与甲烷分子的相互作用. 重庆大学学报(自然科学版), 23(3): 77-79.

陈皓侃, 李保庆, 李文. 2000. 分子力学和分子动力学方法研究不同变质程度烟煤的分子结构. 燃料化学学报, 28(5): 459-462.

陈红, 葛岭梅, 李建伟. 2009. 微波辅助抽提煤的条件优化及抽提物和残煤的分析. 煤炭学报, 34(4): 546-550.

程丽媛. 2015. 屯兰 8 号煤大分子结构模型及其热解过程中氢气与甲烷生成动力学. 太原: 太原理工大学.

董夒. 2015. 太原西山西铭 8 号煤大分子结构构建及甲烷吸附机理研究. 太原: 太原理工大学.

谷红伟. 2009. 神华煤及其显微组分的分子式探讨研究. 洁净煤技术, 15(5): 71-73.

谷小会, 史士东, 周铭. 2006a. 神华煤直接液化残渣中沥青烯组分的分子结构研究. 煤炭学报, 31(6): 785-789.

谷小会, 周铭, 史士东. 2006b. 神华煤直接液化残渣中重质油组分的分子结构. 煤炭学报, 31(1): 76-80.

郭亚楠, 唐跃刚, 王绍清, 等. 2013. 树皮残植煤显微组分分离及高分辨透射电镜图像分子结构. 煤炭学报, 38(6): 1019-1024.

姬新强, 要惠芳, 李伟. 2016. 韩城矿区构造煤红外光谱特征研究. 煤炭学报, 41(8): 2050-2056.

季淮君, 李增华, 彭英健, 等. 2015. 煤的溶剂萃取物成分及对煤吸附甲烷特性影响. 煤炭学报, 40(4): 856-862.

贾燕. 2002. 褐煤结构的实验分析. 太原: 太原理工大学.

姜波, 秦勇, 金法礼, 等. 1998. 高温高压实验变形煤 XRD 结构演化. 煤炭学报, 23(4): 188-193.

姜家钰. 2014. 构造煤结构演化及其对瓦斯特性的控制. 焦作: 河南理工大学.

降文萍. 2004. 煤热解动力学及其挥发分析出规律的研究. 太原: 太原理工大学.

降文萍, 崔永君, 张群, 等. 2007. 不同变质程度煤表面与甲烷相互作用的量子化学研究结果. 煤炭学报, 32(3): 292-295.

琚宜文, 姜波, 侯泉林, 等. 2005. 构造煤结构成分应力效应的傅里叶变换红外光谱研究. 光谱学与光谱分析, 25(8): 1216-1220.

李鹏鹏. 2014. 杜儿坪 2 号煤结构模型构建及其分子模拟. 太原: 太原理工大学.

李娜, 刘全生, 甄明, 等. 2016. 不同变质程度煤燃烧反应性及 FTIR 分析其热解过程结构变化. 光谱学与光谱分析, 36(9): 2760-2765.

李霞, 曾凡桂, 王威, 等. 2016. 低中煤级煤结构演化的拉曼光谱表征. 煤炭学报, 41(9): 2298-2304.

李绍锋, 吴诗勇. 2010. 高温下煤焦的碳微晶及孔结构的演变行为. 燃料化学学报, 38(5): 514-517.

李小明, 曹代勇. 2009. 不同变质类型煤的电子顺磁共振特征对比分析. 现代地质, 23(3): 531-534.

李小明, 曹代勇, 张守仁, 等. 2004. 不同变质类型煤的 XRD 结构演化特征. 煤田地质与勘探, 31(3): 5-7.

李小明, 曹代勇, 张守仁, 等. 2005. 构造煤与原生结构煤的显微傅里叶红外光谱特征对比研究. 中国煤田地质, 17(3): 9-11.

李小诗, 琚宜文, 侯泉林, 等. 2012. 不同变形机制构造煤大分子结构演化的谱学响应. 中国科学: 地球科学, (11): 1690-1700.

梁汉东. 2001. 煤岩自然释放氢气与瓦斯突出关系初探. 煤炭学报, (6): 637-642.

蔺华林, 张德祥, 彭俊, 等. 2007a. 神华煤直接液化循环油的分析表征. 燃料化学学报, 35(1): 104-108.

蔺华林, 张德祥, 徐熠. 2007b. 煤液化油分子结构的研究. 石油化工, 36(5): 513-518.

刘佳, 郭欣, 郑楚光. 2015. 煤中吡咯与吡啶类氮热解的分子动力学模拟. 燃烧科学与技术, 21(4): 357-362.

刘冬冬, 高继慧, 吴少华. 2016. 热解过程煤焦微观结构变化的 XRD 和 Raman 表征. 哈尔滨工业大学学报, 48(7): 39-45.

刘艳华, 车得福, 徐通模. 2004. 利用 X 射线光电子能谱确定煤及其残焦中硫的形态. 西安交通大学学报, 38(1): 101-104.

马玲玲, 秦志宏, 张露, 等. 2014. 煤有机硫分析中 XPS 分峰拟合方法及参数设置. 燃料化学学报, 42(3): 277-283.

马延平. 2012. 柳林 3#煤的超分子构建及分子模拟. 太原: 太原理工大学.

马延平, 相建华, 李美芬, 等. 2012. 柳林 3#镜质组残煤大分子结构模型及分子模拟. 燃料化学学报, 40(11): 1300-1309.

钱琳, 孙绍增, 王东, 等. 2013. 两种褐煤的 ^{13}C-NMR 特征及高温快速热解模拟研究. 煤炭学报, 38(3): 455-460.

秦勇. 1994. 中国高煤级煤的显微岩石学特征及结构演化. 徐州: 中国矿业大学出版社.

秦勇, 姜波, 宋党育. 1998. 高煤级煤炭结构 ^{13}C-NMR 演化及其机理探讨. 煤炭学报, 23(6): 634-638.

任秀彬, 辛文辉, 张亚婷, 等. 2015. 基于 HRTEM 的低阶烟煤微晶结构研究. 煤炭学报, 40(S1): 242-246.

司加康. 2014. 马兰 8 号煤大分子结构模型构建及分子模拟. 太原: 太原理工大学.

苏现波, 司青, 宋金星. 2016. 煤的拉曼光谱特征. 煤炭学报, 41(5): 1197-1202.

王宝俊, 张玉贵, 谢克昌. 2003. 量子化学计算在煤的结构与反应性研究中的应用. 化工学报, 54(4): 477-488.

王宝俊, 章丽娜, 凌丽霞, 等. 2016. 煤分子结构对煤层气吸附与扩散行为的影响. 化工学报, 67(6): 2548-2557.

王三跃. 2004. 褐煤结构的分子动力学模拟及量子化学研究. 太原: 太原理工大学.

王三跃, 曾凡桂, 田永圣, 等. 2004. 分子模拟在煤大分子结构演化研究中的应用及进展. 太原理工大学学报, 35(5): 541-544.

王小令. 2019. 曹村 2 号煤的大分子模型构建及 HRTEM 分析. 太原: 太原理工大学.

吴文忠. 2010. 神东煤惰质组结构特征及其与 CH_4、CO_2 和 H_2O 相互作用的分子模拟. 太原: 太原理工大学.

相建华, 曾凡桂, 梁虎珍, 等. 2011. 兖州煤大分子结构模型构建及其分子模拟. 燃料化学学报, 39(7): 481-488.

相建华, 曾凡桂, 李彬, 等. 2013. 成庄无烟煤大分子结构模型及其分子模拟. 燃料化学学报, 41(4): 391-399.

相建华, 曾凡桂, 梁虎珍, 等. 2016. 不同变质程度煤的碳结构特征及其演化机制. 煤炭学报, 41(6): 1498-1506.

肖藏岩. 2016. 温压作用下低煤级煤分子结构演化及 CO 生成机理. 徐州: 中国矿业大学.

肖藏岩, 韦重韬, 郭立稳, 等. 2015. 开滦矿区低级烟煤大分子结构演化特征及 CO 成因. 煤田地质与勘探, (2): 8-12.

谢克昌. 2002. 煤的结构和反应性. 北京: 科学出版社.

徐龙君, 鲜学福, 刘成伦, 等. 1998. 用 X 射线衍射和 FTIR 光谱研究突出区煤的结构. 重庆大学学报(自然科学版), 28(4): 411-417.

杨辉, 宋怀河, 陈晓红, 等. 2014. 煤加氢液化残渣平均分子结构研究. 煤炭学报, 39(S1): 225-230.

杨保联, 李丽云, 叶朝辉. 1995. 用 ^{13}C-NMR 及 DEPT 技术分析气煤加氢产物中沥青烯段分的组成结构. 燃料化学学报, 23(4): 410-415.

杨延辉, 张小东, 杨艳磊, 等. 2016. 溶剂萃取后构造煤的微晶及化学结构参数变化特征. 煤炭学报, 41(10): 2638-2644.

姚艳斌, 刘大猛, 蔡益栋, 等. 2010. 基于 NMR 和 X-CT 的煤的孔裂隙精细定量表征. 中国科学: 地球科学, 40(11): 1598-1607.

于立业, 琚宜文, 李小诗. 2015a. 高煤级煤岩流变作用的谱学研究. 光谱学与光谱分析, 35(4): 899-904.

于立业, 琚宜文, 李小诗. 2015b. 基于流变实验和红外光谱检测的高煤级煤流变特征. 煤炭学报, 40(2): 431-438.

张路锁, 关英斌, 李海梅, 等. 2010. 利用 XRD 法探讨邢台隆东井田煤变质规律. 煤田地质与勘探, 38(2): 1-4.

张小东, 张鹏. 2014. 不同煤级煤分级萃取后的 XRD 结构特征及其演化机理. 煤炭学报, 39(5): 941-946.

张小东, 秦勇, 桑树勋, 等. 2006. 不同煤级煤及其萃余物吸附性能的研究. 地球化学, 35(5): 567-574.

张小东, 孔令菲, 秦勇, 等. 2013. 龙口褐煤萃取后微晶结构的 XRD 与 HRTEM 研究. 煤炭学报, 38(6): 1025-1030.

张玉贵, 张子敏, 谢克昌. 2005. 煤演化过程中力化学作用与构造煤结构. 河南理工大学学报(自然科学版), 24(2): 95-99.

张玉贵, 张子敏, 曹运兴. 2007. 构造煤结构与瓦斯突出. 煤炭学报, 32(3): 281-284.

张玉贵, 张子敏, 张小兵等. 2008. 构造煤演化的力化学作用机制. 中国煤炭地质, 20(10): 11-13.

赵洪宝, 王中伟, 胡桂林. 2016. 动力冲击对煤岩内部微结构影响的 NMR 定量表征. 岩石力学与工程学报, 35(8): 1569-1577.

赵云刚. 2018. 脱灰处理对伊敏褐煤微观结构影响的实验与分子模拟研究. 太原: 太原理工大学.

郑仲. 2009. 神东煤镜质组结构特征及其对 CH_4、CO_2 和 H_2O 吸附的分子模拟. 太原: 太原理工大学.

Aso H, Matsuoka K, Sharma A, et al. 2004. Evaluation of size of graphene sheet in anthracite by a temperature-programmed oxidation method. Energy Fuels, 18(5): 1309-1314.

Baláž P, Dutková E. 2009. Fine milling in applied mechanochemistry. Minerals Engineering, 22(7-8): 681-694.

Bar-Ziv E, Zaida A, Salatino P, et al. 2000. Diagnostic of carbon gasification by Raman microprobe spectroscopy. Proceeding of the Combustion Institute, 28(2): 2369-2374.

Barzoi S C. 2015. Shear stress in the graphitization of carbonaceous matter during the low-grade metamorphism from the northern Parang Mountains (South Carpathians) Implications to graphite geothermometry. International Journal of Coal Geology, 146: 179-187.

Beny-Bassez C, Rouzaud J N. 1985. Characterisation of carbonaceous materials by correlated electron and optical microscopy and Raman microspectrometry. Scanning Electron Microscopy, (1): 119-132.

Brantley J N, Konda S S M, Makarov D E, et al. 2012. Regiochemical effects on molecular stability: A mechanochemical evaluation of 1,4- and 1,5-disubstituted triazoles. Journal of the American Chemical Society, 134(24): 9882-9885.

Buseck P R, Beyssac O. 2014. From organic matter to graphite: Graphitization. Elements, 10(6): 421-426.

Bustin R M. 1983. Heating during thrust faulting in the Rocky Mountains: Friction or fiction. Tectonophysics, 95(3-4): 309-328.

Bustin R M, Ross J V, Rouzaud J N. 1995a. Mechanisms of graphite formation from kerogen: Experimental evidence. International Journal of Coal Geology, 28(1): 1-36.

Bustin R M, Rouzaud J N, Ross J V. 1995b. Natural graphitization of anthracite: Experimental considerations. Carbon, 33(5): 679-691.

Cao D Y, Li X M, Zhang S R. 2007. Influence of tectonic stress on coalification: Stress degradation mechanism and stress polycondensation mechanism. Science in China: Series D-Earth Sciences, 50: 43-54.

Carlson G A, Faulon J L. 1994. Applications of molecular modeling in coal research. Fuel & Energy Abstracts, 39(1): 18-22.

Cartz L, Hirsch P B. 1960. A contribution to the structure of coals from X-ray diffraction studies. Philosophical Transactions of the Royal Society of London. Series A, Mathematical and Physical Sciences, 252(1019): 557-602.

Castro-Marcano F, Lobodin V V, Rodgers R P, et al. 2012. A molecular model for Illinois No. 6 Argonne Premium coal: Moving toward capturing the continuum structure. Fuel, 95: 35-49.

Craig S L. 2012. Mechanochemistry: A tour of force. Nature, 487: 176-177.

Davis D A, Hamilton A, Yang J L, et al. 2009. Force-induced activation of covalent bonds in mechanoresponsive polymeric materials. Nature, 459(7243): 68-72.

Domazetis G, James B D. 2006. Molecular models of brown coal containing inorganic species. Organic Geochemistry, 37(2): 244-259.

Domazetis G, Liesegang J, James B D. 2005. Studies of inorganics added to low-rank coals for catalytic gasification. Fuel Processing Technology, 86(5): 463-486.

Dong K, Zeng F G, Jia J C, et al. 2019. Molecular simulation of the preferential adsorption of CH_4 and CO_2 in middle. Molecular Simulation, 45(1): 15-25.

Dopieralski P, Ribas-Arino J, Anjukandi P, et al. 2017. Unexpected mechanochemical complexity in the mechanistic scenarios of disulfide bond reduction in alkaline solution. Nature Chemistry, 9: 164-170.

Duwez A S, Cuenot S, Jérome C, et al. 2006. Mechanochemistry: Targeted delivery of single molecules. Nature Nanotechnology, 1(2): 122-125.

Endo M, Furuta T, Minoura F, et al. 1998. Visualized observation of pores in activated carbon fibers by HRTEM and combined image processor. Supramolecular Science, 5(3-4): 261-266.

England T D J, Bustin R M. 1986. Effect of thrust faulting on organic maturation in the southeastern Canadian Cordillera. Organic Geochemistry, 10(1-3): 609-616.

Felts J R, Oyer A J, Hernandez S C, et al. 2015. Direct mechanochemical cleavage of functional groups from graphene. Nature Communications, 6: 6467.

Ferrari A C, Robertson J. 2000. Interpretation of Raman spectra of disordered and amorphous carbon. Physical Review B, 61(20): 14095-14107.

Fowler P, Gayer R A. 1999. The association between tectonic deformation, inorganic composition and coal rank in the bituminous coals from the South Wales coalfields United Kingdom. International Journal of Coal Geology, 42(1): 1-31.

Frank I, Friedrichs J. 2009. Mechanostereochemistry: Breaking the rules. Nature, 1: 264-265.

Fuchs W, Sandoff A G. 1942. Theory of coal pyrolysis. Industrial & Engineering Chemistry Research, 34: 567.

Gao M J, Li X X, Ren C X, et al. 2019. Construction of a multicomponent molecular model of Fugu coal for ReaxFF-MD pyrolysis simulation. Energy & Fuels, 33: 2848-2858.

Gao Z Y, Ma C Z, Lv G, et al. 2019. Car-Parrinello molecular dynamics study on the interaction between lignite and water molecules. Fuel, 258: 116189.

Gillet A. 1948. La molecule de houille. Bulletin Des Societes Chimiques Belges, 57(7-9): 298-306.

Gillet A. 1949. Constitution of coal. Research, 2: 407-414.

Given P H. 1960. The distribution of hydrogen in coals. Fuel, 39: 147-153.

Given P H. 1964. The chemical study of coal macerals//Advances in Organic Geochemistry, Proceedings of the International Meeting, Milan.

Given P H, Marzec A, Burton W A, et al. 1986. The concept of a mobile or molecular phase within the macromolecular network of coals: A debate. Fuel, 65(2): 155-163.

Guo R, Mannhardt K, Kantzas A. 2007. Characterizing moisture and gas content of coal by low-field NMR. Journal of Canadian Petroleum Technology, 46(10): 49-54.

Hatcher P G, Faulon J L, Wenzel K A, et al. 1992. A three dimensional structural model for vitrinite from high volatile bituminous coal. Preprints of Papers-American Chemical Society, Division of Fuel Chemistry, 37: 886-892.

Han Y Z, Wang J, Dong Y J, et al. 2017. The role of structure defects in the deformation of anthracite and their influence on the macromolecular structure. Fuel, 206: 1-9.

Hickenboth C R, Moore J S, White S R, et al. 2007. Biasing reaction pathways with mechanical force. Nature, 446: 423-427.

Hill G B, Lyon L B. 1962. A new chemical structure for coal. Industrial & Engineering Chemistry Research, 54(6): 36-41.

Hou Q L, Li H J, Fan J J, et al. 2012. Structure and coalbed methane occurrence in tectonically deformed coals. Science in China: Earth-Science Reviews, 55(11): 1755-1763.

Hower J C. 1997. Observations on the role of the Bernice coal field (Sullivan County, Pennsylvania) anthracites in the development of coalification theories in the Appalachians. International Journal of Coal Geology, 33(2): 95-102.

Hower J C, Gayer R A. 2002. Mechanisms of coal metamorphism: case studies from Paleozoic coalfields. International Journal of Coal Geology, 50(1-4): 215-245.

Hu H X, Li X C, Fang Z M, et al. 2010. Small-molecule gas sorption and diffusion in coal: Molecular simulation. Energy, 35(7): 2939-2944.

Ju Y W, Li X S. 2009. New research progress on the ultrastructure of tectonically deformed coals. Progress in Natural Science, 19(11): 1455-1466.

Ju Y W, Jiang B, Hou Q L, et al. 2005. ^{13}C-NMR spectra of tectonic coals and the effects of stress on structural components. Science in China Series D-Earth Sciences, 48: 1418-1437.

Kelemen S R, Gorbaty M L, Kwiatek P J. 1994. Quantification of nitrogen forms in Argonne Premium coals. Energy Fuels, 8(4): 896-906.

Kryger M J, Munaretto A M, Moore J S. 2011. Structure-mechanochemical activity relationships for cyclobutane mechanophores. Journal of the American Chemical Society, 133: 18992-18998.

Kumagai H, Chiba T, Nakamura K. 1999. Change in physical and chemical characteristics of brown coal along with progress of moisture release. Fuel & Energy Abstracts, 43(1): 2.

Kuo L W, Li H B, Smith S A F, et al. 2014. Gouge graphitization and dynamic fault weakening during the 2008 Mw 7.9 Wenchuan earthquake. Geology, 42: 47-50.

Ladner W R, Stacey A E. 1961. Possible coal structures. Fuel, 40(5): 452-454.

Li J H, Li Z H, Yang Y L, et al. 2018. Experimental study on the effect of mechanochemistry on coal spontaneous combustion. Powder Technology, 339: 102-110.

Li X S, Ju Y W, Hou Q L, et al. 2011. Spectrum research on metamorphic and deformation of tectonically deformed coals. Spectroscopy & Spectral Analysis, 31(8): 2176-2182.

Li Y, Yang Z Z, Li X G. Molecular simulation study on the effect of coal rank and moisture on CO_2/CH_4 competitive adsorption. Energy & Fuels, 2019, 33(9): 9087-9098.

Lian L L, Qin Z H, Li C S, et al. 2020. Molecular model construction of the dense medium component scaffold in coal for molecular aggregate simulation. ACS Omega, 5(22): 13375-13383.

Liu H W, Jiang B, Liu J G, et al. 2018. The evolutionary characteristics and mechanisms of coal chemical structure in micro deformed domains under sub-high temperatures and high pressures. Fuel, 222: 258-268.

Liu H W, Jiang B, Song Y, et al. 2019. The tectonic stress-driving alteration and evolution of chemical structure for low-to medium-rank coals-by molecular simulation method. Arabian Journal of Geosciences, 12(23): 726.

Liu H Y, Xu L, Jin Y, et al. 2015. Effect of coal rank on structure and dielectric properties of chars. Fuel, 153(1): 249-256.

Liu J X, Jiang X M, Shen J, et al. 2014. Chemical properties of superfine pulverized coal particles. Part 1. Electron paramagnetic resonance analysis of free radical characteristics. Advanced Powder Technology, 25: 916-925.

Liu X Q, Xue Y, Tian Z Y, et al. 2013. Adsorption of CH_4 on nitrogen- and boron-containing carbon models of coal predicted by density-functional theory. Applied Surface Science, 285: 190-197.

Livneh T, Bar-Ziv E, Senneca O, et al. 2000. Evolution of reactivity of highly porous chars from raman microscopy. Combustion Science and Technology, 153(1): 65-82.

Marinov S P, Tyuliev G, Stefanova M, et al. 2004. Low rank coals sulphur functionality study by AP-TPR/TPO coupled with MS and potentiometric detection and by XPS. Fuel Processing Technology, 85(4): 267-277.

Marques M, Suárez-Ruiz I, Flores D, et al. 2009. Correlation between optical, chemical and micro-structural parameters of high-rank coals and graphite. International Journal of Coal Geology, 77(3-4): 377-382.

Marzec A. 2002. Towards an understanding of the chemical structure of coal: A review. Fuel Processing Technology, 77-78: 25-32.

Mathews J P, Fernandez-Also V, Daniel J A, et al. 2010. Determining the molecular weight distribution of Pocahontas No. 3 low-volatile bituminous coal utilizing HRTEM and laser desorption ionization mass spectra data. Fuel, 89(7): 1461-1469.

Meyers R A.1982. Coal Structure. New York: Academic Press.

Mochida I, Korai Y, Fujitsu H, et al. 1984. Aspects of gasification and structure in cokes from coals. Fuel, 63(1): 136-139.

Nakamura K, Murata S, Nomura M. 1993. CAMD study of coal model molecules. 1. Estimation of physical density of coal model molecules. Energy Fuels, 7: 347-350.

Nestler K, Dietrich D, Witke K, et al. 2003. Thermogravimetric and Raman spectroscopic investigations on different coals in comparison to dispersed anthracite found in permineralized tree fern Psaronius sp. Journal of Molecular Structure, S661-662(25): 357-362.

Niekerk D V, Mathews J P. 2010. Molecular representations of Permian-aged vitrinite-rich and inertinite-rich South African coals. Fuel, 89(1): 73-82.

Niekerk D V, Pugmire R J, Solum M S, et al. 2008. Structural characterization of vitrinite-rich and inertinite-rich Permian-aged South African bituminous coals. International Journal of Coal Geology, 76(4): 290-300.

Ohkawa T, Sasai T, Komoda N, et al. 1997. Computer-aided construction of coal molecular structure using construction know ledge and partial structure evaluation. Energy Fuels, 11(5): 937-944.

Palotás Á B, Rainey L C, Sarofim A F, et al. 1996. Effect of oxidation on the microstructure of carbon blacks. Energy Fuels, 10(1): 254-259.

Patrakov Y F, Kamyanov V F, Fedyaeva O N. 2005. A structural model of the organic matter of Barzas liptobiolish coal. Fuel, 84: 189-199.

Qiu N X, Xue Y, Guo Y, et al. 2012. Adsorption of methane on carbon models of coal surface studied by the density functional theory including dispersion correction(DFT-D3). Computational and Theoretical Chemistry, 992: 37-47.

Roberts M J, Everson R C, Neomagus H W J P, et al. 2015. Influence of maceral composition on the structure, properties and behaviour of chars derived from South African coals. Fuel, 142: 9-20.

Ross J V, Bustin R M. 1990. The role of strain energy in creep graphitization of anthracite. Nature, 343: 58-60.

Ruppert L F, Hower J C, Ryder R T, et al. 2010. Geologic controls on thermal maturity patterns in Pennsylvanian coal-bearing rocks in the Appalachian basin. International Journal of Coal Geology, 81: 169-181.

Seidel C A M, Kuhnemuth R. 2014. Mechanochemistry: Molecules under pressure. Nature Nanotechnology, 9(3): 164-165.

Sharma A, Kyotani T, Tomitz A. 1999. A new quantitative approach for microsctructural analysis of coal char using HRTEM images. Fuel, 78(10): 1203-1212.

Sharma A, Kyotani T, Tomitz A. 2000a. Comparison of structural parameters of PF carbon from XRD and HRTEM techniques. Carbon, 34(14): 1977-1984.

Sharma A, Kyotani T, Tomitz A. 2000b. Direct observation of raw coals in lattice fringe mode using high-resolution transmission electron microscopy. Energy Fuels, 14(6): 1219-1225.

Sharma A, Kyotani T, Tomitz A. 2000c. Direct observation of layered structure of coals by a transmission electron microscope. Energy Fuels, 14(2): 515-516.

Shim H S, Hurt R H, Yang N Y C. 2000. A methodology for analysis of 002 lattice fringe images and its application to combustion-derived carbons. Carbon, 38(1): 29-45.

Shinn J H. 1984. From coal to single stage and two-stage products: A reactive model of coal structure. Fuel, 63(9): 1187-1196.

Sivek M, Čáslavský M, Jirásek J. 2008. Applicability of hilt s law to the Czech part of the upper silesian coal basin (Czech Republic). International Journal of Coal Geology, 73(2): 185-195.

Smalø H S, Uggerud E. 2012. Ring opening vs. direct bond scission of the chain in polymeric triazoles under the influence of an external force. Chemical Communications, 48(84): 10443-10445.

Solomon P R. 1981. Coal Structure and Thermal Decomposition. Washington D C: ACS Publications.

Spiro C L, Kosky P G. 1982. Space-filling models for coal. 2. Extension to coals of various rank. Fuel, 61(11): 1080-1084.

Spiro C L. 1981. Space-filling models for coal: A molecular description of coal plasticity. Fuel, 60(12): 1121-1126.

Stach E, Mackowsky M H, Teichmüller M, et al. 1982. Stach's Textbook of Coal Petrology. Berlin: Gebruder Borntraeger.

Stöttinger S, Hinze G, Diezemann G, et al. 2014. Impact of local compressive stress on the optical transitions of single organic dye molecules. Nature Nanotechnology, 9: 182-186.

Suchy V, Frey M, Wolf M. 1997. Vitrinite reflectance and shear-induced graphitization in orogenic belts: A case study from the Kandersteg area, Helvetic Alps Switzerland. International Journal of Coal Geology, 34(1-2): 1-20.

Takanohashi T, Kawashma H. 2002. Construction of a model structure for Upper Freeport coal using ^{13}C-NMR chemical shift calculations. Energy Fuels, 16(2): 379-387.

Tuinstra F, Koenig J L. 1970. Raman spectrum of graphite. Journal of Chemical Physics, 53(3): 1126-1130.

Urban O, Jehlička J, Pokorný J, et al. 2003. Influence of laminar flow on preorientation of coal tar pitch structural units: Raman microspectroscopic study. Spectrochimica Acta Part A: Molecular and Biomolecular Spectroscopy, 59(10): 2331-2340.

van Krevelen D W, Schuyer J. 1957. Coal Sciences. Amsterdam: Elsevier.

Vorpagel E R, Lavin J G. 1992. Most stable configurations of polynuclear aromatic hydrocarbon molecules in pitches via molecular modeling. Carbon, 30(7): 1033-1040.

Vu T, Yarovsky I, Chaffee A L. 2005. Molecular modeling of water interactions with fossil wood from Victorian browncoal. 12th International Conference on Coal Science and Technology, Okinawa.

Wang J, Han Y Z, Chen B Z, et al. 2017. Mechanisms of methane generation from anthracite at low temperatures: Insights from quantum chemistry calculations. International Journal of Hydrogen Energy, 42(30): 18922-18929.

Wang J, Guo G J, Han Y Z, et al. 2019. Mechanolysis mechanisms of the fused aromatic rings of anthracite coal under shear stress. Fuel, 253: 1247-1255.

Wang J P, Wang Y N, Li G Y, et al. 2020. ReaxFF molecular dynamics study on nitrogen-transfer mechanism in the hydropyrolysis process of lignite. Chemical Physics Letters, 744: 137214.

Wang W H, Kistler K A, Sadeghipour K, et al. 2008. Molecular dynamics simulation of AFM studies of a single polymer chain. Physics Letters A, 372(47): 7007-7010.

Weder C. 2009. Mechanochemistry: Polymers react to stress. Nature, 459: 45-46.

Wender I. 1976. Catalytic synthesis of chemicals from coal. Catalysis Reviews-Science and Engineering, 14(1): 97-129.

White D. 1928. Some factors in rock metamorphism. Proceedings of the National Academy of Sciences, 14(1): 5-7.

White D. 1935. Metamorphism of organic sediments and derived oils. American Association of Petroleum Geologists, 19: 589-617.

Wilks K R, Mastalerz M, Bustin R M, et al. 1993. The role of shear strain in the graphitization of a high-volatile bituminous and an anthracitic coal. International Journal of Coal Geology, 22(3-4): 247-277.

Wiser W H. 1975. Reported in division of fuel chemistry. Preprints, 20(1): 122.

Wornat M J, Hurt R H, Yang N Y C, et al. 1995. Structural and compositional transformations of biomass chars during combustion. Combust Flame, 100(1/2): 131.

Xu F, Liu H, Wang Q, et al. 2019a. ReaxFF-based molecular dynamics simulation of the initial pyrolysis mechanism of lignite. Fuel Processing Technology, 195: 106147.

Xu F, Liu H, Wang Q, et al. 2019b. Study of non-isothermal pyrolysis mechanism of lignite using ReaxFF molecular dynamics simulations. Fuel, 256: 115884.

Xu L, Liu H Y, Jin Y, et al. 2014. Structural order and dielectric properties of coal chars. Fuel, 137(4): 164-171.

Xu R T, Li H J, Guo C C, et al. 2014. The mechanisms of gas generation during coal deformation: Preliminary observations. Fuel, 117(1): 326-330.

Xu R T, Li H J, Hou Q L, et al. 2015. The effect of different deformation mechanisms on the chemical structure of anthracite coals. Science in China: Earth Sciences, 58(4): 502-509.

Yan G C, Ren G, Bai L J, et al. 2020. Molecular Model Construction and Evaluation of Jincheng Anthracite. ACS Omega, 5(19): 10663-10670.

Yang J H, Cheng S H, Wang X, et al. 2006. Quantitative analysis of microstructure of carbon materials by HRTEM. Transactions of Nonferrous Metals Society of China, 16(S2): S796-S803.

Yao Y B, Liu D M, Xie S B. 2014. Quantitative characterization of methane adsorption on coal using a low-field NMR relaxation method. International Journal of Coal Geology, 131: 32-40.

Yehliu K, Vander-Wal R L, Boehman A L. 2011. Development of an HRTEM image analysis method to quantify carbon nanostructure. Combust Flame, 158(1): 1837-1851.

Zerda T W, John A, Chmura K. 1981. Raman studies of coals. Fuel, 60(5): 375-378.

Zhang J W, Wu R C, Zhang G Y, et al. 2013. Technical review on thermochemical conversion based on decoupling for solid carbonaceous fuels. Energy Fuels, 27(4): 1951.

Zhang L, Li B, Xia Y C, Liu S. 2017. Wettability modification of Wender lignite by adsorption of dodecyl poly ethoxylated surfactants with different degree of ethoxylation: A molecular dynamics simulation study. Journal of Molecular Graphics and Modelling, 76: 106-117.

Zhang R, Xing Y W, Xia Y C, et al. 2020. New insight into surface wetting of coal with varying coalification degree: An experimental and molecular dynamics simulation study. Applied Surface Science, 511: 145610.

Zheng M, Li X X, Wang M J, et al. 2019. Dynamic profiles of tar products during Naomaohu coal pyrolysis revealed by large-scale reactive molecular dynamic simulation. Fuel, 253: 910-920.

Zhou W, Wang H, Zhang Z, et al. 2019. Molecular simulation of $CO_2/CH_4/H_2O$ competitive adsorption and diffusion in brown coal. RSC Advances, 9(6): 3004-3011.

Zubkova V V. 2005. Some aspects of structural transformations taking place in organic mass of Ukrainian coals during heating. Part 1. Study of structural transformations when heating coals of different caking capacity. Fuel, 84(6): 741-754.

第 2 章
分子力学、分子动力学、量子化学简介

2.1 分 子 力 学

  分子力学(molecular mechanics)建立在经典力学理论的基础上，借助经验和半经验参数计算分子结构和能量的方法，故又称力场方法(force field method)。该方法的基本思想是将分子看作一组靠弹性力维系在一起的原子集合。这些原子若过于靠近，则会受到排斥力的影响；若远离，则会造成连接它们的化学键的拉伸或压缩、键角的扭曲，从而引起分子内部引力的增加。每个真实分子的结构都是上述几种作用达到平衡的结果。目前分子力学广泛地用于计算分子的构象和能量。这一方法的产生可以追溯到 Born 和 Oppenheimer(1927)、Morse (1929)及 Andrews(1930)的工作。

1. 分子力学原理

  力场(force field)把分子视为由一套经典力学势能函数支配的原子组合。力场的势能应包括非键作用和价键作用，通过不同的势能函数进行表达，这些势能的总和即为分子的构象能。力场的势能函数一般包括键的伸缩、键角的弯曲、绕价键旋转的内旋转、范德瓦耳斯力及静电和偶极的相互作用，构象能可写成：

$$V = \sum V_{stretch} + \sum V_{bend} + \sum V_{torsion} + \sum V_{dipol} + \sum V_{charge} + \sum V_{VDM} \tag{2-1}$$

式中，$V_{stretch}$ 为键伸缩势能；V_{bend} 为键角弯曲能；$V_{torsion}$ 为内旋转能；V_{dipol} 为偶极相互作用能；V_{charge} 为静电相互作用能；V_{VDM} 为范德瓦耳斯力。每项分别对所有原子求和。

  基于上述经典力学模型，已有不少采用不同势能函数表达式和相应参数的不同力场产生，主要包括 COMPASS、COMPASSII、Dreiding、Universal、cvff 和 pcff 等。

2. 几何优化

  几何优化是调整一个结构的几何形态，直到它满足特定的标准。这是通过一个迭代过程完成的。几何优化是基于减小计算力和应力的大小，直到它们小于定义的收敛容限，这样作用在原子上的力由势能表达式计算出来，并取决于所选择的力场。在这个过程中，原子坐标可能还有单元参数被调整，直到结构的总能量最小化。因此，一般而言，优化后的结构对应于势能面的最小值。

几何优化方法包括最陡下降法(Levitt and Lifson, 1969)、共轭梯度法(Fletcher and Reeves, 1964)、拟牛顿法(Ermer, 1976)、牛顿迭代法(Ermer, 1976)、智能算法。

1）最陡下降法

在最陡下降法中，线搜索方向定义为沿着局部下坡梯度的方向$-\nabla E(x_i, y_i)$。图 2-1 显示了简单二次函数最陡下降法的最小化路径。正如预期的那样，每一行搜索产生一个新的方向，垂直于以前的梯度，然而，该新方向会沿着这一方向振荡到最小值。这种低效行为是最陡下降的特征，特别是势能面属于有狭窄山谷的类型。这样做的好处就是每次迭代执行的函数计算的数量将大为减少。此外，通过不断改变方向以匹配当前的梯度，沿最小化路径的振荡可能衰减。

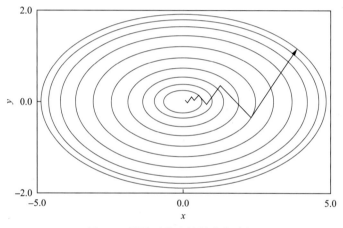

图 2-1　最陡下降法的最小化路径

最陡下降法在接近最小值处收敛缓慢，因为路径的每一段都倾向于逆转先前迭代所取得的进展。例如，在图 2-1 中，每条路线的搜索都在一定程度上偏离了理想的最小值方向。连续的直线搜索可以纠正这种偏差，但它们不是总能有效地这样做，因为每个方向必须与前一个方向正交。因此，在早期的步骤中，由于错误的方向选择，路径会发生振荡并不断修正。

2）共轭梯度法

共轭梯度法的一个优点是防止下一个方向矢量破坏先前的进展。这意味着使用一种算法，将产生一个相互共轭的完整基函数，这样每一个连续的步骤都朝着最小的方向不断改善。如果这些共轭方向真实地横跨势能面空间，那么根据定义，沿着每个方向依次最小化，最终到达一个最小值。共轭梯度算法构造并遵循这样的一组方向。

3）牛顿迭代法

通常，数值求解 N 个变量的调和函数需要 N^2 个独立的数据点。因为梯度是一个 N 维的向量，在基于梯度的最小化过程中，所能期望的最好结果是 N 步收敛。然而，如果能利用二阶导数信息，一个优化就可以一步收敛，因为每个二阶导数是一个 $N \times N$ 阶矩阵。这是变量度量优化算法的原理，其中最常用的是牛顿迭代法。

2.2　分子动力学

分子动力学(molecular dynamics)模拟结构中的原子在力(施加约束条件如温度、压力、体积)的影响下如何移动。在执行分子动力学计算之前，应该选择一个热力学系综，设置相关参数，定义模拟时间步长并选择模拟温度。

系综是在一定的宏观条件下，大量性质和结构完全相同的、处于各种运动状态的、各自独立的系统的集合。微正则系综(NVE)(Ray, 1988)代表在一个固定体积(V)中具有固定数量粒子(N)的系统，同时体系的总能量(E)保持不变；正则系综(NVT)(Hoover, 1985)，代表在一个固定体积(V)中，具有固定数量粒子(N)的系统，且系统的温度(T)保持不变；等温等压系综(NPT)(Martyna et al., 1994)代表在一个固定数量粒子(N)的系统中，系统的压力(P)和系统的温度(T)保持不变；等压等焓系综(NPH)(Andersen, 1980)代表在一个固定数量粒子(N)的系统中，系统的压力(P)和系统的焓(H)保持不变。

设置初始速度是为了在期望的温度下产生一个麦克斯韦-玻尔兹曼分布，但随着模拟的继续，其分布不能保持恒定，特别是当系统不是从结构的最低能量开始时。这种情况经常发生，因为结构能量最小化通常仅足以消除几何结构不合理的地方。因此，为了研究温度恒定条件下的分子动力学，需要进行控温。

1. 系综的控温方法

1) 直接速度标度法
直接速度标度法是一种通过改变原子速度使系统精确匹配到目标温度的剧烈方法。在实际的分子动力学模拟中，不需要对每一步的速度都进行标定，而是每隔一定的积分步，对速度进行周期性的标定，从而使系统的温度在目标值附近小幅度波动。该方法原理简单，易于编程实现，但是无法和任何一个统计力学的系综对应起来，且突然的速度标定会引起体系能量的突然改变，致使模拟的结构和真实的平衡结构相差较大。

2) Berendsen 热浴法
假设系统和恒温的外部热浴耦合在一起。在平衡后，系统和热浴之间可以通过 Berendsen 热浴法(Berendsen et al., 1984)引入更温和的热能交换来调节系统的温度，使其与热浴温度保持一致。这种方法的优点在于它允许系统在期望的温度值附近上下波动。

3) Nosé-Hoover 热浴法
Nosé-Hoover 热浴法(Nosé, 1984a, 1984b, 1991; Hoover, 1985)在坐标空间和动量空间中产生真正的正则系综。其主要思想是在结构上增加一个额外的(虚构的)自由度，以表示结构与热浴的相互作用。这个虚构的自由度需要给定质量和势能函数。求解扩展系统(即结构加虚拟)的运动方程可以生成扩展系统的微正则系综，以便为热浴变量选择势能函数，这样系统自由度的分布是典型的。它消除了时间缩放，因此在均匀间隔的时间点实时产生轨迹。

2. 系综的控压方法

与温度一样，压力（和应力）控制机制必须产生正确的统计系综。这意味着某一构型出现的概率服从统计力学规律。Berendsen 等（1984）和 Andersen（1980）认为，控压时体积可以改变，但是盒子的形状不会发生变化，这意味着仅控制压力的大小。Parrinello-Rahman 控压方法可以同时改变盒子的形状和大小，因此压力和应力都可以被调节。

1）Berendsen 方法

在周期边界条件下，通过改变原子的坐标和单元格的大小改变压力。Berendsen 方法（Berendsen et al., 1984）将系统与压力进行热浴耦合以保持压力在一定的目标上。耦合强度由系统的可压缩性和弛豫时间常数共同决定。在每一步，每个原子的 X、Y、Z 坐标都按因子缩放。在实现过程中，该方法统一地更改单元格，因此更改了单元格的大小，但不更改其形状。因此，它不适用于诸如晶体相变之类的模拟，在这种情况下，盒子的大小和形状都将发生变化。

2）Andersen 方法

在 Andersen 方法（Andersen, 1980）中，盒子的体积可以改变，但其形状是通过允许盒子在各向同性的条件下改变来保持的。这对液体模拟非常有用，如果允许改变盒子的形状，那么在缺乏恢复力的情况下，盒子会变得很长。不变的形状也使动力学分析更容易。然而，这种方法对研究在各向异性应力或相变下的材料并不是很有用，相变涉及盒子长度和盒子角度的变化（在这些情况下，应该使用 Parrinello-Rahman 方法）。

3）Parrinello-Rahman 方法

Parrinello-Rahman 方法（Martyna et al., 1994）允许在外部压力下模拟结构，使单元的形状和体积都发生变化。这对研究未知盒子形状的晶体材料或观察从一种形式到另一种形式的相变都是有用的。用户指定的外部压力必须是各向同性的，但所有单元参数（盒子长度和角度）都可以随内部压力的各向异性而自由改变。盒子的变化是由目标和内部压力之间的差异驱动的，而这决定了盒子的形状和大小。

4）Souza-Martins 方法

Souza-Martins 方法（Souza and Martins, 1997）是允许盒子形状改变的另一种方法。这避免了整个盒子以自然的方式旋转（在 Parrinello-Rahman 中，这些运动必须被人为抑制）。

2.3 量 子 化 学

量子化学（quantum chemistry）是理论化学的一个分支学科，是应用量子力学的基本原理和方法来研究化学问题的一门基础科学。其研究范围包括稳定和不稳定分子的结构、性能及其结构与性能之间的关系，分子与分子之间的相互作用，分子与分子之间的相互碰撞和相互反应等问题。

　　量子力学理论主要分为：①分子轨道法（简称 MO 法，见分子轨道理论）；②价键法（简称 VB 法，见价键理论）。目前，常用的是分子轨道法，它是原子轨道对分子的推广，即在物理模型中，假定分子中的每个电子在所有原子核和电子所产生的平均势场中运动，即每个电子可由一个单电子函数（电子的坐标的函数）来表示它的运动状态，并称这个单电子函数为分子轨道，而整个分子的运动状态则由分子所有电子的分子轨道组成（乘积的线性组合），这就是分子轨道法名称的由来。

　　分子轨道法的核心是哈特里-福克-罗特汉方程（Hartree-Fock-Roothaan equation），简称 HFR 方程，它是以三个在分子轨道法发展过程中做出卓著贡献的人的姓命名的方程。1928 年，道格拉斯·哈特里（Douglas Hartree）提出了一个将 n 个电子体系中的每一个电子都看成是在由其余的 $n–1$ 个电子所提供的平均势场中运动的假设。这样对体系中的每一个电子都得到了一个单电子方程（表示这个电子运动状态的量子力学方程），称为哈特里方程。使用自洽场迭代方式求解这个方程（见自洽场分子轨道法），就可得到体系的电子结构和性质。哈特里方程未考虑由于电子自旋而需要遵守的泡利原理（Pauli principle）。1930 年，弗拉基米尔·福克（Vladimir Fock）和约翰·斯莱特（John C. Slater）分别提出了考虑泡利原理的自洽场迭代方程，称为哈特里-福克方程（Hartree-Fock equation）。它将单电子轨函数（即分子轨道）取为自旋轨函数（即电子的空间函数与自旋函数的乘积）。泡利原理要求体系的总电子波函数要满足反对称化要求，即对体系的任何两个粒子的坐标的交换都要使总电子波函数改变正负号，而斯莱特行列式波函数正是满足反对称化要求的波函数。因此，将哈特里-福克方程用于计算多原子分子，会遇到计算上的困难。罗特汉（Clemens C. J. Roothaan）提出将分子轨道向组成分子的原子轨道（AO）展开，这样的分子轨道称为原子轨道的线性组合（LCAO）。使用 LCAO-MO，原来积分微分形式的哈特里-福克方程就变为易于求解的代数方程，称为哈特里-福克-罗特汉方程。原则上讲，有了哈特里-福克-罗特汉方程，就可以计算任何多原子体系的电子结构和性质，真正严格的计算称为从头计算法。

　　力场参数多是从实验获得或者量子化学计算后拟合得到的数据，计算精度顺序为分子力场<半经验方法<量子化学计算。

参 考 文 献

Andersen H C. 1980. Molecular dynamics simulations at constant pressure and/or temperature. Journal of Chemical Physics, 72(4): 2384-2393.

Andrews D H. 1930. The relation between the Raman spectra and the structure of organic molecules. Physical Review, 36(3): 544-554.

Berendsen H J C, Postma J P M, van Gunsteren W F, et al. 1984. Molecular dynamics with coupling to an external bath. Journal of Chemical Physics, 81: 3684-3690.

Born M, Oppenheimer R. 1927. Zur Quantentheorie der Molekeln. Annalen der Physik, 389: 457-484.

Ermer O. 1976. Calculation of molecular properties using force fields. Applications in Organic Chemistry, 27: 161-211.

Fletcher R, Reeves C M. 1964. Function minimization by conjugate gradients. Computer Journal, 7: 149-154.

Hoover W. 1985. Canonical dynamics: Equilibrium phase-space distributions. Physical Review A, 31(3): 1695-1697.

Levitt M, Lifson S. 1969. Refinement of protein conformations using a macromolecular energy minimization procedure. Journal of Molecular Biology, 46: 269-279.

Martyna G J, Tobias J T, Klein M L. 1994. Constant pressure molecular dynamics algorithms. Journal of Chemical Physics, 101 (5): 4177-4189.

Morse P M. 1929. Diatomic molecules according to the wave mechanics Ⅱ. Physical Review, 34: 57-64.

Nosé S. 1984a. A molecular dynamics method for simulations in the canonical ensemble. Molecular Physics, 52: 255-268.

Nosé S. 1984b. A unified formulation of the constant temperature molecular dynamics methods. Journal of Chemical Physics, 81: 511-519.

Nosé S. 1991. Constant temperature molecular dynamics methods. Progress of Theoretical Physics Supplement, 103: 1-46.

Ray J R. 1988. Elastic constants and statistical ensembles in molecular dynamics. Computer Physics Reports, 8: 109-152.

Souza I, Martins J L. 1997. Metric tensor as the dynamical variable for variable-cell-shape molecular dynamics. Physical Review B, 55: 8733-8742.

第 3 章
煤大分子聚合物模型的构建

大分子结构模型优化得越准确，后续运算越合理。能量计算精度的顺序通常是耦合簇［coupled cluster singles and doubles(T), CCSD(T)］>双杂化泛函>杂化泛函>恰当选用的普通泛函>多体微扰理论取二阶近似方法(second order approximation of moller-plesset perturbation theory, MP2)>哈特里-福克方程(Hartree-Fock equation，HF)>半经验方法>分子力场。对于优化精度也基本满足这样的顺序，但是其计算时间和适用体系的差别是巨大的。一般来说，对于 60 个原子以下的体系，采用双杂化泛函优化；对于 350 个原子以下的体系，采用杂化泛函优化；对于原子更多的体系来说，普通泛函、半经验方法或力场优化是最合理的。由于 MP2 和 HF 方法耗时且精度不足，已经很少使用。CCSD(T)方法由于其本身没有解析梯度，故不适合承担优化任务。

本书选取了三种不同变质程度的煤大分子结构模型作为研究对象，分别是代表褐煤的 Wender 模型(Zhang et al., 2017)、代表烟煤的 Given 模型(Given, 1960)及代表无烟煤的 Tromp 模型(Tromp and Moulijn, 1988)，运用美国 Accelrys 公司的 Materials Studio 2017 R2 软件绘制出三种煤大分子结构模型，如图 3-1 所示。

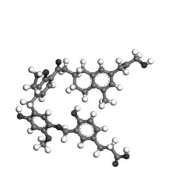

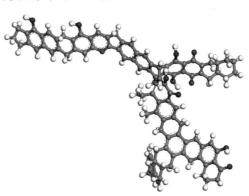

(a) Wender煤大分子结构模型　　　　　　　(b) Given煤大分子结构模型

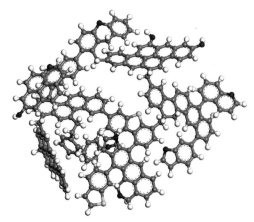

(c) Tromp煤大分子结构模型

图 3-1　三种不同变质程度的煤大分子结构模型

灰色球代表 C，红色球代表 O，白色球代表 H，蓝色球代表 N，黄色球代表 S，下同

这三种煤大分子结构模型的化学式分别为 $C_{42}H_{44}O_{10}$、$C_{102}H_{84}O_{10}N_2$、$C_{199}H_{125}O_7N_3S_2$，随着煤级的增高，煤大分子结构中苯环从单环逐渐增加到萘、蒽或菲、芘及更多的稠环。其中 Wender 煤大分子结构模型的分子结构相对简单，主要包含苯环(基本结构单元)、普通六元碳环、含氧官能团、脂肪支链等结构，以链状连接为主；Given 模型除具有 Wender 煤大分子结构的特点外，还包含了萘环(基本结构单元)、含氮官能团，主要以交联为主；Tromp 模型比 Given 模型更突出的特点是芳环大多是稠环(基本结构单元)且含硫官能团，没有侧链，以链状连接为主。

下面以 Wender 煤大分子结构为例，展示整个煤聚合物模型构建及优化的过程。

3.1　煤大分子结构模型的优化

对于量子化学软件来说，模型越接近其收敛状态，所需的优化时间越短，所以在进行密度泛函(DFT)优化之前，应将建立的煤大分子结构在分子力场下进行初步优化。

3.1.1　分子力场优化

Materials Studio 软件 Forcite 模块适用于广泛系统的研究，通常用于分子动力学模拟或量子力学计算之前优化系统的几何结构。Forcite 模块力场是由实验数据参数化及高水平的量子力学计算发展而来的，主要包含 COMPASS、Dreiding、Universal、cvff、pcff 等力场。Accelrys 公司重点开发了 COMPASS 力场，它是第一个从头算力场，并且能够精确和同步预测大多数气相分子和凝聚相聚合物的性质，也是第一个将有机和无机材料的参数整合在一起的高精度力场。它不但包含的元素非常全面，而且计算速度相当快。因此，初步优化选择在 Forcite 模块中利用 COMPASSII 力场(Sun et al., 2016)进行。

1) 几何优化

几何优化所采用的模拟参数：力场选择 COMPASSII，精度设置为 Fine，Smart 算法，加和方法选择 Atom based，其余均为默认设置，优化过程中的能量变化及优化结果如图 3-2 所示。

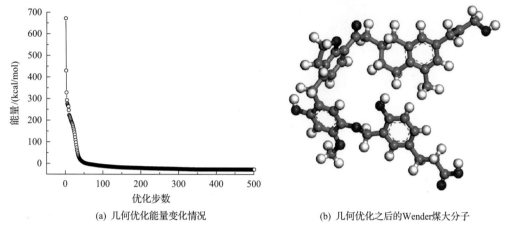

(a) 几何优化能量变化情况　　　　　　　　(b) 几何优化之后的Wender煤大分子

图 3-2　Wender 煤大分子结构模型初步优化的能量变化及优化结果

1kcal=4184J

几何优化的作用是消除初始构建模型的不合理之处，并帮助寻找结构最小值能量状态，是进行下一步计算必不可少的环节。几何优化过程中整个模型会不断得以调整，整体能量逐渐降低直至收敛。从图 3-2(a)可以看出，当进行几何优化时，运用分子力学方法(力场方法)，模型的整体能量逐渐减少，直至趋于稳定至收敛，完成几何优化过程。

2) 退火动力学模拟

将收敛后的几何模型取出做进一步的退火动力学模拟。依然选择 Forcite 模块 COMPASSII 力场，退火动力学模拟选择 5 轮，初始温度设置为 298K，最高温度设置为 500K，温度梯度设置为 1℃/步，每个动力学的周期为 2000 步，NVE 系综，Smart 算法再次进行几何优化，其余参数与上一步的几何优化设置一致，模拟结果如图 3-3 所示。

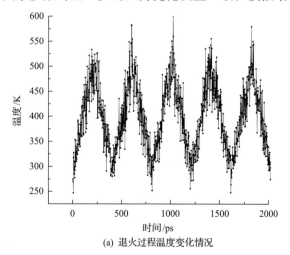

(a) 退火过程温度变化情况

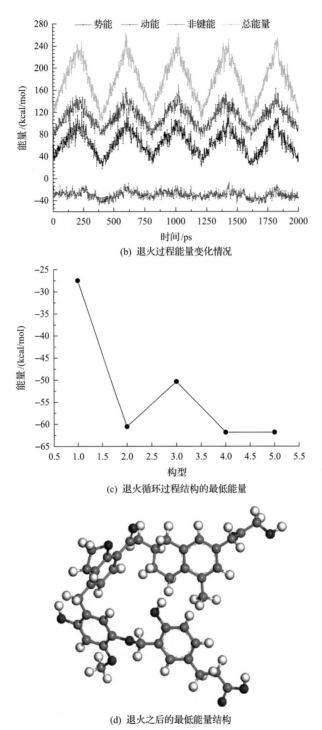

(b) 退火过程能量变化情况

(c) 退火循环过程结构的最低能量

(d) 退火之后的最低能量结构

图 3-3　Wender 煤大分子结构模型退火模拟的优化结果

　　模拟退火的作用是为了防止结构在几何优化的过程中陷入局部能量最小点而无法获得全局能量最低的结构——最稳定结构，通过增加周期和降低温度对结构进行弛豫，使优化的结构越过局部能量最小点而达到最低能量状态。

从图 3-3 中可以看出，在 5 轮退火动力学模拟的过程中，温度能够稳定变化并保证退火的要求，整体能量也随着退火进程不断变化，每轮退火后产生的构象能量不断降低，直至稳定，达到了退火的目的，得到了退火动力学后的最低能量结构，如图 3-3（d）所示。

3.1.2　量子化学优化

大多数的力场参数都是通过量子化学计算及实验拟合得到的，量子化学优化是目前最准确的计算方法。由于 DFT 计算的耗时绝大部分用在双电子积分的计算上，而双电子积分在形式上正比于高斯类型函数（Gauss type fuction, GTF）数目的四次方，原子越多，GTF 数目越多，这导致 DFT 无法用于较大体系的优化计算。

1）DFT 方法的选择

CCSD（T）和双杂化泛函对于优化超过 60 个原子的体系，普通计算机是根本无法胜任的，虽然普通泛函的计算速度很快，但计算精度十分有限。综合考虑计算精度和耗时，选择杂化泛函进行优化计算是最合理的。适合有机分子优化的杂化泛函主要有 PBE0、M06-2X 和 B3LYP，其计算速度分别是 B3LYP>PBE0>M06-2X。因此，本书对煤大分子结构的优化选择杂化泛函 B3LYP（Vosko et al., 1980; Becke, 1988, 1993; Lee et al., 1988; Stephens et al., 1994）。B3LYP 属于准万能泛函，适合绝大多数体系的优化及计算。

2）基组的选择

对于非双杂化泛函的 DFT 计算，几何优化不同的基组对应不同的精度及效率，按照精度从低到高罗列于表 3-1 中。

表 3-1　代表性的基组及其尺寸

极小基	2-zeta 基组（精度相对低）	2-zeta 基组（精度相对高）	3-zeta 基组（精度相对低）	3-zeta 基组（精度相对高）	4-zeta 基组
STO-3G	3-21G	def2-SV（P） 6-31G*	6-311G**	def2-TZVP	def2-QZVP pcseg-3
		def2-SVP 6-31G**	def-TZVP	def2-TZVPP pcseg-2	
		pcseg-1			

表 3-1 中的精度和耗时从左到右依次有质的提升，同一列内的精度和耗时从上到下依次有小幅度的提升。几何优化任务对基组的敏感性要远低于泛函的敏感性，但是要保证最起码的精度，基组最低要选 2-zeta 基组的 def2-SV（P）（Weigend and Ahlrichs, 2005）级别，3-zeta 基组的 6-311G** 及其以上基组的耗费时间是 2-zeta 基组的几倍甚至几十倍，而几何优化的精度并不会有非常明显的提升，因此选择表 3-1 中第三列精度适中的 2-zeta 基组都是合适的。

将退火之后的模型数据导出，用 Gaussian 软件进行进一步的优化，选择 B3LYP 泛函，6-31G（d, p）[①]基组级别辅以 DFT-D3 色散校正（Grimme et al., 2010）进行几何优化，收敛限设

---

① 表示极化。

置如下：最大受力小于 0.00045Hartrees/Bohr[①]，均方根受力小于 0.00030Hartrees/Bohr，最大位移小于 0.00180Bohr，均方根位移小于 0.00120Bohr。对于势能面非常缓的大的柔性分子，相对于这样尺度的分子，几何结构收敛到这么精确意义不大，优化过程中只要受力小于预定的收敛限 100 倍，即使位移还没低于收敛限，也算作已收敛。

优化之后的 Wender 模型如图 3-4 所示。

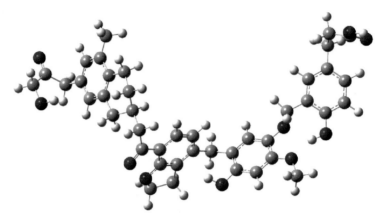

图 3-4　通过 Gaussian 优化后的 Wender 模型

对比图 3-3(d) 和图 3-4，Gaussian 优化后的 Wender 煤大分子结构更平展，原子间的距离更合理，能量更低(原子间相互作用降低)，整体呈链状排列，因此将 Gaussian 优化之后的模型作为煤大分子结构优化的最终结果。

3.2　煤大分子聚合物模型的构建及优化

煤大分子在煤高分子聚合物中的排列是相对散乱的，各个方向、各个角度的分子都可能存在，为了更真实地模拟煤聚合物存在的状态，需要将一定数量的煤大分子结构模型以一定的方法放入模型中组成煤聚合物。

3.2.1　煤聚合物模型的构建

将 3.1 节中 Gaussian 优化后的 Wender 模型导入 Materials Studio 软件中，运用 Amorphous Model 模块 Setup 中选择 Construction 任务，精度设为 Fine。选择导入的模型，加载 40 个 Wender 煤大分子结构，密度设置为 1.2g/cm³，输出 1 个片段，Options 使用默认的设置；Energy 选项卡中依然选择 COMPASSII 力场，精度设置为 Fine，其余选择默认。此时，煤大分子聚合物模型的大小为 34Å[②]×34Å×34Å，构建之后的聚合物模型如图 3-5 所示。

如图 3-5 所示，利用分子力学方法并通过 Amorphous Model 模块建立的 Wender 煤聚合物初始模型，这只是将 Wender 煤大分子结构按一定的规则堆砌出来的初始模型，

---

① 1Hartrees=27.2113845eV, 1Bohr=0.52917721Å, 1Hartrees/Bohr=51.422V/Å。

② 1Å=1×10⁻¹⁰m。

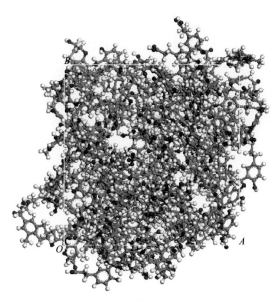

图 3-5　通过 Amorphous Model 模块构建的 Wender 煤聚合物初始模型

初始模型中存在一定的不合理之处，分子分布不均匀，也未考虑原子之间相互作用过大的问题，此外，其整体能量偏高。因此在进行下一步模拟之前，需要再次对模型进行几何优化处理以达到相对稳定结构。

3.2.2　煤聚合物模型的几何优化

对 Wender 煤聚合物初始模型进行几何优化，依然选择 Forcite 模块，Setup 中选择几何优化任务，精度设置为 Fine，more 选项中勾选 Optimize model，其余选择默认。优化后的结构如图 3-6 所示。

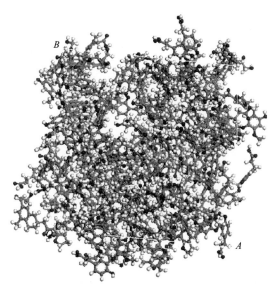

图 3-6　几何优化后的 Wender 煤聚合物模型

经过几何优化之后，不仅模型的大小发生了变化，模型的形状也发生了相应的变化，从最开始的立方体结构变为了三斜体，主要参数为 OA=37.6468Å，OB=38.9142Å，OC=38.7697Å；三个轴夹角分别为 α=88.3040°，β=93.6636°，γ=90.2350°。模型内分子更紧凑，通过力场方法使原子分布更均匀，整体能量达到相对较低的程度。

3.2.3 煤聚合物模型的退火动力学模拟

几何优化消除了因原子靠得太近造成的模型不合理，但是对于体系的体积和能量并不是最优的结果。再次运用 Forcite 模块的退火任务，Setup 中的选项卡 more 选项，退火动力学循环选择 10 次，初始温度和最高温度分别设置为 298K 和 500K，温度梯度选择 2℃/步，每个动力学的周期为 2000 步，NPT 系综，时间步长为 1fs，控温方式选择 nose，控压方式选择默认的 Berendsen，勾选几何优化任务，Smart 算法再次进行几何优化。模拟退火之后的结果如图 3-7 所示。

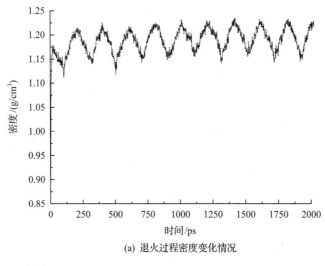

(a) 退火过程密度变化情况

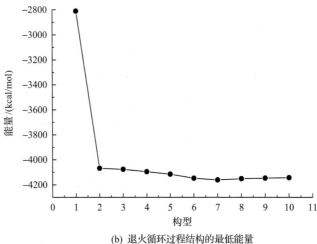

(b) 退火循环过程结构的最低能量

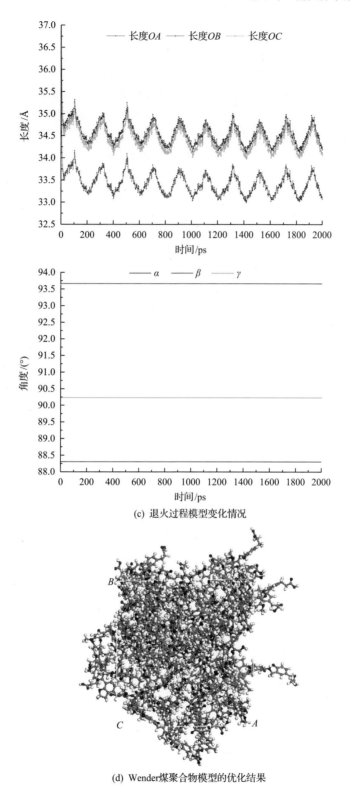

(c) 退火过程模型变化情况

(d) Wender煤聚合物模型的优化结果

图 3-7　Wender 煤聚合物模型退火模拟的优化结果

NPT 系综属于等压恒温系综，整个系统的温度和压力维持在设定值上下小幅度起伏波动，使系统的体积改变和能量降低。从图 3-7 可以看出，NPT 系综下退火时，随着温度的变化，整体模型的密度、结构和能量在不断调整，体系的体积、能量、密度等参数都获得较合理的结果，具体数据如下：OA=32.6303Å，OB=33.2711Å，OC=33.5764Å；密度为 1.226g/cm^3；三个轴的夹角分别为 α=87.7607°，β=93.3382°，γ=89.6899°。各分子的分布更紧凑，原子间距离更合理。

在此基础上再次使用 Forcite 模块的退火任务，Setup 中选项卡 more 选项，退火动力学循环选择 10 次，初始和最高温度分别设置为 298K 和 500K，温度梯度选择 2℃/步，每个动力学周期为 2000 步，NVE 系综，时间步长为 1fs，勾选几何优化任务，使用 Smart 算法再次进行几何优化。模拟退火之后的结果如图 3-8 所示。

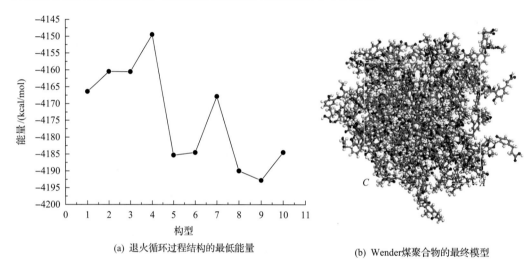

(a) 退火循环过程结构的最低能量   (b) Wender 煤聚合物的最终模型

图 3-8   Wender 煤聚合物模型的最终优化结果

如图 3-8 所示，在 NVE 系综下退火之后，体系的体积、能量、密度更为合理，由此得到优化之后的 Wender 煤聚合物模型参数：OA=32.4744Å，OB=32.9020Å，OC=33.5111Å；密度为 1.32g/cm^3；三个轴的夹角分别为 α=89.3539°，β=93.7611°，γ=89.4587°。

3.2.4   反应力场预处理

因为加载应力作用时使用的是 ReaxFF 反应力场，所以在 Forcite 模块 COMPASSII 力场下优化的结果并不能直接用于下一步的计算。因此，需要利用 ReaxFF 反应力场对模型进行预处理。

选择包含 C、H、O、N、S 等元素的 ReaxFF 力场（Aktulga et al., 2012），运用 General Utility Lattice Program（GULP）模块再次对模型进行几何优化，几何优化收敛之后的结果才能作为下一步计算的最终模型。

这三种煤大分子结构模型的优化流程大致一样，其中 Wender 模型共 96 个原子，量子化学优化采用的是 Gaussian 软件 B3LYP 杂化泛函和 6-31G（d,p）基组，优化过程中采用了 D3 能量校正。由于 Gaussian 软件采用 B3LYP 杂化泛函和 6-31G（d,p）基组优化超过 150 个原子的分子耗时过长，选择 ORCA 软件对 Given 模型和 Tromp 模型进行了优化，def2-SV（P）基组仅比 6-31G（d,p）基组略小，而计算效率更高，这也是三种分子的优化未采用同样方法的原因。Given 模型和 Tromp 模型的原子数分别为 198 个、336 个，量子力学优化使用的是 ORCA4.2.1 软件，采用的 B3LYP 杂化泛函和 def2-SV（P）基组，优化过程采用了 D3 能量校正。Given 模型和 Tromp 模型分别采用 6 个优化之后的大分子结构模型组装成聚合物模型。

Given 模型优化的结果及组装成的聚合物模型如图 3-9 所示。

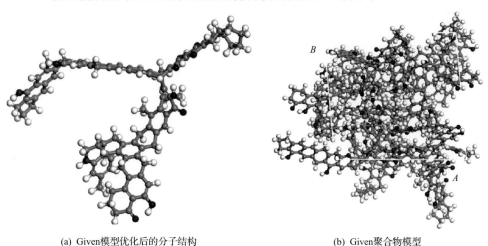

(a) Given模型优化后的分子结构　　　　　　　(b) Given聚合物模型

图 3-9　Given 模型的优化结果及其聚合物模型

最终优化以后的 Given 煤聚合物模型参数如下：OA=23.5451Å，OB=22.2466Å，OC=21.3956Å；密度为 1.36g/cm³；三个轴的夹角分别为 α=81.2169°，β=83.7738°，γ=95.1455°。

Tromp 模型优化的结果及组装成的聚合物模型如图 3-10 所示。

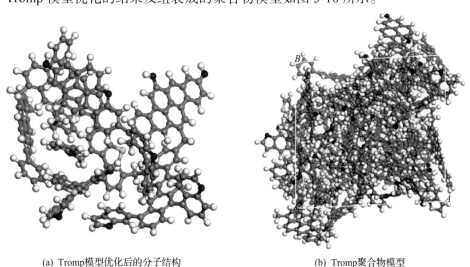

(a) Tromp模型优化后的分子结构　　　　　　　(b) Tromp聚合物模型

图 3-10　Tromp 模型的优化结果及其聚合物模型

最终，优化后 Tromp 煤聚合物模型参数如下：OA=26.1259Å，OB=24.8178Å，OC=28.5312Å；密度为 1.47g/cm³；三个轴的夹角分别为 α=89.3599°，β=90.2476°，γ=87.6905°。

从三种不同煤阶的煤聚合物模型来看，随着变质程度的增加，煤的密度逐渐增大。

参 考 文 献

Aktulga H M, Fogarty J C, Pandit S A, et al. 2012. Parallel reactive molecular dynamics: Numerical methods and algorithmic techniques. Journal on Scientific Computing, 38: 245-259.

Becke A D. 1988. Density-functional exchange-energy approximation with correct asymptotic behavior. Physical Review A, 38: 3098.

Becke A D. 1993. Density-functional thermochemistry. Ⅲ. The role of exact exchange. Journal of Chemical Physics, 98(7): 5648-5652.

Given P H. 1960. The distribution of hydrogen in coals. Fuel, 39: 147-153.

Grimme S, Antony J, Ehrlich S, et al. 2010. A consistent and accurate ab initio parametrization of density functional dispersion correction(DFT-D)for the 94 elements H-Pu. Journal of Chemical Physics, 132(15): 154104.

Lee C, Yang W T, Parr R G. 1988. Development of the Colle-Salvetti correlation- energy formula into a functional of the electron density. Physical Review B, 37: 785-789.

Stephens P J, Devlin F J, Chabalowski C F, et al. 1994. Ab initio calculation of vibrational absorption and circular dichroism spectra using density functional force fields. Journal of Physical Chemistry, 98(1-3): 11623-11627.

Sun H, Jin Z, Yang C, et al. 2016. COMPASS Ⅱ: Extended coverage for polymer and drug-like molecule databases. Journal of Molecular Modeling, 22(2): 1-10.

Tromp P, Moulijn J. 1988. Slow and Rapid Pyrolysis of Coal. Berlin: Springer Netherlands.

Vosko S H, Wilk L, Nusair M. 1980. Accurate spin-dependent electron liquid correlation energies for local spin density calculations: A critical analysis. Revue Canadienne De Physique, 58(8): 1200-1211.

Weigend F, Ahlrichs R. 2005. Balanced basis sets of split valences, triple zeta valence and quadruple zeta valence quality for H to Rn: Design and assessment of accuracy. Physical Chemistry Chemical Physics, 7(18): 3297-3305.

Zhang L, Li B, Xia Y C, et al. 2017. Wettability modification of Wender lignite by adsorption of dodecyl poly ethoxylated surfactants with different degree of ethoxylation: A molecular dynamics simulation study. Journal of Molecular Graphics and Modelling, 76: 106-117.

第 4 章
拉伸变形对煤大分子结构的作用过程及机理

煤在整个形成过程之中及形成之后都或多或少地受到不同方向、不同性质的构造应力作用，这会对煤体结构产生不同程度的影响。这些作用包括使煤聚合物发生压缩、拉伸、剪切等变形，例如，背斜褶皱中和面的下部和向斜褶皱中和面的上部会发生压缩作用，在背斜褶皱中和面的上部和向斜褶皱中和面的下部会发生拉伸作用，正断层部位会发生拉伸和剪切作用，逆断层部位会发生压缩和剪切作用，走滑断层会发生大规模的剪切作用。我们可以通过野外观测发现这些宏观的变形，但是对这些部位分子层面的作用，我们难以通过室内实验进行观测，而模拟方法给我们提供了观察这些变化的可能。

本节采用 LAMMPS 软件实现对煤聚合物模型拉伸作用的模拟，观察煤大分子结构化学键的断裂情况。

4.1　低阶煤(Wender)聚合物模型拉伸作用模拟研究

低阶煤 Wender 煤大分子结构模型，化学式为 $C_{42}H_{44}O_{10}$，分子结构相对简单，便于观察和研究，主要包含苯环、普通六元碳环、含氧官能团、脂肪支链等结构。运用 Materials Studio 软件绘制出 Wender 煤大分子结构[图 4-1(a)]。将 40 个优化后的 Wender 煤大分子结构构建成煤聚合物模型并进行优化，结果如图 4-1(b)所示。

将 Wender 煤聚合物模型转换成 LAMMPS 识别的数据格式，采用三维周期性边界条件，运用 ReaxFF 力场，分别使用最速下降(steepest descend, SD)法和共轭梯度(conjugate gradient, CG)法对模型进行能量最小化，采用 NVE 系综 temp/rescale 法使其控温在 298K，以 5×10^{-3} 的真实应变速率(综合考虑需要处理的工作量及清晰展示整个化学键变化过程)对该煤聚合物模型分别在 X、Y、Z 方向加载拉伸模拟实验，分别计算 5000 步。运用 Ovito 软件(Stukowski, 2010)进行可视化。

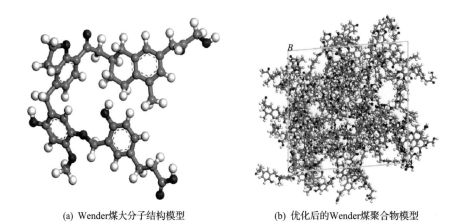

(a) Wender煤大分子结构模型　　　　　　(b) 优化后的Wender煤聚合物模型

图 4-1　Wender 煤大分子结构及其优化后的聚合物模型

选取 1 号分子在拉伸过程中断键的变化进行可视化展示，如图 4-2 所示。

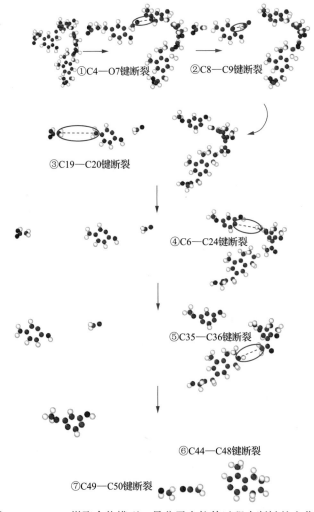

图 4-2　Wender 煤聚合物模型 1 号分子在拉伸过程中断键的变化规律

通过可视化软件 Ovito 观察，发现在拉伸作用的过程中，各个 Wender 煤大分子逐步伸展调整，最终发生断裂。在 X、Y、Z 方向拉伸的分子的化学键发生规律性变化，下面以 X 方向为例进行统计分析。从图 4-2 展示的结果可看出，在拉伸变形的过程中，1 号分子 Wender 煤大分子连接基本结构单元的桥键逐渐断裂。

为了更直观地认识断裂的化学键，将 Wender 煤大分子结构模型采用球棍模式，添加原子序号信息并选择合适的角度进行输出，如图 4-3 所示。

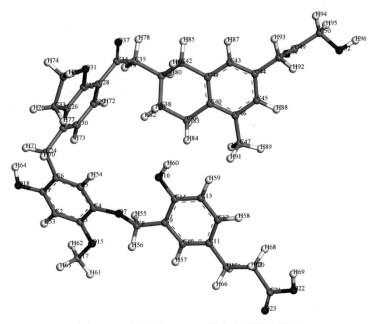

图 4-3　1 号分子 Wender 煤大分子结构模型

如图 4-3 所示，Wender 煤大分子结构的部分苯环与亚甲基形成的桥键相连，部分与以醚键形成的桥键相连，呈长链状分布，H 分布在分子的最外围，苯环上和桥键上存在羟基、羧基等含氧官能团及氧醚键。

4.1.1　低阶煤(Wender)在拉伸作用下煤大分子断裂的化学键

对 LAMMPS 输出的 bond.reaxc 文件进行整理，发现低阶煤 Wender 煤大分子在拉伸作用下断裂的化学键总共有 12 个，分别是 C4—O7(芳香醚键)、C6—C24(碳碳单键)、O7—C8(脂肪醚键)、C8—C9(碳碳单键)、C11—C19(碳碳单键)、C19—C20(碳碳单键)、C24—C25(碳碳单键)、C34—C35(碳碳单键)、C35—C36(碳碳单键)、C44—C48(碳碳单键)、C48—C49(碳碳单键)和 C49—C50(碳碳单键)，每个化学键断裂的次数见表 4-1。

根据这些化学键的相互连接关系(图 4-3)并结合表 4-1 断键次数的统计数据，可以将这些化学键分为 5 组：第 W1 组为 C4—O7、O7—C8、C8—C9；第 W2 组为 C6—C24、C24—C25；第 W3 组为 C11—C19、C19—C20；第 W4 组为 C34—C35、C35—C36；第 W5 组为 C44—C48、C48—C49、C49—C50。

表 4-1 40 个 Wender 煤大分子在拉伸过程中断裂的化学键及其断键次数统计表

化学键	断键次数	化学键	断键次数	化学键	断键次数	化学键	断键次数
C4—O7	8	C44—C48	28	C6—C24	28	C19—C20	33
O7—C8	32	C48—C49	4	C24—C25	12	C34—C35	25
C8—C9	3	C49—C50	12	C11—C19	4	C35—C36	15

4.1.2 低阶煤（Wender）在拉伸作用过程中煤大分子的断键顺序

为了更直观地展示在拉伸作用的过程中低阶煤 Wender 煤大分子结构化学键的变化规律，根据可视化软件 Ovito 展示的拉伸过程，如图 4-2 所示，分别观测每个分子的变化情况，确定每个分子断键顺序，将聚合物中 40 个大分子结构的变化情况分别进行展示，如图 4-4 所示。

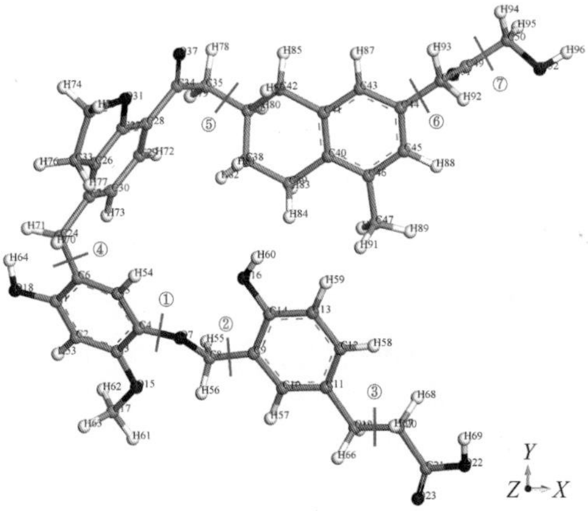

1号分子

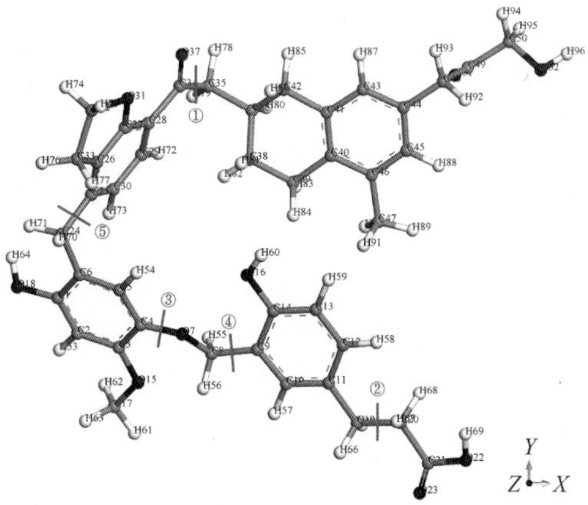

2号分子

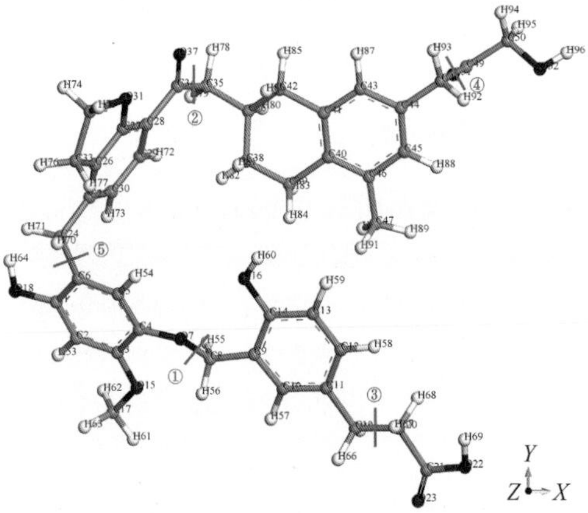

3号分子

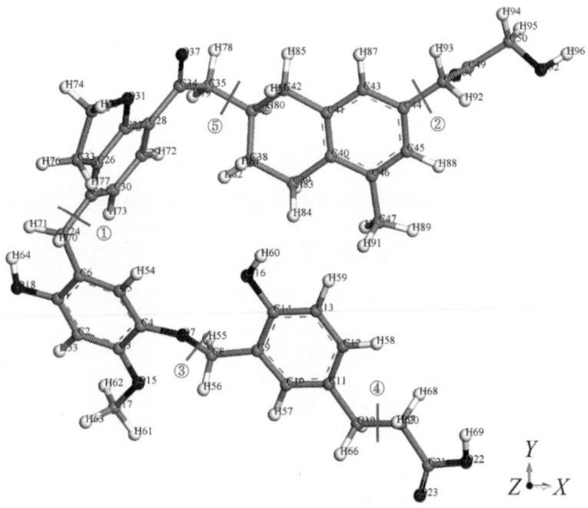

4号分子

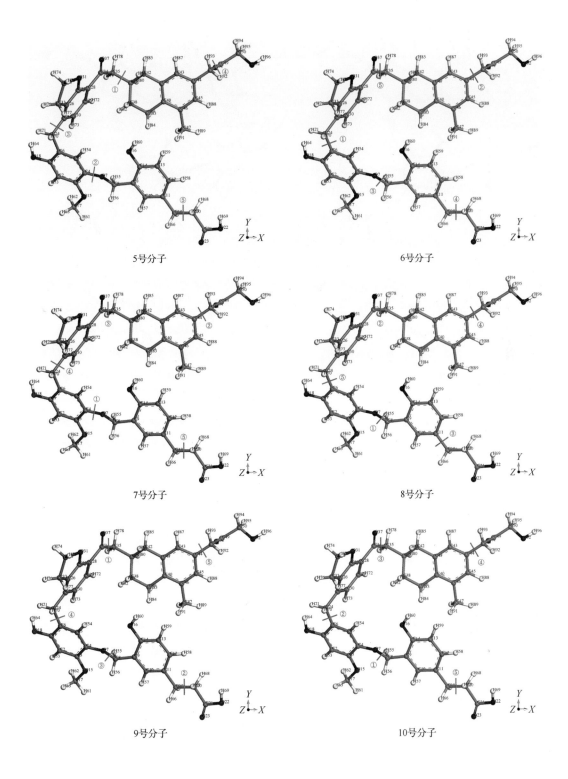

5号分子

6号分子

7号分子

8号分子

9号分子

10号分子

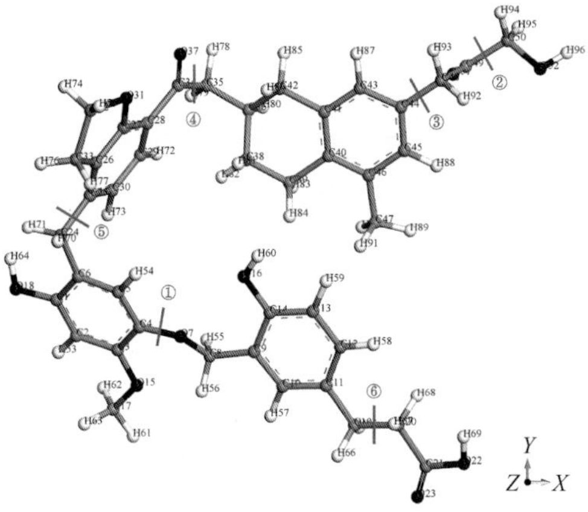

11号分子

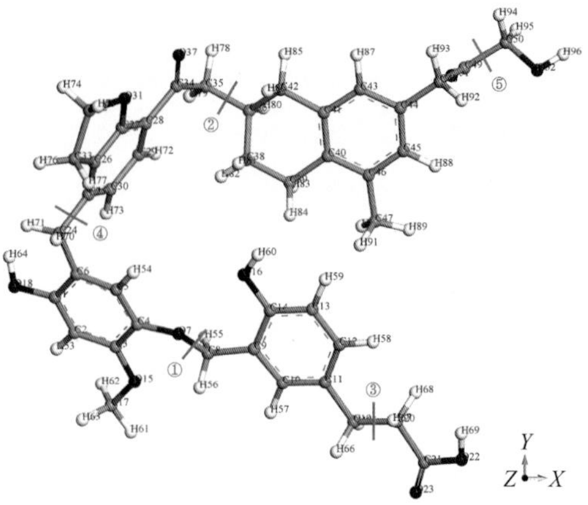

12号分子

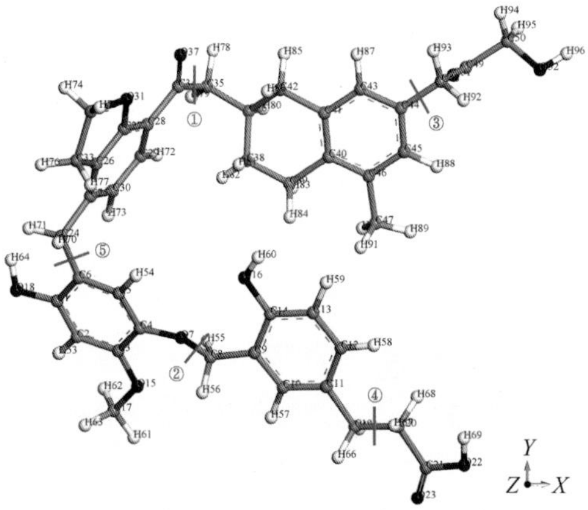

13号分子

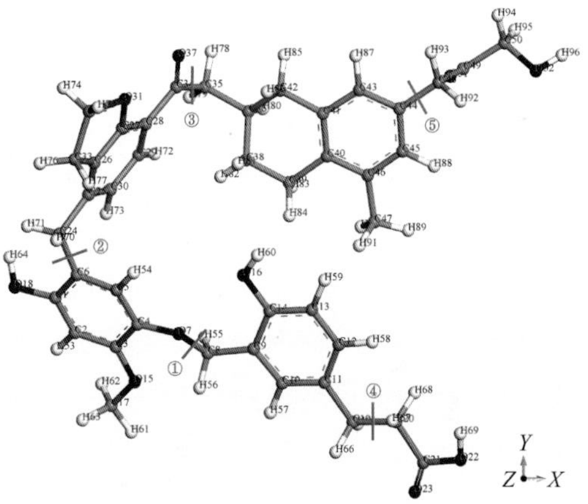

14号分子

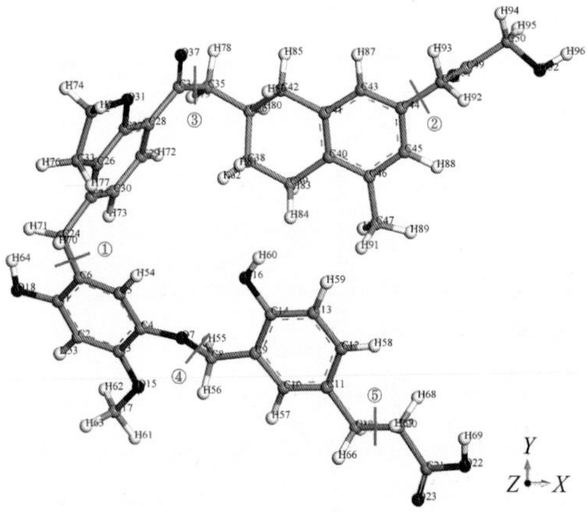

15号分子

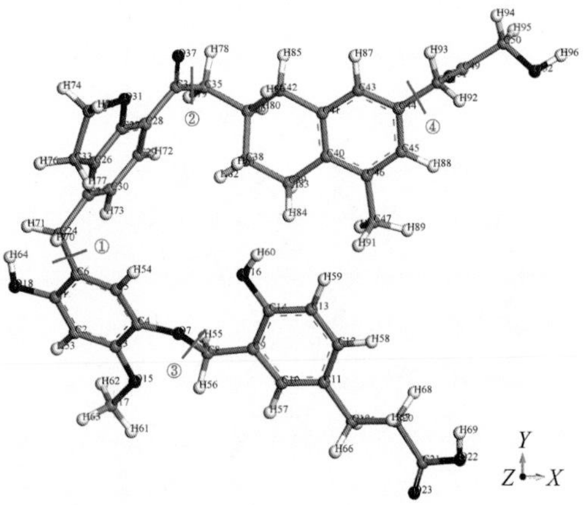

16号分子

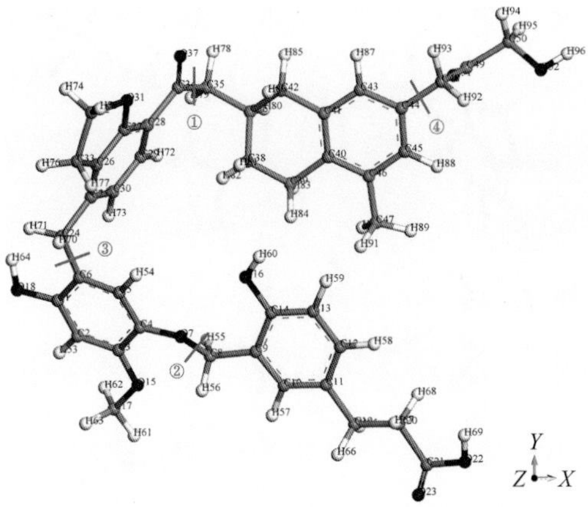

17号分子

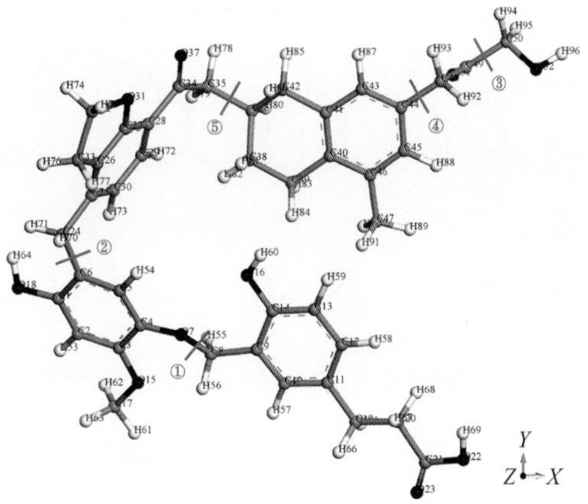

18号分子

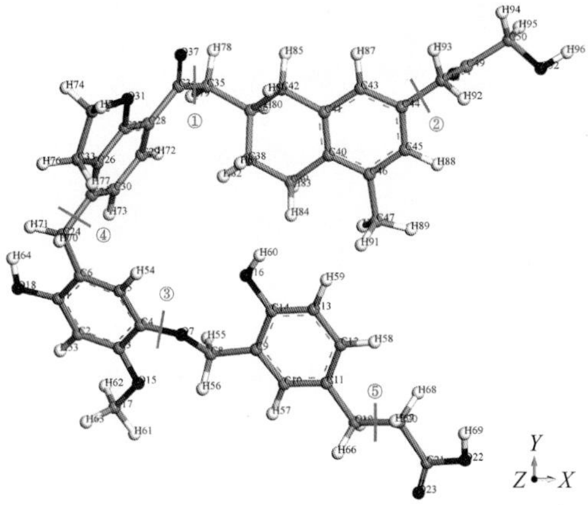

19号分子

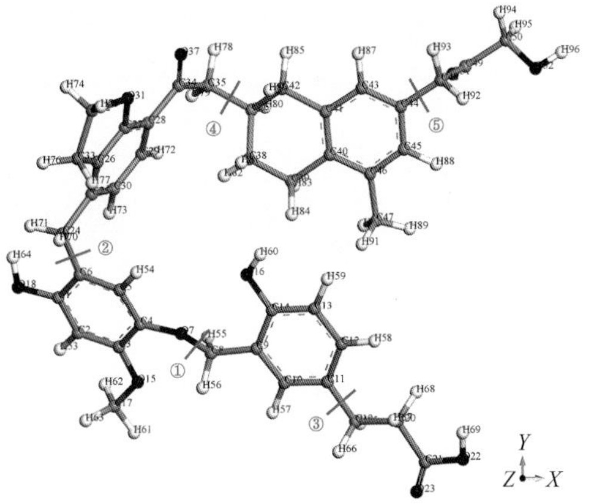

20号分子

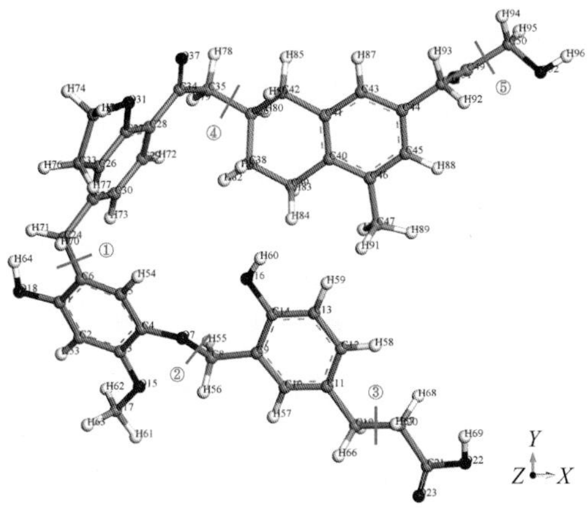

21号分子

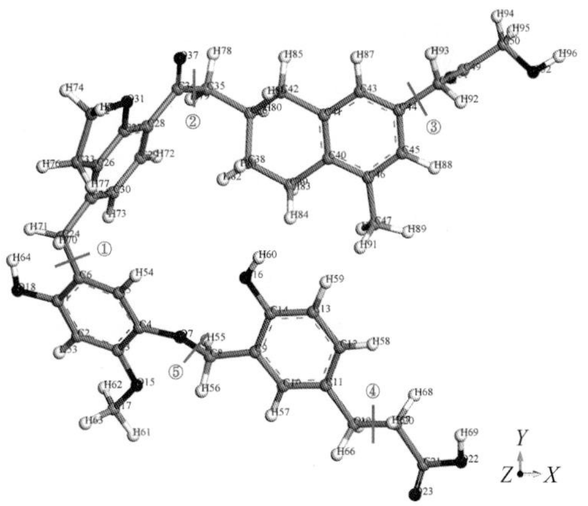

22号分子

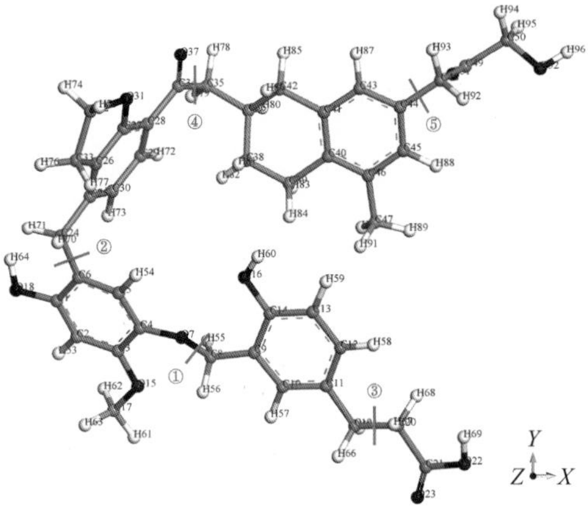

23号分子

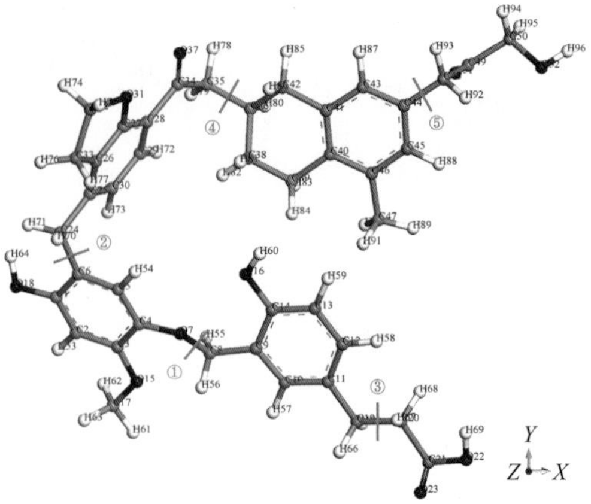

24号分子

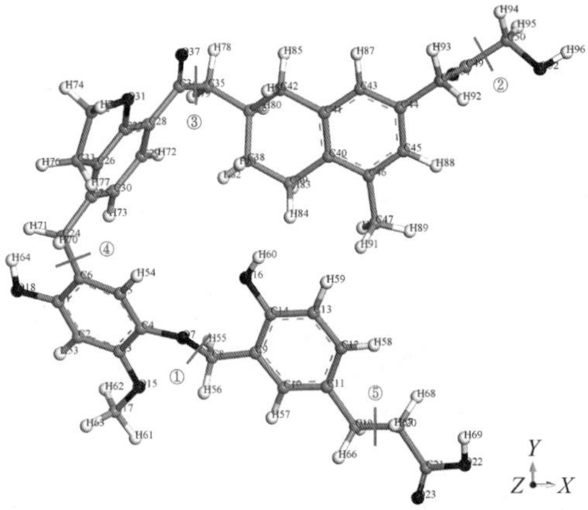

25号分子

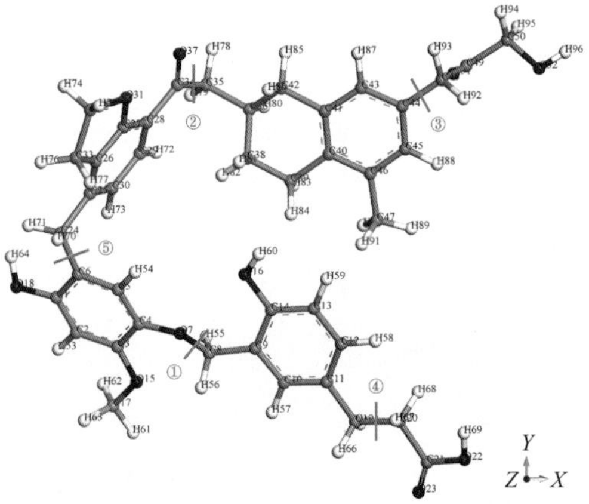

26号分子

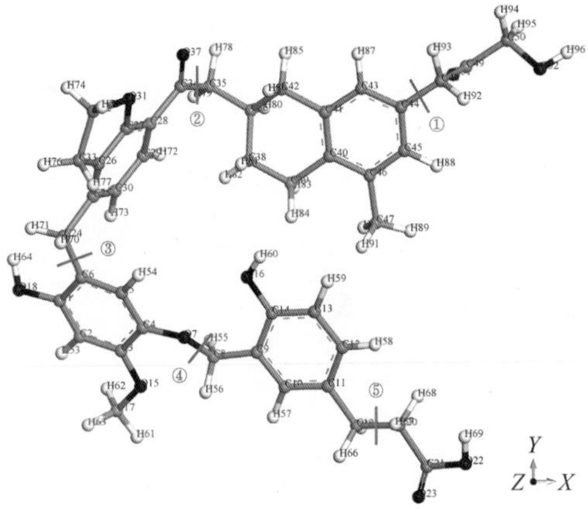

27号分子

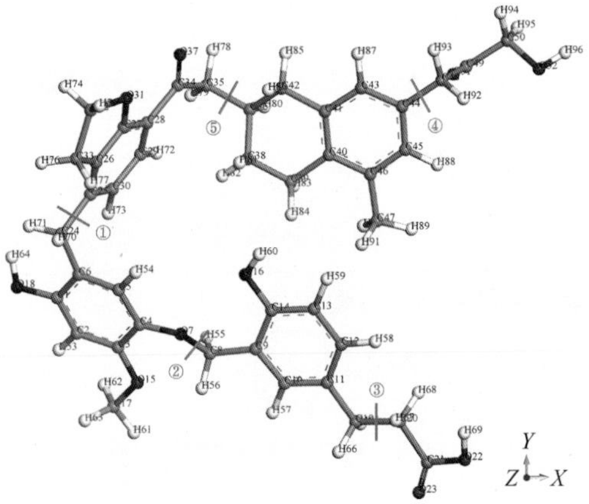

28号分子

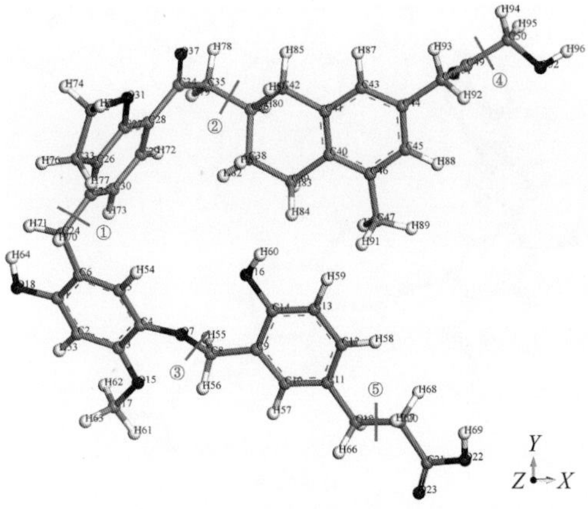

29号分子

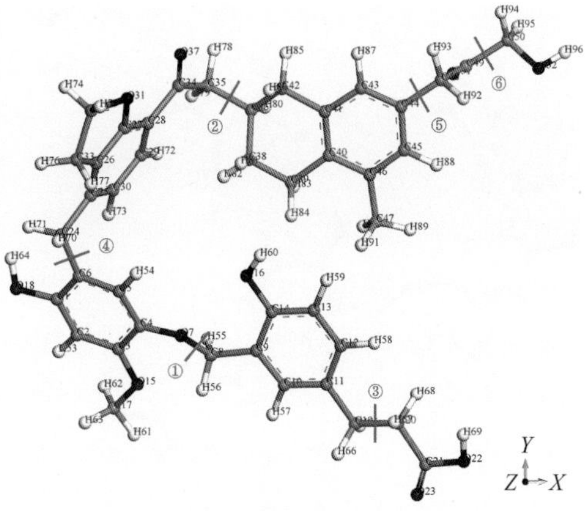

30号分子

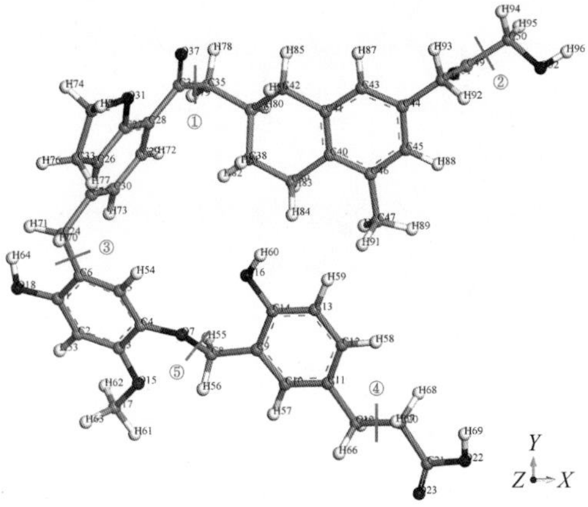

31号分子

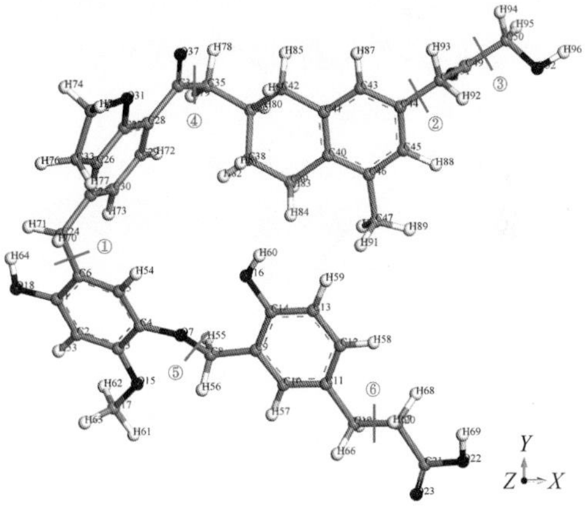

32号分子

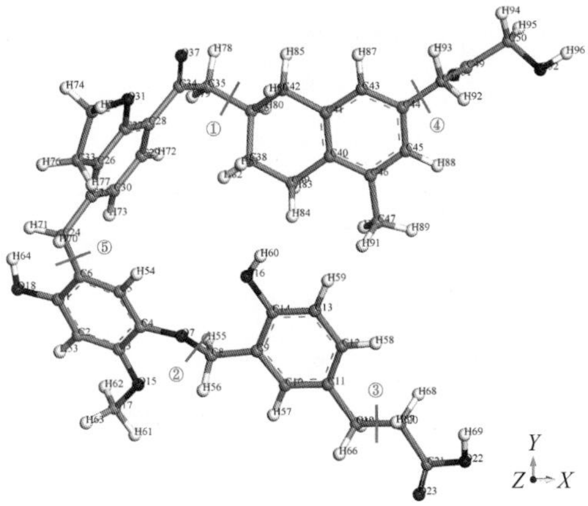

33号分子

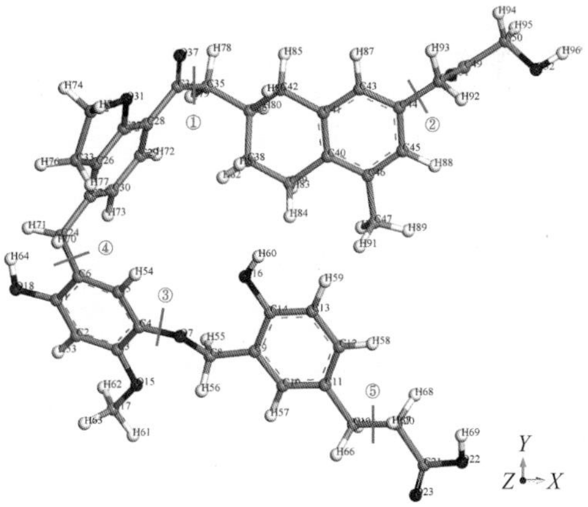

34号分子

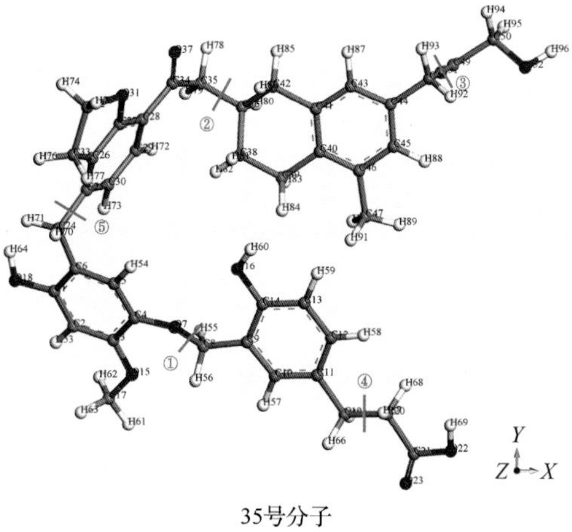

35号分子

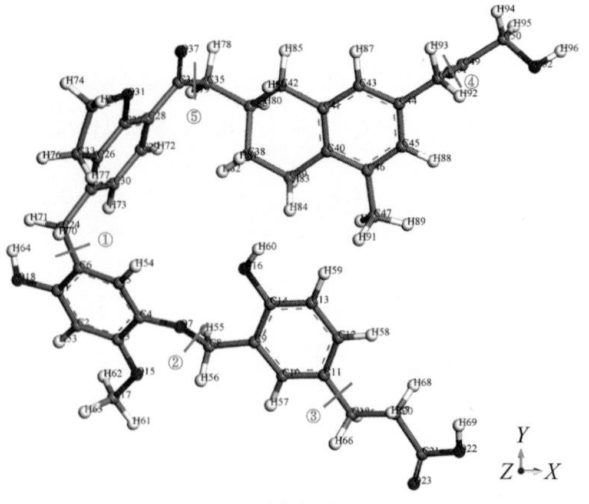

36号分子

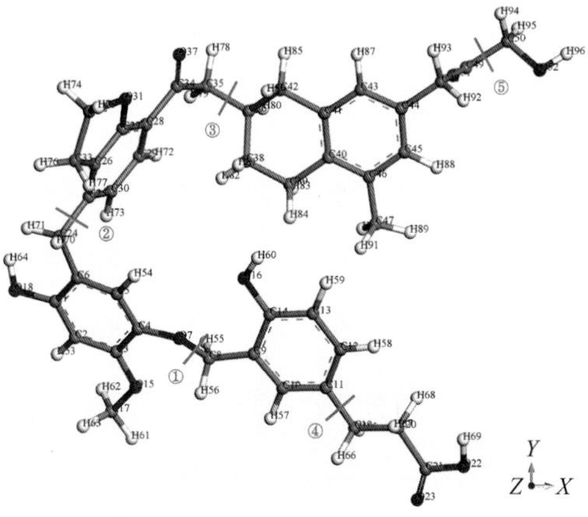

37号分子

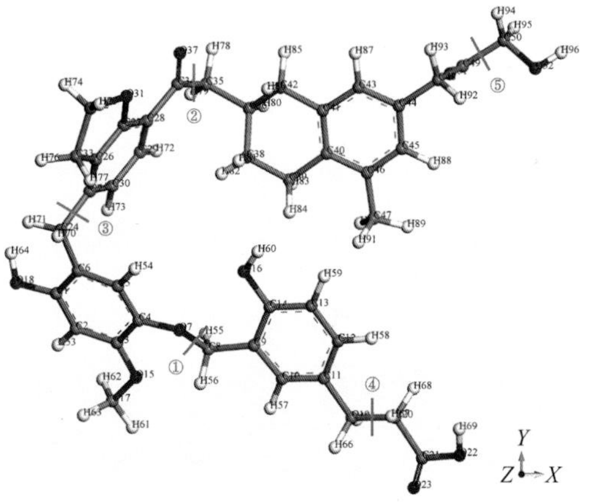

38号分子

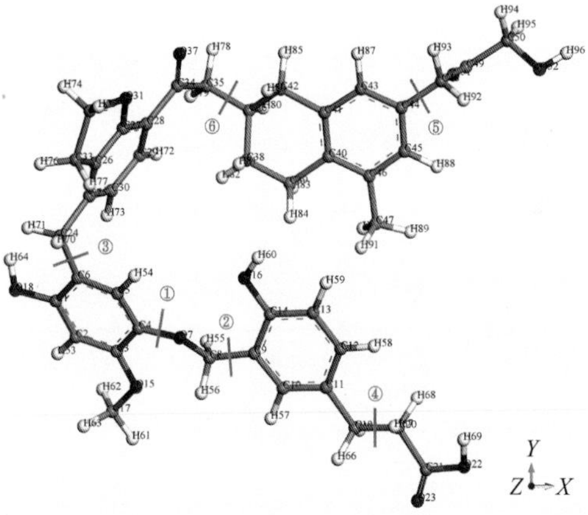

39号分子

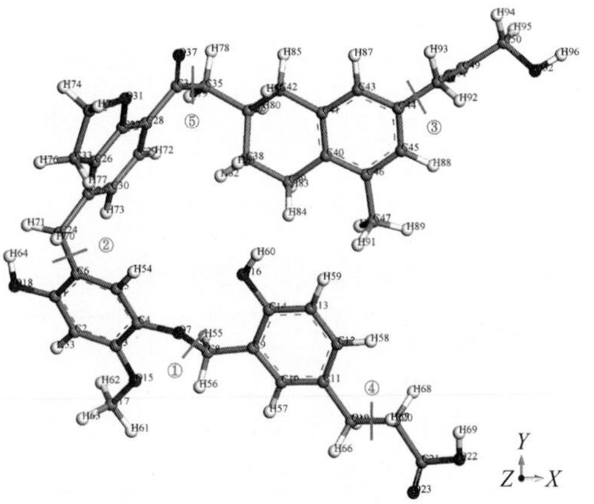

40号分子

图 4-4　拉伸作用过程中低阶煤 Wender 煤大分子结构化学键的变化规律

如图 4-4 所示，图中显示了 40 个 Wender 煤大分子结构在拉伸过程中化学键断裂的顺序及位置，其中化学键的断键顺序以①这类圈码标识，以化学键上的短横线代表化学键的断键位置。

为了便于统计和制表，按 4.1.1 节中描述的化学键顺序分别用小写字母 a~l 来表示 12 个化学键。将化学键的断键顺序及其与作用力方向的初始夹角进行统计，见表 4-2。

表 4-2　拉伸过程中各 Wender 煤大分子化学键的断键顺序及初始角度表

分子序号	断键①顺序	断键①初始角度/(°)	断键②顺序	断键②初始角度/(°)	断键③顺序	断键③初始角度/(°)	断键④顺序	断键④初始角度/(°)	断键⑤顺序	断键⑤初始角度/(°)	断键⑥顺序	断键⑥初始角度/(°)	断键⑦顺序	断键⑦初始角度/(°)
1	a	27.48	d	38.05	f	67.47	b	50.39	i	48.47	j	71.58	l	78.28
2	h	16.38	f	13.40	a	88.91	d	88.20	g	71.15				
3	c	42.93	h	86.86	f	72.70	k	70.65	b	60.90				
4	g	59.26	j	45.56	c	48.64	f	77.34	i	89.17				
5	i	67.45	a	67.30	g	89.13	k	59.95	f	74.64				
6	b	47.84	j	37.92	c	88.37	f	88.72	h	43.49				
7	a	76.11	j	69.93	h	47.73	g	82.39	f	62.74				
8	c	81.18	h	34.07	e	35.31	j	89.31	b	61.19				
9	h	53.11	f	45.15	c	89.39	b	71.06	j	51.90				
10	c	53.90	b	73.00	h	46.23	j	73.58	f	84.91				
11	a	35.97	l	22.01	j	25.67	h	50.99	g	77.13	f	72.16		
12	c	16.23	i	41.76	f	66.84	g	79.17	l	84.03				
13	h	88.71	c	85.39	j	65.21	f	89.12	b	67.39				
14	c	77.18	b	78.99	h	48.52	f	51.86	j	74.19				
15	b	27.14	j	38.12	h	63.25	c	49.94	f	72.82				
16	b	47.91	h	46.19	c	64.74	j	83.41						
17	h	14.13	c	46.24	b	47.17	j	82.38						
18	c	80.54	b	64.52	l	32.42	j	1.68	i	89.68				
19	h	70.00	j	18.66	a	42.85	g	25.12	f	33.15				
20	c	38.08	b	21.74	e	27.65	i	37.81	j	86.51				
21	b	9.19	c	63.90	f	84.00	i	49.94	l	21.94				
22	b	33.69	h	46.54	j	87.60	f	88.97	c	2.22				
23	c	11.83	b	6.81	f	73.25	h	57.22	j	82.98				
24	c	79.27	b	39.41	f	86.18	i	55.83	j	71.82				
25	c	11.15	l	53.20	h	25.16	b	89.82	f	60.03				
26	c	66.67	h	69.51	j	48.94	f	48.05	b	89.26				
27	j	48.78	h	64.33	b	58.84	c	85.80	f	69.84				
28	g	58.73	c	39.78	f	88.29	j	55.80	i	87.69				
29	g	59.13	i	49.00	c	89.04	l	46.19	f	54.38				
30	c	32.79	i	81.66	f	79.85	b	43.31	j	59.61	l	61.43		
31	h	22.93	l	72.35	b	67.98	f	75.81	c	62.12				
32	b	5.22	j	45.57	l	58.96	h	79.12	c	61.50	f	65.30		
33	i	8.17	c	31.55	f	34.99	j	60.05	b	76.53				
34	h	54.25	j	33.35	a	52.31	b	82.29	f	88.10				
35	c	50.76	i	46.43	k	64.74	f	65.06	g	63.61				
36	b	36.50	c	89.18	e	34.29	k	88.15	h	87.90				
37	c	29.92	g	76.39	i	49.96	e	37.54	l	89.97				

续表

分子序号	断键①		断键②		断键③		断键④		断键⑤		断键⑥		断键⑦	
	顺序	初始角度/(°)	顺序	初始角度/(°)	顺序	初始角度/(°)	顺序	初始角度/(°)	顺序	初始角度/(°)	顺序	初始角度/(°)	顺序	初始角度/(°)
38	c	10.00	h	17.11	g	66.67	f	72.86	l	77.66				
39	a	17.90	d	55.71	b	50.33	f	68.11	j	2.55	i	60.58		
40	c	34.40	b	32.18	j	34.56	f	43.13	h	86.46				

4.1.1 节中划分的五组化学键同组内化学键相互连接且其断键的次数呈现出较好的规律，第 W1 组 O7—C8(脂肪醚键)断裂的分子，其相邻的化学键 C4—O7(芳香醚键)、C8—C9(碳碳单键)就不会再发生断裂；而当 C4—O7(芳香醚键)断裂时，相邻的化学键 O7—C8(脂肪醚键)也不会断裂，但与其间隔的化学键 C8—C9(碳碳单键)能够发生断裂，且 O7—C8(脂肪醚键)和 C4—O7(芳香醚键)断裂次数之和等于分子总数 40。第 W5 组也有与第 W1 组相似的规律，当 C48—C49(碳碳单键)断裂时，其相邻的化学键 C44—C48(碳碳单键)和 C49—C50(碳碳单键)均不会断裂，而当 C44—C48(碳碳单键)断裂时，C49—C50(碳碳单键)能够断裂，而这组化学键断裂的分子数量之和减去同一分子中 C44—C48、C49—C50 同时断裂的次数几乎等于分子总数。第 W2 组和第 W4 组则完全表现为同组内一个化学键断裂，另外的化学键不会再发生断裂，化学键的断裂次数之和等于分子总数。第 W3 组的规律与第 W2 组和第 W4 组情况基本一致。

4.1.3 低阶煤(Wender)在拉伸作用下化学键的断裂机理

采用 Gaussian 软件的 B3LYP 密度泛函 6-31G(d,p)基组辅以 DFT-D3 色散校正对 Wender 模型中断裂的化学键沿着键长方向以 0.03Å/步的拉伸速度进行刚性扫描 100 步得到其位移-能量和位移-马利肯电子自旋密度图，如图 4-5 所示。

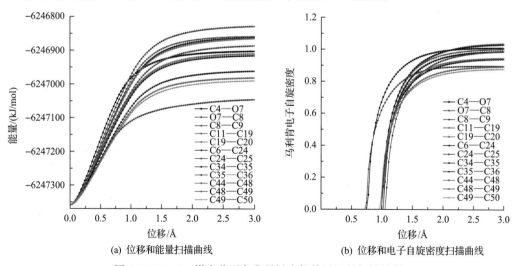

(a) 位移和能量扫描曲线　　　　(b) 位移和电子自旋密度扫描曲线

图 4-5　Wender 煤大分子各化学键在拉伸过程的扫描结果

从图 4-5(b)中位移和电子自旋密度扫描曲线可以看出，各个化学键在拉伸 3Å 的过程中离解充分，离解后的化学键断裂形成自由基，对应化学键的能量变化可以确定化学键断裂的能垒大小，离解过程前期的能量增长呈线性关系，后期的能量增长呈近水平状态缓慢增加。统计断键的能垒和初始键长数据，结果见表 4-3。

结合表 4-3 中化学键断键的能垒和图 4-3 中展示的各个化学键的连接关系，发现在拉伸作用下最容易断裂的是 O7—C8（脂肪醚键），其次是烃类支链碳碳单键 C49—C50、C48—C49、C34—C35、C35—C36、C19—C20，紧接着是芳香醚键 C4—O7，最后是与苯环直接相连的碳碳单键 C24—C25、C44—C48、C6—C24、C11—C19、C8—C9。

表 4-3   Wender 煤大分子化学键断键的能垒和初始键长统计表

化学键	能垒/(kJ/mol)	初始键长/Å	化学键	能垒/(kJ/mol)	初始键长/Å
O7—C8(c)	312.915	1.451911	C4—O7(a)	455.332	1.381656
C49—C50(l)	368.584	1.536727	C24—C25(g)	472.080	1.522661
C48—C49(k)	377.303	1.538175	C44—C48(j)	493.932	1.514162
C34—C35(h)	397.133	1.528842	C6—C24(b)	496.498	1.517699
C35—C36(i)	442.664	1.546342	C11—C19(e)	499.804	1.516094
C19—C20(f)	448.237	1.539353	C8—C9(d)	530.052	1.502404

从表 4-3 中的能垒数据和表 4-1 中断键次数的统计结果，发现断键能垒越小（越弱）的化学键，越容易断裂，具体表现为断键次数较多，如 O7—C8（脂肪醚键）、C19—C20、C34—C35 在同组内化学键键断裂能垒最小（其中，C11—C19、C19—C20 为一组；C34—C35、C35—C36 为一组），断裂次数分别为 32、33、25，均为同组内最高。当化学键能垒较小时，即使与力的方向的夹角较大，依然能够首先断裂，如 8 号、18 号、24 号分子 O7—C8 化学键断裂的能垒为 312.915kJ/mol，与力的方向的夹角分别为 81.18°、80.54°、79.27°，能最早发生断裂。Duwez 等（2006）在 *Nature Nanotechnology* 上发表的文章中提出，利用原子力显微镜（AFM）针尖对聚合物聚-N-琥珀酰亚胺丙烯酸酯（poly-N-succinimidyl acrylate，PNSA）进行拉伸，发现该分子中最弱的化学键最可能发生断裂。Davis 等（2009）也阐述了类似的观点，即在拉伸过程中，最弱的 C—O 键键长随着拉伸作用不断增加直至断裂。

表 4-2 中展示的在拉伸作用过程中化学键断裂顺序，其规律性并不像想象的那样，即断键的能垒越低，化学键最先断裂。这说明控制化学键断裂的不仅是断键的能垒，同时还需要考虑其他的影响因素。通过统计的信息可以发现，角度合适时能够打破能垒大小的限制，即当化学键断裂的能垒较大时，但其与力方向的夹角能够得到较好的配置，依然能够首先断裂，例如，4 号、28 号、29 号分子 C24—C25 化学键断裂的能垒为 472.080kJ/mol，其与力方向的夹角分别为 56.96°、56.78°、58.50°时（键角为 120° 易受拉伸作用），最容易首先发生断裂；即使在 1 号分子中断键能垒最大的 C8—C9 化学键，其与力方向的夹角为 38.05°，也能够较早地发生断键。正如 Brantley 等（2012）、Akbulatov 等（2012）的观点，拉伸聚合物可以显著改变其组成单体的反应活性。拉伸作用增加了化学键的键长（Davis et al.，2009），断键能垒越大的化学键拉伸相同距离所积聚的应变能转化的反应活性越大[图 4-5（a）]，化学键越接近于发生均裂所需要的距离，其反应的能垒也会显著降低。

拉伸过程中发现各个分子均发生不同程度的伸展变化，化学键与作用力方向的夹角在不断地进行调整，在 LAMMPS 模拟过程中，以 20 步为步长输出所有原子的坐标，计算断裂的化学键与 X 方向的夹角，以 1 号分子的数据为例，绘制其断裂化学键与 X 方向夹角随拉应力变化的关系图。

Hickenboth 等(2007)研究发现，力能够促使化学键发生顺旋，可显著降低化学键断裂的能垒，在图 4-6 中也能发现类似的现象，C44—C48 化学键与力作用方向的夹角从 71.58° 逐渐转过 90° 之后持续降低直至断裂。这说明化学键的断键也与化学键与作用力方向的夹角有着紧密的联系。通过图 4-6 也不难发现，在拉伸作用的过程中，化学键与力作用方向的夹角呈现减小的趋势，说明在拉伸作用下，化学键趋向于靠近拉伸作用的方向，以有助于提高分子的有序度。因此，化学键断键的能垒和其与作用力方向的夹角共同决定了化学键的断键顺序。

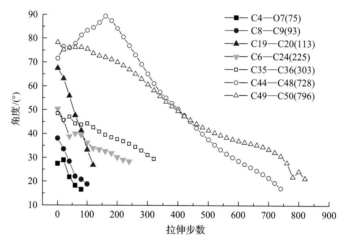

图 4-6　Wender 煤聚合物 1 号分子断裂化学键与 X 轴夹角随拉伸过程的变化规律

图例中化学键后面括号中的数据为断裂需要的步数

4.1.4　小结

LAMMPS 软件对低阶煤 Wender 煤聚合物模型加载拉伸作用，得到在拉伸过程中煤大分子结构的响应，通过量子化学软件分析其机理，得到了以下认识。

(1)断裂的链状连接的化学键可以根据其连接关系和断裂次数总和划分成几组，组内化学键其中一个化学键断裂，同一分子中另一直接相连的化学键不再发生断裂(互斥作用)，且其化学键断裂次数之和与分子总数基本一致。

(2)化学键断裂的顺序与化学键的离解能和化学键与拉伸作用方向的夹角有关，化学键断裂的特点是离解能越小，化学键越容易发生断裂，表现为断裂次数多；即使化学键离解能较大，在合适的角度下化学键依然能较早地发生断裂。因此，化学键断裂的机理为受化学键离解能和化学键与拉伸作用方向的夹角共同控制。

(3)在拉伸过程中，化学键与拉伸作用方向的夹角随着拉伸步数的增大而呈现降低的趋势，这说明其所受到的拉伸作用逐渐增强，化学键总是朝着拉伸作用的方向伸展，以有助于分子有序度的增强，促进了煤大分子结构的演化。

4.2　中阶煤（Given）聚合物模型拉伸作用的模拟研究

中阶煤 Given 煤大分子结构模型的化学式为 $C_{102}H_{84}O_{10}N_2$，分子结构以交联结构为主，主要包含苯环、萘环，普通五元碳环、普通六元碳环、普通七元碳环、含氧官能团、含氮官能团、甲基等结构。运用 Materials Studio 软件绘制出 Given 煤大分子结构[图 4-7(a)]。将 6 个优化后的 Given 煤大分子结构构建成煤聚合物模型并进行优化，结果如图 4-7(b)所示。

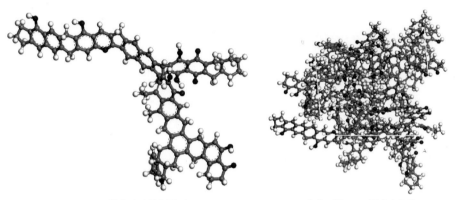

(a) Given煤大分子结构模型　　　　　　(b) 优化后的Given煤聚合物模型

图 4-7　Given 煤大分子结构及其优化后的聚合物模型

为了更直观地认识断裂的化学键，将 Given 煤大分子结构模型采用球棍模型，添加部分原子序号信息并选择合适的角度进行输出，如图 4-8 所示。

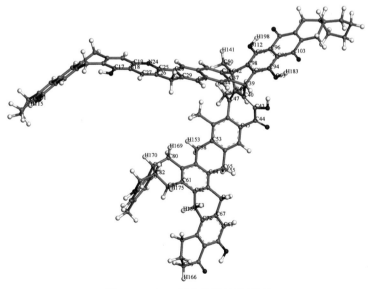

图 4-8　Given 煤大分子结构模型

如图 4-8 所示，Given 煤大分子结构模型以交联结构为主，官能团和侧链相对较少，基本结构单元为苯环和萘环，通过亚甲基相互交联，含氧官能团集中于苯环和交联结构环上，大分子结构的最外围是 H。

将优化后的 Given 煤聚合物模型转换成 LAMMPS 识别的数据格式，采用 4.1 节中的模拟方法对 Given 煤聚合物模型分别在 X、Y、Z 方向加载拉伸模拟实验，分别计算 4000 步。运用 Ovito 软件进行可视化。

选取 1 号分子在拉伸过程中断键的变化进行可视化展示，如图 4-9 所示。

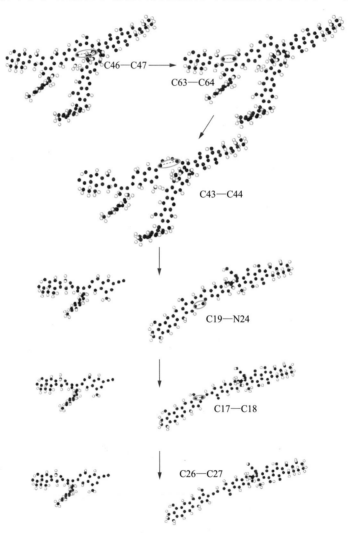

图 4-9　Given 煤聚合物模型 1 号分子在拉伸过程中断键的变化规律

通过可视化软件 Ovito 观察，发现在拉伸作用的过程中，各个 Given 煤大分子逐步伸展调整，最终发生断裂。在 X、Y、Z 方向拉伸的分子化学键发生规律性变化，下面以 X 方向为例进行统计分析。从图 4-9 可以看出，Given 煤大分子结构在拉伸过程中 1 号分子逐渐伸展，发生了多次开环反应。

4.2.1　中阶煤(Given)在拉伸作用下煤大分子断裂的化学键

对 LAMMPS 输出的 bond.reaxc 文件进行整理,发现断裂的化学键总共有 23 个,分别是 C17—C18(大 π 键)、C19—N24(吡啶大 π 键)、C20—C21(大 π 键)、C25—C26(大 π 键)、C26—C27(大 π 键)、C26—C34(碳碳单键)、C36—C42(碳碳单键)、C37—C39(碳碳单键)、C39—C40(碳碳单键)、C39—C99(碳碳单键)、C41—C42(碳碳单键)、C41—C47(碳碳双键)、C42—C98(碳碳单键)、C43—C44(碳碳单键)、C44—C45(碳碳单键)、C46—C47(碳碳单键)、C58—C59(碳碳单键)、C59—C60(大 π 键)、C63—C64(大 π 键)、C64—C65(碳碳单键)、C80—C81(碳碳单键)、C82—C87(碳碳单键)、C94—C99(大 π 键),并对每个化学键断裂的次数进行统计,见表 4-4。

表 4-4　6 个 Given 煤大分子在拉伸过程中断裂的化学键及其断键次数统计表

化学键	断键次数	化学键	断键次数	化学键	断键次数	化学键	断键次数
C17—C18	6	C36—C42	1	C42—C98	3	C63—C64	2
C19—N24	6	C37—C39	2	C43—C44	2	C64—C65	1
C20—C21	1	C39—C40	1	C44—C45	2	C80—C81	5
C25—C26	1	C39—C99	3	C46—C47	2	C82—C87	5
C26—C27	5	C41—C42	1	C58—C59	1	C94—C99	1
C26—C34	1	C41—C47	1	C59—C60	1		

根据这些化学键的相互连接关系(图 4-8)并结合表 4-4 断键次数的统计数据,可以将这些化学键分为 9 组:第 G1 组为 C17—C18、C19—N24、C20—C21;第 G2 组为 C25—C26、C26—C27、C26—C34;第 G3 组为 C36—C42、C37—C39;第 G4 组为 C39—C40、C41—C42;第 G5 组为 C39—C99、C42—C98、C94—C99;第 G6 组为 C41—C47、C43—C44、C44—C45、C46—C47;第 G7 组为 C58—C59、C64—C65;第 G8 组为 C59—C60、C63—C64;第 G9 组为 C80—C81、C82—C87。

4.2.2　中阶煤(Given)在拉伸作用过程中煤大分子的断键顺序

为了更直观地展示在拉伸作用过程中中阶煤 Given 煤大分子结构化学键的变化规律,用可视化软件 Ovito 展示拉伸过程,如图 4-9 所示,分别观测每个分子的变化过程,确定每个分子断键顺序,将聚合物中 6 个大分子结构的变化情况分别进行展示,如图 4-10 所示。

如图 4-10 所示,显示了 6 个 Given 煤大分子结构在拉伸过程中化学键断裂的顺序及位置,其中化学键的断键顺序以①这类圆码标识,化学键上的短横线代表化学键的断键位置。

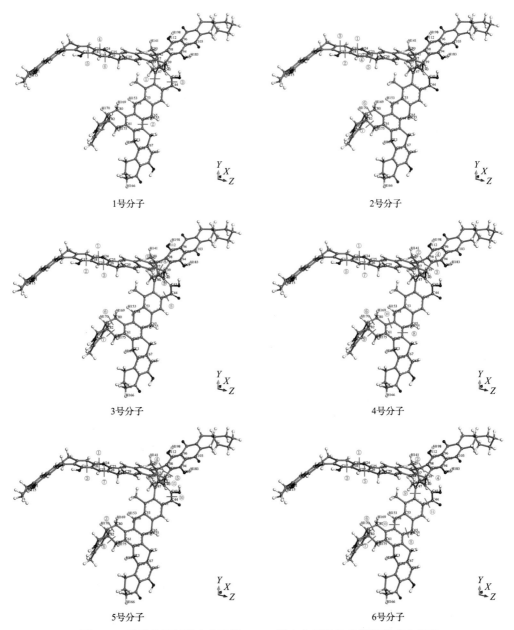

1号分子　　　　2号分子

3号分子　　　　4号分子

5号分子　　　　6号分子

图 4-10　拉伸作用过程中中阶煤 Given 煤大分子结构化学键的变化规律

下面将 Given 煤大分子化学键的断键顺序进行统计，见表 4-5。

表 4-5　拉伸过程中各 Given 煤大分子化学键断键顺序表

断键顺序	1 号分子	2 号分子	3 号分子	4 号分子	5 号分子	6 号分子
①	C46—C47	C19—N24	C19—N24	C19—N24	C19—N24	C19—N24
②	C63—C64	C17—C18	C17—C18	C42—C98	C80—C81	C42—C98
③	C43—C44	C20—C21	C26—C27	C39—C99	C17—C18	C17—C18

断键顺序	1 号分子	2 号分子	3 号分子	4 号分子	5 号分子	6 号分子
④	C19—N24	C25—C26	C37—C39	C94—C99	C42—C98	C39—C99
⑤	C17—C18	C26—C34	C36—C42	C17—C18	C39—C99	C26—C27
⑥	C26—C27	C80—C81	C80—C81	C80—C81	C82—C87	C80—C81
⑦		C82—C87	C82—C87	C26—C27	C26—C27	C82—C87
⑧			C44—C45	C63—C64	C41—C42	C64—C65
⑨			C41—C47	C82—C87	C37—C39	C46—C47
⑩				C59—C60	C43—C44	C58—C59
⑪					C39—C40	C44—C45

从表 4-5 呈现的规律表明：这几组化学键断裂的规律与所在分子呈现出非常明显的规律。各组化学键断裂呈现协同或互斥的现象。例如，第 G1、G5 组中 C19—N24、C17—C18 和 C39—C99、C42—C98 完全表现为在分子中同时出现断裂(协同作用)，而 2 号分子的 C20—C21 表现为偶然断裂。第 G2 组化学键 C25—C26、C26—C34 表现为在分子中同时出现断裂(协同作用)，而 C26—C27 则不再断裂(互斥作用)；反之，当 C26—C27 化学键断裂时，C25—C26、C26—C34 不会发生断裂，其断裂次数之和等于分子总数(与 Wender 煤大分子结构受拉伸作用展示了相同的规律)；第 G3、G4、G7、G8、G9 组化学键在分子中总是同时出现断裂(协同作用)；第 G6 组中 C41—C47、C46—C47 与 C43—C44、C44—C45 又可细分为相邻互斥，间隔协同；环状结构(Given 模型)受拉应力作用与链状结构(Wender 模型)受拉应力作用的断裂方式具有明显的区别。

4.2.3　中阶煤(Given)在拉伸作用下化学键断裂的机理

由于断裂的化学键处于环状结构内，无法通过拉伸实现单个化学键离解过程的计算，需采用扭转的方法对模型进行处理。

从表 4-6 可以看出，针对化学键对模型进行扭转处理之后，各个化学键对应的离解距离变化较大。从 Wender 煤大分子结构模型受拉应力的离解情况来看，一般情况下，当离解距离大于原始键长 3Å 时，就离解完全。为了得到相对合理的化学键离解能，通过多项式拟合 4.1 节中 Wender 煤大分子结构化学键随扫描距离变化的平均离解百分比关系得到比较理想的拟合公式，具体公式如下：

$$f(x) = 0.049x^3 - 0.4269x^2 + 1.2039x - 0.1097, \qquad R^2 = 0.994 \tag{4-1}$$

式中，$f(x)$ 为离解百分比；x 为离解距离(Å)，范围为 0~3。当 $x > 3$ 时，代表离解充分，此时 $f(x)$ 值为 1。

表 4-6　对 Given 煤大分子拉伸断裂化学键的处理方式及结果

化学键	键长/Å	扭转轴	逆时针扭转的角度/(°)	扭转之后键长/Å	离解距离/Å
C17—C18	1.43161	C20—C21	120	4.48536	3.05375
C19—N24	1.36447	C18—C27	240	3.34098	1.97651
C20—C21	1.38066	C16—C17	120	3.31782	1.93716
C25—C26	1.43614	C27—C34	180	2.62399	1.18785
C26—C27	1.37490	N24—C25	120	3.21842	1.84352
C26—C34	1.51926	C25—C28	120	3.42045	1.90119
C36—C42	1.55358	C37—C39	120	3.46251	1.90893
C37—C39	1.50828	C36—C42	120	3.40468	1.89640
C39—C40	1.53641	C41—C42	270	3.17009	1.63368
C39—C99	1.51340	C42—C98	120	3.38727	1.87387
C41—C42	1.59704	C39—C40	120	3.40052	1.80348
C41—C47	1.36701	C43—C44	120	4.76609	3.39908
C42—C98	1.55536	C39—C99	240	3.41384	1.85848
C43—C44	1.50842	C41—C47	120	4.78266	3.27424
C44—C45	1.49288	C46—C47	280	2.82770	1.33482
C46—C47	1.49540	C44—C45	240	3.43900	1.94360
C58—C59	1.52555	C64—C65	120	3.40296	1.87741
C59—C60	1.41285	C63—C64	240	3.33282	1.91997
C63—C64	1.40641	C59—C60	120	3.26781	1.86140
C64—C65	1.52370	C58—C59	250	3.28469	1.76099
C80—C81	1.53640	C82—C87	120	3.85838	2.32198
C82—C87	1.54207	C80—C81	180	3.89415	2.35208
C94—C99	1.41503	C97—C98	240	3.30647	1.89144

　　化学键因扭转作用，键能也会发生相应的变化(旋转势垒)，这个能量远小于化学键离解所需要的能量，约为 30kJ/mol。

　　将 Given 煤大分子结构依据断裂的化学键分成两个合适的片段，通过逆时针扭转一个片段合适的角度，使断裂的化学键达到完全或部分离解的距离，从而对比扭转前后 Given 煤大分子的能量变化，以确定化学键的断键能垒。具体处理结果挑选具有代表性的化学键 C17—C18、C25—C26、C39—C40、C80—C81 进行展示，如图 4-11 所示。

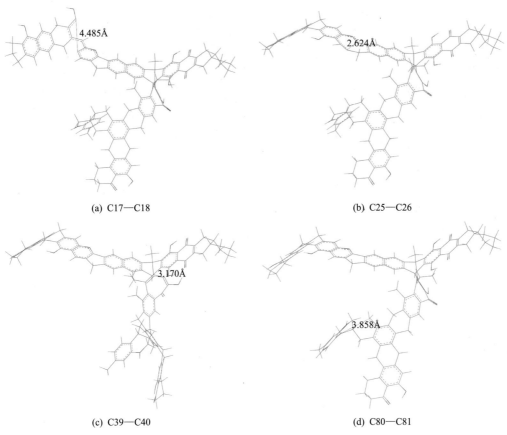

(a) C17—C18

(b) C25—C26

(c) C39—C40

(d) C80—C81

图 4-11　Given 模型部分处理后化学键长的变化情况

对 23 个化学键扭转前后的分子构象经过量子化学单点能计算，得到其对应离解距离的离解能，并统一减去 30kJ/mol 的旋转势垒，再使用式 (4-1) 计算出该化学键完全离解时的离解能，以该方法估算各个化学键的离解能，见表 4-7。

表 4-7　Given 煤大分子 23 个拉伸断裂化学键离解能统计

化学键	离解距离/Å	离解百分比/%	离解能量化计算结果/(kJ/mol)	最终估算离解能/(kJ/mol)
C17—C18	3.05375	100.00	712.202	682.202
C19—N24	1.97651	96.57	600.908	582.295
C20—C21	1.93716	96.35	825.487	814.493
C25—C26	1.18785	82.78	834.399	1005.337
C26—C27	1.84352	95.73	770.406	766.571
C26—C34	1.90119	96.13	542.007	526.310
C36—C42	1.90893	96.18	436.186	417.164
C37—C39	1.89640	96.10	481.199	464.061

化学键	离解距离/Å	离解百分比/%	离解能量化计算结果/(kJ/mol)	最终估算离解能/(kJ/mol)
C39—C40	1.63368	93.68	468.847	471.181
C39—C99	1.87387	95.95	482.182	466.333
C41—C42	1.80348	95.42	409.635	395.276
C41—C47	3.39908	100.00	620.320	590.320
C42—C98	1.85848	95.84	565.856	553.702
C43—C44	3.27424	100.00	464.579	434.579
C44—C45	1.33482	87.75	533.227	589.811
C46—C47	1.94360	96.39	638.486	622.611
C58—C59	1.87741	95.97	564.724	551.217
C59—C60	1.91997	96.25	832.910	823.601
C63—C64	1.86140	95.86	813.609	809.402
C64—C65	1.76099	95.06	561.445	557.018
C80—C81	2.32198	98.08	476.189	447.307
C82—C87	2.35208	98.18	488.086	459.075
C94—C99	1.89144	96.06	788.780	780.864

从图 4-8 和表 4-5 中可以看出，环和环重叠部位的化学键难以断裂(如 C16—C21、C25—C26、C18—C19、C40—C41、C45—C46、C59—C64、C98—C99)，而环和环连接的颈部容易断裂(如 C20—C19—N24、C17—C18—C27、C27—C26—C34、C42—C98—C97、C39—C99—C94、C42—C41—C47、C39—C40—C43、C58—C59—C60、C63—C64—C65)，与化学键离解能的大小关系并不明显。含有杂原子的共轭六元环杂原子部位的共轭能较弱，容易断裂，如 C19—N24 部位，每个分子都发生了断裂，而其断裂之后，只有 C18—C27 与另一苯环相连，受拉应力作用，其接触部位的颈部 C17—C18 受拉应力最大，随之发生断裂；从计算的化学键的离解能来看，即使离域大 π 键的键能远大于单键的离解能也不能避免被拉断，所以拉应力传播的"关节处"，不论以何种方式连接，都是最容易发生断裂的，而且环上支链原子越多的地方越容易发生断裂，如 C17—C18—C27 上连接了—OH，C58—C59—C60、C63—C64—C65 连接了其他杂环。

拉伸过程中发现各个分子均发生了不同程度的伸展变化，化学键与作用力方向的夹角在不断地调整，在 LAMMPS 模拟过程中，以 40 步为步长输出所有原子的坐标，计算断裂的化学键与 X 方向的夹角，绘制其断裂化学键与 X 方向夹角随拉应力变化关系图，如图 4-12 所示。

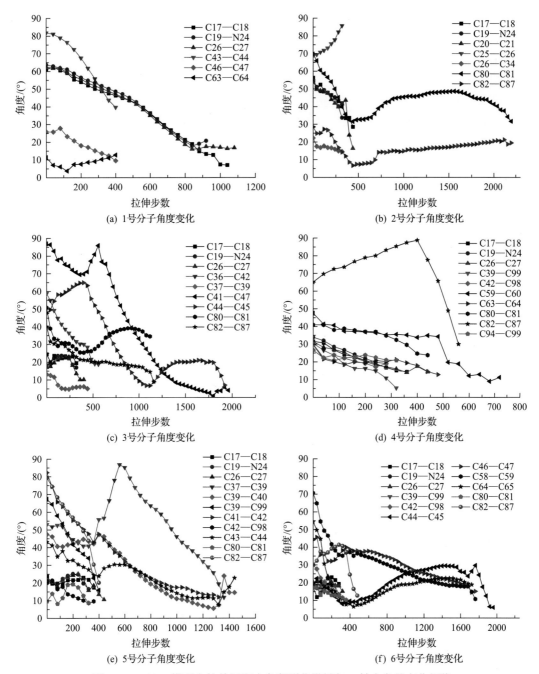

图 4-12 Given 模型在拉伸过程中各断裂化学键与 X 轴夹角的变化规律

从图 4-12 中可以看出,在拉伸作用的过程中,化学键与力作用方向的夹角总体呈现减小的趋势,这说明在拉伸作用下,化学键的调整方向与力的方向基本一致,从而有助于提高大分子结构的有序度,由于 Given 煤大分子结构的环状结构交联复杂,各个化学键的联动变化趋势明显,部分化学键在拉伸过程中与作用力方向的夹角呈现增加的趋势,越过 90°后,继续减小至断裂,下面以图解的方式加以说明(图 4-13)。

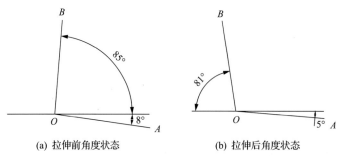

(a) 拉伸前角度状态　　　　　(b) 拉伸后角度状态

图 4-13　图解拉伸前后化学键与作用方向夹角越过 90°的变化示意图

从图 4-13 中可看出，拉伸过程中，化学键 *OA*、*OB* 联动变化。由于 *OA* 近平行于拉伸方向，故随着拉伸的进行，*OB*(一开始与作用力正方向呈一定夹角)随着 *OA* 发生了一定程度的旋转，这导致 *OB* 与拉伸方向的夹角逐渐越过 90°(与作用力负方向呈夹角)，最终∠*BOA* 随着拉伸过程逐渐增大(不会超过 180°)而使 *OB* 与作用力方向的夹角逐渐降低。

4.2.4　小结

通过 LAMMPS 软件对 Given 中阶煤聚合物模型加载拉伸作用，得到拉伸过程中煤大分子结构的响应，通过量子化学软件分析其机理，得到了以下认识。

(1)断裂的化学键可以根据连接关系和断裂次数总和划分成几组，组内链状连接的化学键存在互斥效应，且其断裂次数之和与分子总数基本一致。组内处在环状结构体系内的化学键存在协同效应，其断裂次数相同。

(2)由于 Given 煤大分子结构以交联的环状结构为主，化学键的断键顺序与化学键离解能的关系并不明显。因此，在拉伸作用下，环和环重叠部位的化学键难以断裂，环和环连接的颈部容易断裂，且环上支链原子越多的地方越容易发生断裂，环上存在杂原子的地方也易发生断裂。

(3)在拉伸作用的过程中，化学键与作用方向的夹角总体呈现减小的趋势，这说明在拉伸作用下，化学键的调整方向与作用方向基本一致，从而有助于提高大分子结构的有序度，促进煤大分子结构的演化。由于 Given 煤大分子结构的环状结构交联复杂，各个化学键的联动变化趋势明显，部分化学键在拉伸过程中与作用力方向的夹角呈现增加的趋势，越过 90°后继续减小直至断键。

4.3　高阶煤(Tromp)聚合物模型拉伸作用的模拟研究

高阶煤 Tromp 煤大分子结构模型，化学式为 $C_{199}H_{125}O_7N_3S_2$，分子中的基本结构单元以桥键连接为主、交联为辅，主要包含苯环、萘环、含氧或含硫五元杂环，含氮五元、六元杂环，羟基、亚甲基等结构。运用 Materials Studio 软件绘制出 Tromp 煤大分子结构[图 4-14(a)]，将 6 个优化后的 Tromp 煤大分子结构构建成煤聚合物模型并进行优化，结果如图 4-14(b)所示。

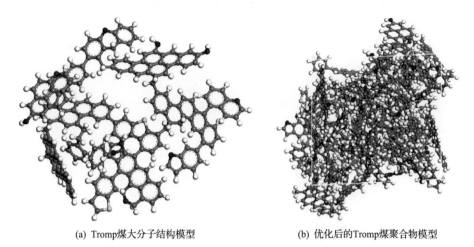

(a) Tromp煤大分子结构模型　　　　　(b) 优化后的Tromp煤聚合物模型

图 4-14　Tromp 煤大分子结构及其优化后的聚合物模型

　　将优化后的 Tromp 煤聚合物模型转换成 LAMMPS 识别的数据格式，采用 4.1 节中的模拟方法对 Tromp 煤聚合物模型分别在 X、Y、Z 方向进行加载拉伸模拟实验，分别计算 4000 步。运用 Ovito 软件进行可视化。

　　选取 1 号分子在拉伸过程中断键的变化进行可视化展示，如图 4-15 所示。

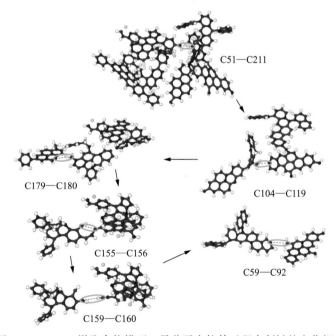

图 4-15　Tromp 煤聚合物模型 1 号分子在拉伸过程中断键的变化规律

　　通过可视化软件 Ovito 观察，发现在拉伸作用的过程中，各个 Tromp 煤大分子逐步伸展调整，最终发生断裂。在 X、Y、Z 方向拉伸的分子化学键发生规律性变化，下面以 X 方向为例进行统计分析。从图 4-15 可以看出，1 号 Tromp 煤大分子结构在拉伸过程中连接基本结构单元的桥键逐渐断裂。

将 Tromp 煤大分子结构模型采用球棍模型，添加部分原子序号信息选择合适的角度进行输出，如图 4-16 所示。

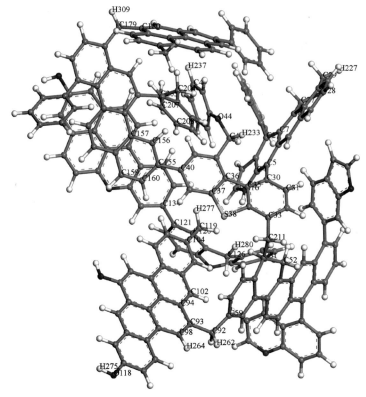

图 4-16　Tromp 煤大分子结构模型

从图 4-16 可以看出，Tromp 煤大分子结构是以 3～4 个苯环为基本结构单元的片状结构经桥键连接而成，苯环上有少量的含氧官能团，分子最外围是 H。

4.3.1　高阶煤(Tromp)在拉伸作用下煤大分子断裂的化学键

对 LAMMPS 输出的 bond.reaxc 文件进行整理，发现断裂的化学键总共有 12 个，分别是 C4—N16(吡咯大 π 键)、C35—C36(大 π 键)、C37—S38(噻吩大 π 键，硫醚键)、C43—O44(醚键)、C51—C211(碳碳单键)、C59—C92(碳碳单键)、C92—C93(碳碳单键)、C104—C119(碳碳单键)、C119—C120(碳碳单键)、C155—C156(大 π 键)、C159—C160(大 π 键)、C179—C180(碳碳单键)，并对每个化学键断裂的次数进行统计，见表 4-8。

表 4-8　6 个 Tromp 煤大分子在拉伸过程中断裂的化学键及其断键次数统计表

化学键	断键次数	化学键	断键次数	化学键	断键次数	化学键	断键次数
C4—N16	1	C43—O44	4	C92—C93	3	C155—C156	3
C35—C36	3	C51—C211	5	C104—C119	3	C159—C160	3
C37—S38	3	C59—C92	2	C119—C120	3	C179—C180	6

根据这些化学键的相互连接关系(图 4-16)并结合表 4-8 对断键次数的统计数据,可以将这些化学键分为 8 组,分别是:第 T1 组为 C4—N16;第 T2 组为 C35—C36、C37—S38;第 T3 组为 C43—O44;第 T4 组为 C51—C211;第 T5 组为 C59—C92、C92—C93;第 T6 组为 C104—C119、C119—C120;第 T7 组为 C155—C156、C159—C160;第 T8 组为 C179—C180。

4.3.2　高阶煤(Tromp)在拉伸作用过程中煤大分子的断键顺序

为了更直观地展示在拉伸作用的过程中高阶煤 Tromp 煤大分子结构化学键的变化规律,用可视化软件 Ovito 展示拉伸过程,如图 4-15 所示,分别观测每个分子的变化过程,并确定每个分子断键顺序,将聚合物中 6 个大分子结构的变化情况分别进行展示,如图 4-17 所示。

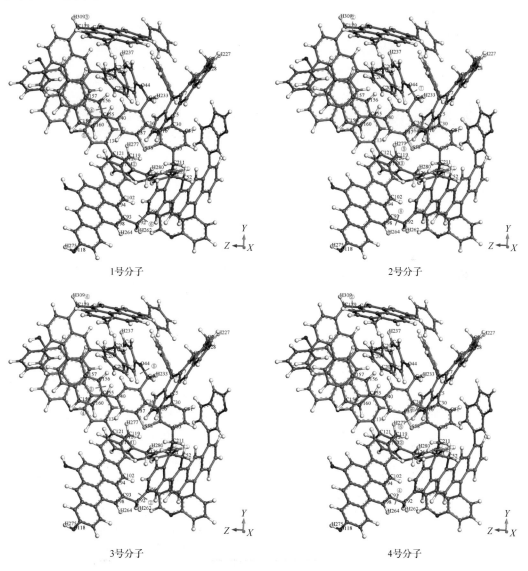

1号分子　　　　　　　　　　　　　2号分子

3号分子　　　　　　　　　　　　　4号分子

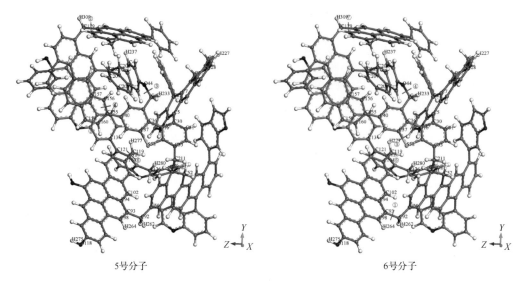

5号分子   6号分子

图 4-17　拉伸作用过程中高阶煤 Tromp 煤大分子结构化学键的变化规律

在图 4-17 中，6 个 Tromp 煤大分子结构化学键的断键顺序以圈码标识，断裂的化学键以短横线标明。

下面将化学键的断键顺序进行统计，见表 4-9。

表 4-9　拉伸过程中各 Tromp 煤大分子化学键断键顺序表

断键顺序	1 号分子	2 号分子	3 号分子	4 号分子	5 号分子	6 号分子
①	C51—C211	C4—N16	C104—C119	C51—C211	C51—C211	C92—C93
②	C104—C119	C179—C180	C59—C92	C179—C180	C179—C180	C35—C36
③	C179—C180	C119—C120	C155—C156	C119—C120	C43—O44	C37—S38
④	C155—C156	C35—C36	C159—C160	C92—C93	C155—C156	C43—O44
⑤	C159—C160	C37—S38	C43—O44	C35—C36	C159—C160	C51—C211
⑥	C59—C92	C51—C211	C179—C180	C37—S38	C119—C120	C104—C119
⑦		C43—O44				C179—C180
⑧		C92—C93				

表 4-9 表明：各组化学键断裂也呈现协同或互斥的现象。其中，第 T2、T7 组化学键分别位于环内，在同一分子中总是一同断裂，表现出明显的协同效应（断键次数相同）；第 T5、T6 组化学键呈链状连接，在同一分子中总是单独断裂，表现出明显的互斥效应（断键次数之和与分子总数基本一致）；而第 T3、T4、T8 组化学键属于连接基本结构单元的桥键，总是单独断裂；第 T1 组化学键表现出偶然现象。

4.3.3　高阶煤（Tromp）在拉伸作用下化学键断裂的机理

由于断裂的化学键有两个处于环状结构内，无法通过拉伸实现对化学键离解过程的计算，且剩余几个化学键由于周围化学键的阻挡，也无法拉伸到足够的距离，因此采用拉伸或扭转的方式对模型进行处理。具体处理方式及结果如表 4-10 所示。

表 4-10　对 Tromp 煤大分子拉伸断裂化学键的处理方式及结果

化学键	键长/Å	处理方式	处理之后键长/Å	离解距离/Å
C4—N16	1.38618	截取部分原子 并逆时针扭转 240°	3.31302	1.92684
C35—C36	1.48057	截取部分原子 并逆时针扭转 120°	3.35039	1.86982
C37—S38	1.75671	截取部分原子 并逆时针扭转 120°	3.62647	1.86976
C43—O44	1.42597	拉伸 2.0Å	3.42597	2.00000
C51—C211	1.55665	拉伸 3.0Å	4.55665	3.00000
C59—C92	1.52274	截取部分原子 并拉伸 3.0Å	4.52274	3.00000
C92—C93	1.52885	截取部分原子 并拉伸 3.0Å	4.52885	3.00000
C104—C119	1.52815	拉伸 1.2Å	2.72815	1.20000
C119—C120	1.52978	拉伸 3.0Å	4.52978	3.00000
C155—C156	1.39421	拉伸 3.0Å	4.39421	3.00000
C159—C160	1.38150	拉伸 3.49727Å	4.87877	3.49727
C179—C180	1.52879	拉伸 1.0Å	2.52879	1.00000

　　将 Tromp 煤大分子结构模型以断裂的化学键分为两个片段(或选择部分含有断裂化学键的 Tromp 煤大分子结构)，通过逆时针旋转其中一个片段以合适的角度或将两个片段沿断裂化学键方向拉伸一定的距离，以使断裂的化学键具有足够的离解距离。挑选具有代表性的化学键 C35—C36、C37—S38、C43—O44 和 C155—C156+C159—C160 进行展示，如图 4-18 所示。

　　对化学键进行处理之后，各个化学键对应不同的离解距离，从而发生不同程度的离解，通过式(4-1)进行校正，可以大致得到各个化学键的离解能。以该方法估算各个化学键的离解能，如表 4-11 所示。

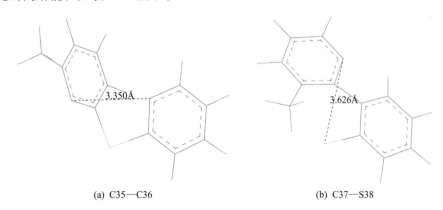

(a) C35—C36　　　　　　　　　　　(b) C37—S38

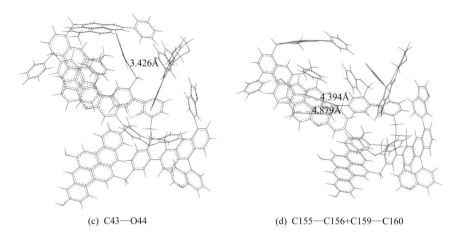

(c) C43—O44　　　　　　　　　(d) C155—C156+C159—C160

图 4-18　Tromp 模型部分处理后化学键的变化情况

表 4-11　Tromp 煤大分子 12 个拉伸断裂化学键离解能统计

化学键	离解距离/Å	离解百分比/%	离解能量化计算结果/(kJ/mol)	最终估算离解能/(kJ/mol)
C4—N16	1.92684	96.29	627.004	611.933
C35—C36	1.86982	95.92	602.127	590.329
C37—S38	1.86976	95.92	413.755	395.967
C43—O44	2.00000	96.70	385.287	385.287
C51—C211	3.00000	100.00	563.336	563.336
C59—C92	3.00000	100.00	459.249	459.249
C92—C93	3.00000	100.00	469.413	469.413
C104—C119	1.20000	83.25	588.287	588.287
C119—C120	3.00000	100.00	576.026	576.026
C155—C156	3.00000	100.00	1579.2140	828.5314
C159—C160	3.05348	100.00		750.6828
C179—C180	1.00000	73.81	376.755	525.974

由图 4-16 并结合断裂化学键次数的统计(表 4-8)可以看出，断裂的化学键主要集中在分子中的桥键 C51—C211、C59—C92、C92—C93、C104—C119、C119—C120、C179—C180，杂原子处 C4—N16、C37—S38、C43—O44，苯环及 C—C 大 π 键 C35—C36、C155—C156、C159—C160。结合表 4-11 可以看出，杂原子以 C43—O44 醚键的离解能最低，其次是 C37—S38 醚键(弱大 π 键)、C4—N16(大 π 键)离解能较高；离解能最高的为苯环的 C—C 大 π 键，而 C35—C36 大 π 键(因杂原子使其共轭性下降)，C—C 桥键的离解能处于中间水平。

拉伸过程中发现各个分子均发生不同程度的伸展变化，化学键与作用力方向的夹角在不断地调整，在 LAMMPS 模拟过程中，以 40 步为步长输出所有原子的坐标，计算断裂的化学键与 X 方向的夹角，绘制其断裂化学键与 X 方向夹角随拉应力变化的关系图，如图 4-19 所示。

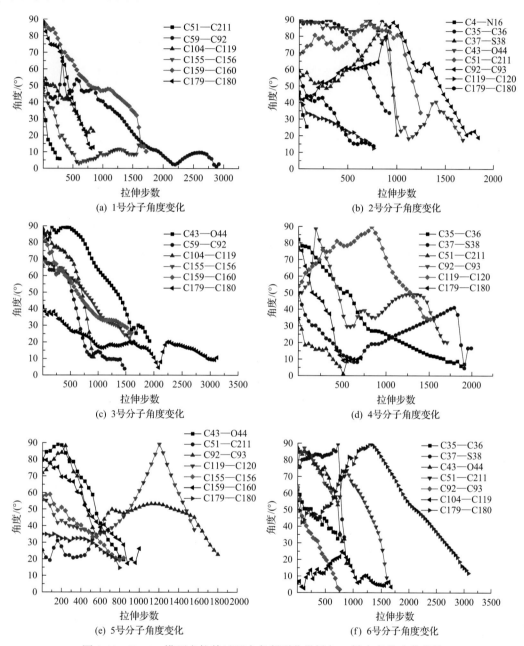

图 4-19　Tromp 模型在拉伸过程中各断裂化学键与 X 轴夹角的变化规律

从图 4-19 中可以看出，在拉伸作用的过程中，化学键与力作用方向的夹角总体呈现减小的趋势，这说明在拉伸作用下，化学键的调整方向与力的方向基本一致，有助于提高大分子结构的有序度，由于 Tromp 煤大分子结构的基本结构单元是苯环连接的芳香结构，各个化学键之间的联动变化趋势明显，部分化学键在拉伸过程中与作用力方向的夹角呈现增加的趋势，越过 90°后，继续减小至断裂。

将 C155—C156、C159—C160 断裂的苯环单独拿出来进行分析，如图 4-20 所示。拉伸过程中苯环中化学键断裂的受力图解如图 4-21 所示。

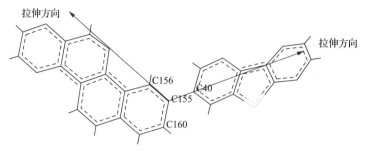

图 4-20 苯环上断裂化学键的受力示意图

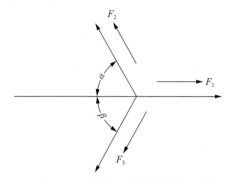

图 4-21 拉伸过程中苯环化学键断裂的受力图解

根据图 4-21，力 F_1 与 F_2、F_3 的关系，如式(4-2)所示：

$$F_1 = F_2\cos\alpha + F_3\cos\beta \tag{4-2}$$

对于苯环，α、β 均为 60°，因此式(4-2)又可简化为式(4-3)，即

$$F_1 = \frac{F_2 + F_3}{2} \tag{4-3}$$

如图 4-20 所示，整个片段大致可以看成不规则的 V 字形，拉伸过程中断裂的部位位于 V 字形的底部，而当 V 字形两端受拉伸作用时，只有 C40—C155、C155—C156 受到了拉伸作用，而 C155—C160 受到压缩作用。此时 C155—C156 受力约为 C40—C155 的 2 倍。这也解释了为什么在拉伸过程中苯环中化学键 C155—C156 发生断裂，之后 C159—C160 断裂。

4.3.4 小结

通过 LAMMPS 软件对 Tromp 高阶煤聚合物模型加载拉伸作用，得到拉伸过程煤大分子结构的响应，基于量子化学理论和方法分析其机理，得到了以下认识。

（1）断裂的化学键可以根据连接关系和断裂次数总和划分成几组，具体情况与 Wender 煤大分子和 Given 煤大分子所得结论一致。

　(2)化学键断裂的顺序与化学键的离解能和化学键与拉伸作用方向的夹角有关,化学键断裂的特点是离解能越小(连接各个煤大分子结构基本单元的桥键),化学键越容易发生断裂,表现为断裂次数多。环上存在杂原子的地方也易发生断裂。

　(3)在拉伸作用的过程中,化学键与力作用方向的夹角总体呈现减小的趋势,这说明在拉伸作用下,化学键的调整方向与力的方向基本一致,从而有助于提高大分子结构的有序度,促进煤大分子结构的演化。由于 Tromp 煤大分子结构的基本结构单元是苯环连接的芳香结构,各个化学键之间的联动变化趋势明显,部分化学键在拉伸过程中与作用力方向的夹角呈现增加的趋势,越过 90°之后继续减小直至断键。

参 考 文 献

Akbulatov S, Tian Y C, Boulatov R. 2012. Force-reactivity property of a single monomer is sufficient to predict the micromechanical behavior of its polymer. Journal of the American Chemical Society, 134(18): 7620-7623.

Brantley J N, Konda S S M, Makarov D E, et al. 2012. Regiochemical effects on molecular stability: A mechanochemical evaluation of 1,4- and 1,5-disubstituted triazoles. Journal of the American Chemical Society, 134(24): 9882-9885.

Davis D A, Hamilton A, Yang J L, et al. 2009. Force-induced activation of covalent bonds in mechanoresponsive polymeric materials. Nature, 459(7243): 68-72.

Duwez A S, Cuenot S, Jérome C, et al. 2006. Mechanochemistry: Targeted delivery of single molecules. Nature Nanotechnology, 1(2): 122-125.

Hickenboth C R, Moore J S, White S R, et al. 2007. Biasing reaction pathways with mechanical force. Nature, 446(7134): 423-427.

Stukowski A. 2010. Visualization and analysis of atomistic simulation data with OVITO-The open visualization tool. Modelling Simulation in Material Science and Engineering, 18(1): 2154-2162.

第5章
剪切变形对煤大分子结构的作用过程及机理

煤在整个形成过程之中及形成之后都或多或少地受到不同方向、不同性质的构造作用,这将对煤的结构产生不同程度的影响。剪切作用是煤在地质历史时期中受到的最常见、最广泛的作用,然而剪切作用下煤大分子结构的响应特征并未得到广泛的关注。剪切作用与拉伸作用存在明显的差异,其对煤大分子结构产生的影响也不尽相同。本节采用 LAMMPS 软件实现对煤聚合物模型剪切作用的模拟,观察煤大分子结构化学键的断裂和生成情况。

5.1 低阶煤(Wender)聚合物模型剪切作用机理研究

低阶煤 Wender 煤大分子结构模型,化学式为 $C_{42}H_{44}O_{10}$,其分子结构相对简单,便于观察和研究,主要包含苯环、普通六元碳环、含氧官能团、脂肪支链等结构,如图 4-3 所示。

将优化的煤聚合物模型转换成 LAMMPS 识别的数据格式,采用三维周期性边界条件,运用 ReaxFF 力场,分别采用最速下降(SD)洱和共轭梯度(CG)法对模型进行能量最小化,采用 NVE 系综 temp/rescale 法控温在 298K 进行弛豫。以 $1.5 \times 10^{-3} \mathrm{s}^{-1}$ 的真实应变速率(综合考虑需要处理的工作量及清晰展示整个化学键的变化过程)对该煤聚合物模型分别在 XY、XZ、YZ 方向加载剪切模拟实验,分别计算 4000 步。运用 Ovito 软件进行可视化。

通过可视化软件 Ovito 观察,发现在剪切作用的过程中,各个 Wender 煤大分子逐步伸展调整,最终发生断裂。下面以 XY 方向为例进行统计分析。

5.1.1 低阶煤(Wender)剪切作用下煤大分子断裂的化学键

对 LAMMPS 输出的 bond.reaxc 文件进行整理,结合 Ovito 可视化过程的观察发现,断裂的化学键总共有 78 个,其中 12 个在 4.1 节拉伸过程中断裂的化学键均发生了断裂,新增剪切断裂的化学键高达 66 个,对每个断裂的化学键及其断裂次数进行统计,见表 5-1。

表 5-1 40 个 Wender 煤大分子在剪切过程中断裂的化学键及其断键次数统计表

化学键	断键次数	化学键	断键次数	化学键	断键次数	化学键	断键次数	化学键	断键次数
C1—C6	1	C27—C28	2	C44—C48	13	C50—O52	16	C38—H81	5
C2—C3	1	C28—C29	5	C46—C47	2	C12—H58	1	C38—H82	1
C3—C4	1	C28—C34	2	C48—C49	15	C13—H59	1	C39—H83	1
C4—C5	1	C32—C33	1	C49—C50	6	C19—H65	1	C39—H84	1
C5—C6	3	C34—C35	22	C1—O18	4	C19—H66	1	C42—H85	4
C6—C24	23	C35—C36	13	C3—O15	9	C20—H67	1	C42—H86	2
C8—C9	5	C36—C38	3	C4—O7	5	C20—H68	2	C43—H87	2
C9—C10	1	C36—C42	12	O7—C8	37	C24—H70	1	C47—H91	2
C9—C14	1	C38—C39	15	C14—O16	4	C24—H71	3	C50—H94	1
C10—C11	1	C39—C40	3	O15—C17	8	C32—H74	2	C50—H95	5
C11—C19	6	C40—C41	1	C21—O22	12	C32—H75	1	O16—H60	5
C19—C20	17	C40—C46	4	C21—O23	1	C33—H76	3	O18—H64	3
C20—C21	3	C41—C42	2	C27—O31	5	C33—H77	4	O22—H69	6
C24—C25	6	C41—C43	3	O31—C32	9	C35—H78	1	O52—H96	3
C25—C26	3	C43—C44	2	C34—O37	2	C35—H79	1		
C26—C33	5	C44—C45	2	C49—O51	1	C36—H80	12		

根据表 5-1 中的数据和图 4-3 展示的 Wender 煤大分子结构化学键的连接关系可以看出，断裂次数较多的化学键部分集中于连接煤大分子基本结构单元的桥键或烷基主链，如 O7—C8、C6—C24、C19—C20、C34—C35、C35—C36、C44—C48、C48—C49等化学键。一些处于煤大分子基本结构单元外围的原子(原子团)或烷基主链上连接的原子(原子团)易脱落，如 C3—O15、O15—C17、C21—O22、O31—C32、C50—O52、C36—H80 等化学键上的原子(原子团)。断裂的化学键类型多种多样，包括各种含氧官能团上化学键的断裂(羟基、羧基、醚键、酮键)、各种含 H 的化学键(苯环上、羟基、甲基、亚甲基)、C—C 单键及大 π 键。

5.1.2 低阶煤(Wender)剪切作用过程中煤大分子的断键顺序

在剪切作用的过程中，各个煤大分子化学键的断裂顺序并不一致。以 XY 剪切方向为例，剪切作用是沿着 X 方向剪切 Y 轴。将 40 个分子断裂的化学键及其顺序统计在表 5-2 中。在表 5-2 中，序号代表 1～40 号分子，每个分子断裂化学键的顺序按从左到右依次排列。

表 5-2 剪切过程中各 Wender 煤大分子化学键断键顺序表

序号	断键顺序
1	O7—C8 C6—C24 O18—H64 C38—H81 C50—O52 C27—O31 C28—C29 C44—C48 C5—C6 C48—C49
2	C33—H76 C35—C36 C38—H81 C24—H71 C43—H87 C36—H80 O7—C8 C40—C46 C19—C20 C21—O22 C50—O52 C8—C9
3	C34—C35 O7—C8 C4—O7 C24—H71 C28—C29 C3—O15 C8—C9 C36—C42 C6—C24 C14—O16
4	O7—C8 C35—C36 C19—C20 C48—C49 C24—C25 C41—C42 C49—C50 C24—H71 C39—C40 C3—O15
5	C36—H80 C38—H82 C28—C34 C4—C5 C5—C6 C27—C28 O15—C17 C19—C20 O7—C8 C26—C33 O31—C32 C46—C47
6	C34—C35 O7—C8 C19—C20 C21—O22 C6—C24 C36—C42 C39—C40 O15—C17 C8—C9 C39—C40
7	C4—O7 C8—C9 O16—H60 O22—H69 C19—H65 C21—O23 C20—C21 C35—C36 C48—C49
8	C50—H95 O7—C8 C34—C35 C36—C42 C38—C39 C24—C25 C49—O51 O52—H96 C44—C48 C43—H87
9	O7—C8 C35—C36 C44—C48 C13—H59 C49—C50 C19—C20 C11—C19 C9—C14 O31—C32
10	O7—C8 C34—C35 C36—C42 O15—C17 C24—C25 C44—C25 C38—C39 C41—C43
11	C4—O7 C34—C35 C8—C9 C3—O15 C19—C20 C48—C49 C24—C25 C19—C20 O7—C8 O16—H60 C25—C26 C14—O16 C36—C42 C38—C39 C36—C38 C44—C45 C49—C50 C27—O31
12	O7—C8 C44—C48 C6—C24 C26—C33 C25—C26 C19—C20 C40—C46 C19—C20
13	O7—C8 C6—C24 C42—H86 C36—H80 C39—H83 C27—O31 O7—C8 C50—O52 C3—O15 C47—H91 C19—C20 C26—C33 O52—H96 C24—C25
14	C34—C35 C36—C42 C36—H80 O7—C8 C32—H74 C6—C24 C48—C49 C50—O52 O15—C17 C39—C40 C41—C43 C49—C50
15	C34—C35 C36—H80 O7—C8 C44—C48 C35—H79 C21—O22 C36—C42 C38—H81 C39—C40 C40—C46 C41—C43 C49—C50
16	C34—C35 O18—H64 O7—C8 C36—H80 C3—O15 C38—C39 C3—O15 C32—H75 C19—C20
17	O7—C8 C6—C24 C38—C39 C3—O15 C49—C50 C44—C48 C36—H80 C43—C44 C44—C45
18	C36—H80 O7—C8 C50—O52 C50—H95 O22—H69 C48—C49 C6—C24 C33—H77 C19—C20 C43—C44
19	C33—H77 O7—C8 C34—C35 O31—C32 C50—O52 C44—C48 C6—C24 O52—H96 C27—C28

续表

序号	断键顺序
20	O7—C8　C36—H80　C3—O15　C34—C35　C6—C24　C48—C49　C1—C6　C3—C4
21	C34—C35　C4—O7　C35—C36　C38—C39　C36—C38　C48—C49　C42—H85
22	O7—C8　C34—C35　C6—C24　C36—C42　C44—C48　C19—C20　C38—C39　C50—O52　C28—C34
23	O7—C8　C6—C24　C35—C36　C44—C48　C42—H86　C50—O52　C50—H95　C21—O22　C26—C33　C34—O37　C33—H76
24	C19—H66　C34—C35　O7—C8　C6—C24　O15—C17　O31—C32　C26—C33　C4—O7　C21—O22　C20—C21　C20—H68
25	O7—C8　C35—C36　C6—C24　C21—O22　C11—C19　C38—C39　C36—C42
26	C44—C48　O7—C8　C19—C20　O15—C17　C21—O22　C35—C36　O22—H69　C6—C24　O31—C32　C38—H81　C50—O52
27	O7—C8　C6—C24　C1—O18　C47—H91　C19—C20
28	C24—H70　C24—C25　C35—C36　O7—C8　C19—C20　C48—C49
29	C34—C35　C1—O18　C36—C42　O31—C32　C21—O22　C33—H77　O15—C17　C38—C39　C32—H74　C49—C50　O7—C8　C11—C19
30	O7—C8　C19—C20　C35—C36　C6—C24　O18—H64　C21—O22　C20—H67　C48—C49　C50—O52
31	O7—C8　C34—C35　C36—C42　O15—C17　C48—C49　C38—C39　C42—H85　C36—H80　O22—H69　C50—O52　C50—H94
32	C36—C42　C38—C39　C6—C24　C44—C48　O7—C8　C42—H85　C41—C43　C11—C19　C50—O52
33	O22—H69　O7—C8　C35—C36　C36—H78　C35—H78　C38—H81　C44—C48　C3—O15　C20—C21
34	O7—C8　O16—H60　C34—C35　C48—C49　C6—C24　C33—H77　C21—O22　C20—C21
35	C6—C24　C11—C19　C3—O15　C50—H95　C34—C35　O31—C32
36	O22—H69　O7—C8　C35—C36　C6—C24　C33—H76　C42—H85　C48—C49　C47—H91　C38—C39　C40—C46
37	O7—C8　C19—C20　C35—C36　C28—C29　C8—C9　C21—O22　C10—C11　C48—C49　C50—H95　C50—H94
38	C34—C35　O7—C8　C36—H80　C14—O16　C1—O18　C9—C10　C28—C29　C21—O22　C11—C19
39	O7—C8　C34—C35　C6—C24　O16—H60　C19—C20　C12—H58　C2—C3　C50—O52　C48—C49　C5—C6
40	O7—C8　C35—C36　C20—H68　C6—C24　O16—H60　C34—O37　C27—O31　C48—C49　C32—C33

为了更直观地展示在剪切作用的过程中低阶煤 Wender 煤大分子结构化学键的变化规律，将聚合物中 40 个大分子结构的变化情况分别进行展示，如图 5-1 所示。

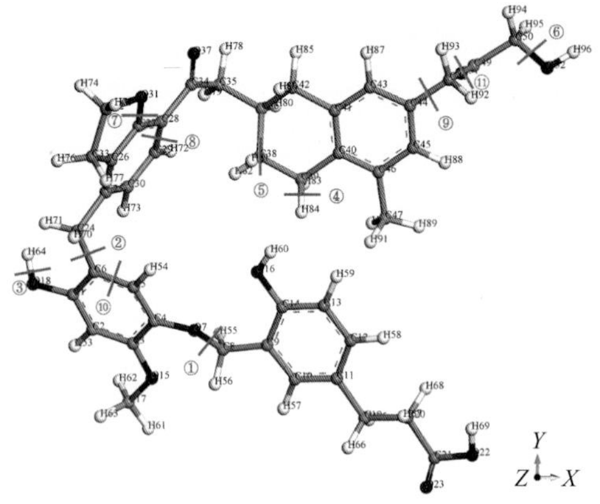

1号分子

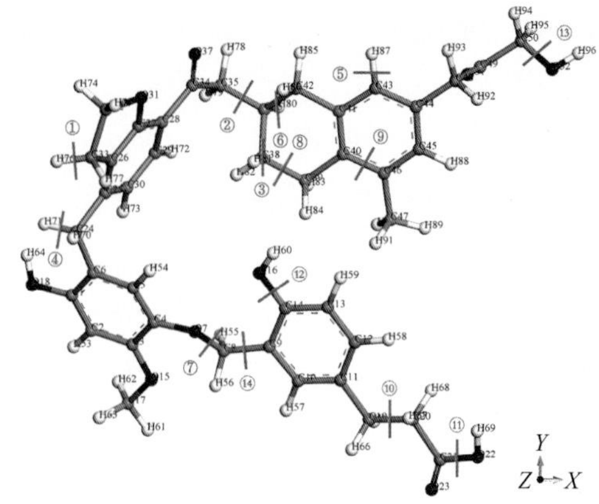

2号分子

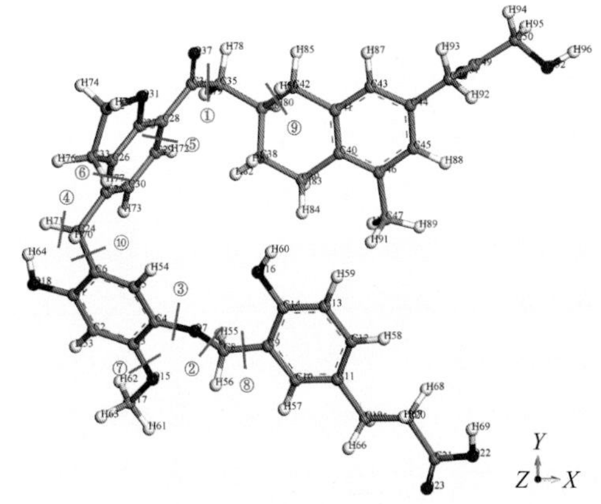

3号分子

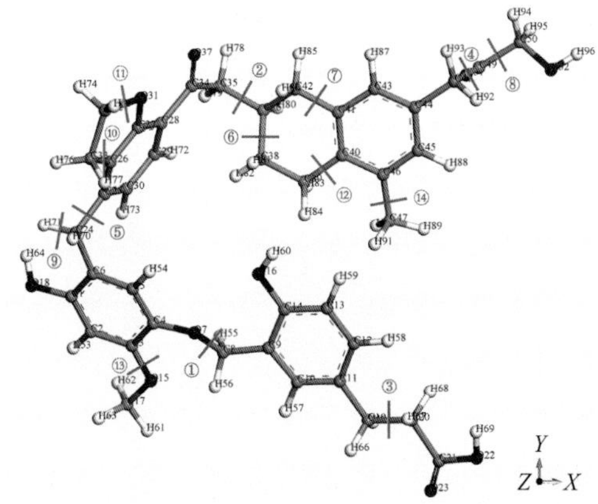

4号分子

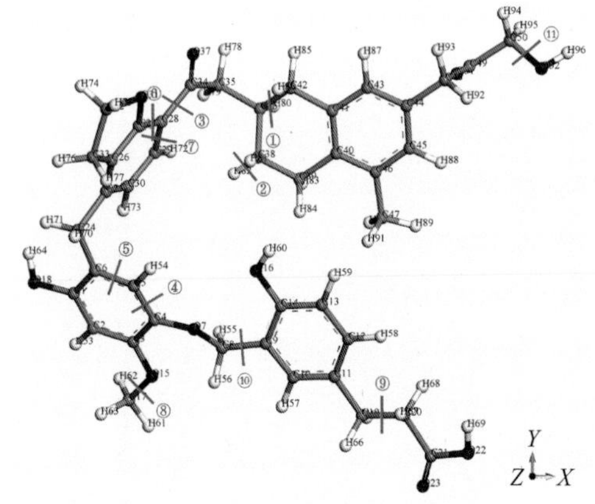

5号分子

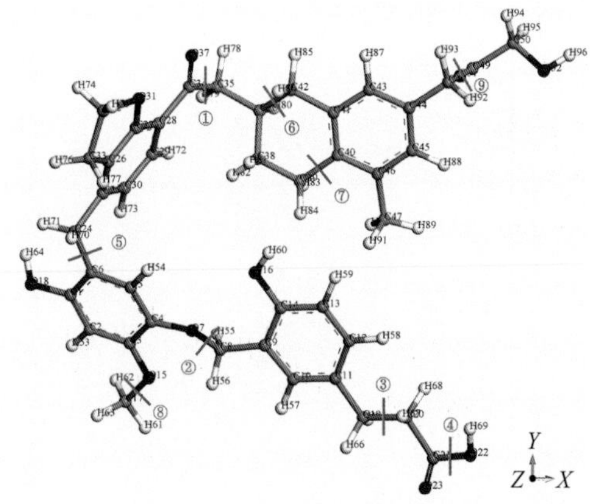

6号分子

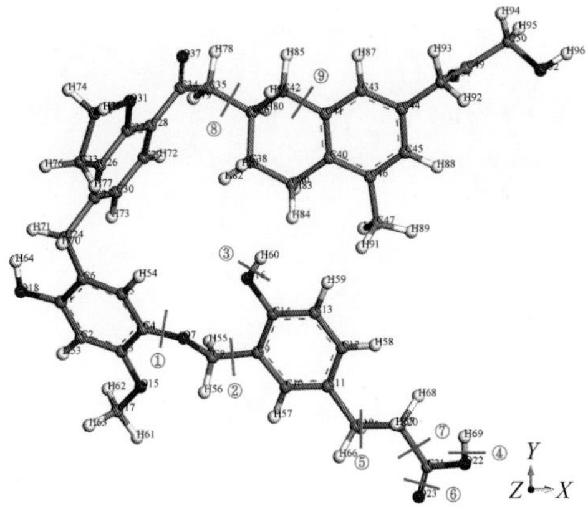

7号分子

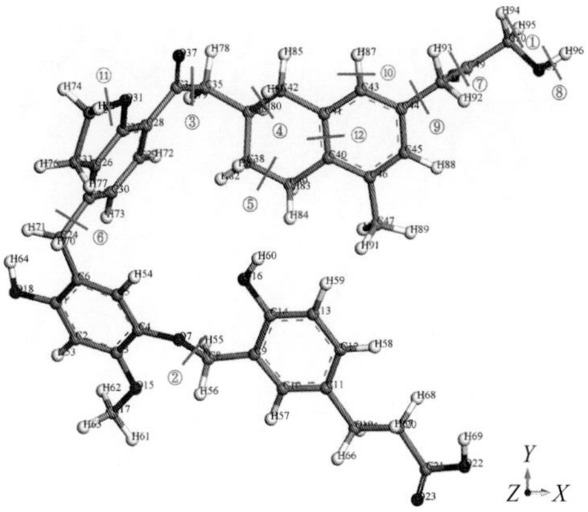

8号分子

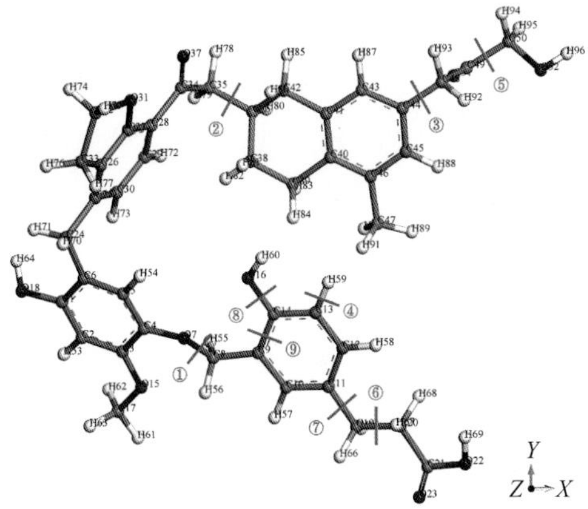

9号分子

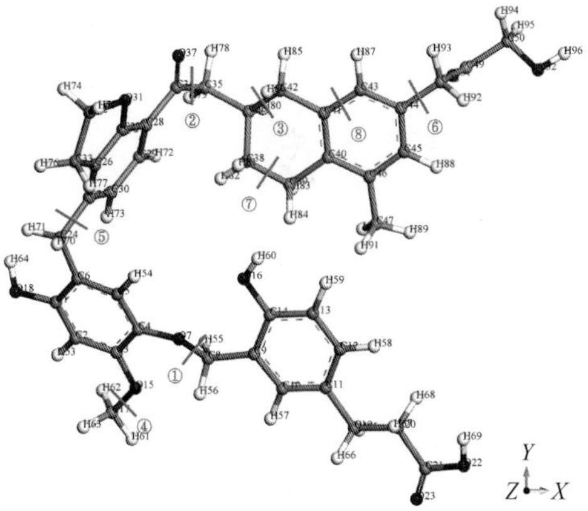

10号分子

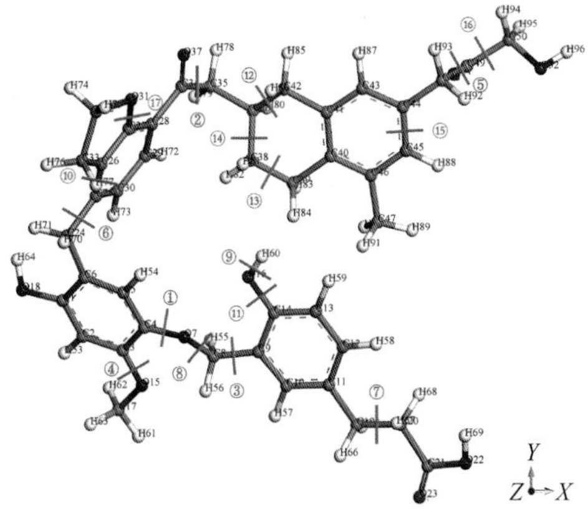

11号分子

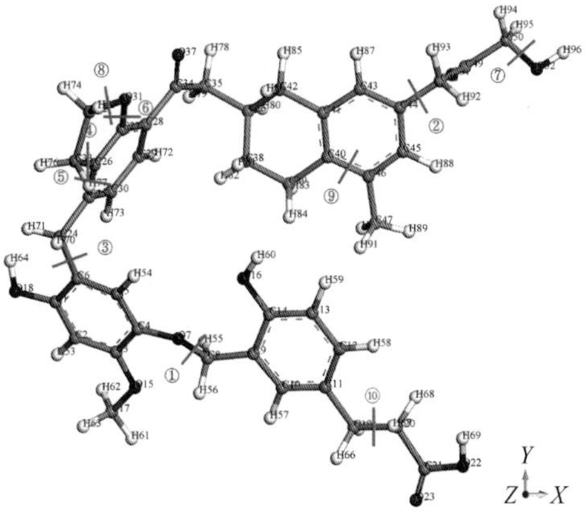

12号分子

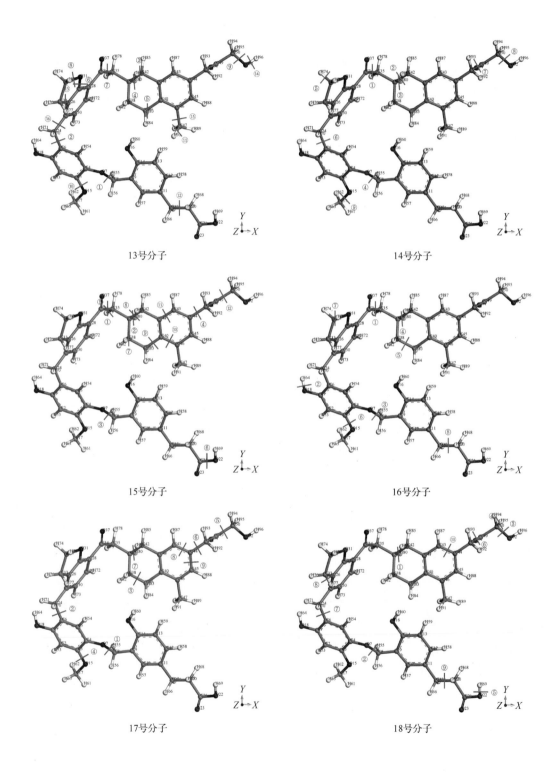

13号分子

14号分子

15号分子

16号分子

17号分子

18号分子

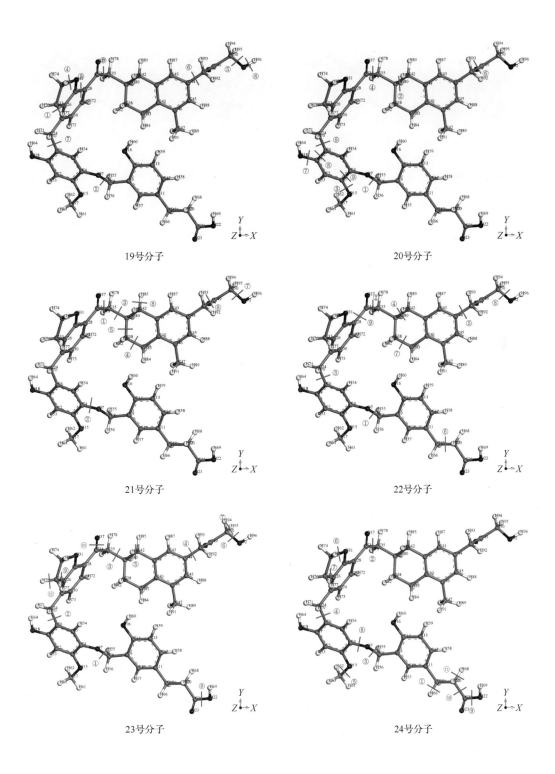

19号分子　　　　　　　　　　　　　　　　20号分子

21号分子　　　　　　　　　　　　　　　　22号分子

23号分子　　　　　　　　　　　　　　　　24号分子

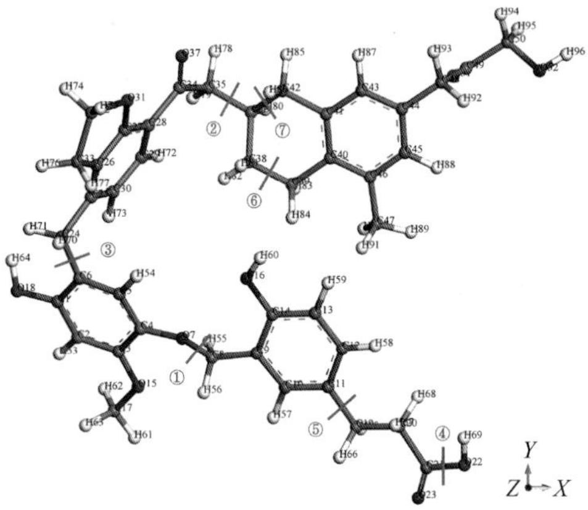

25号分子

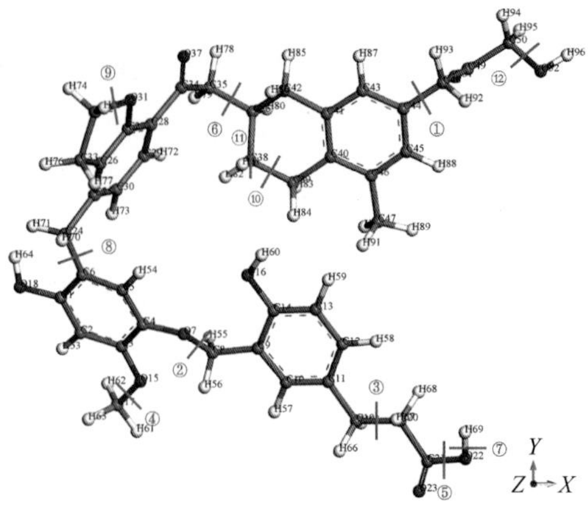

26号分子

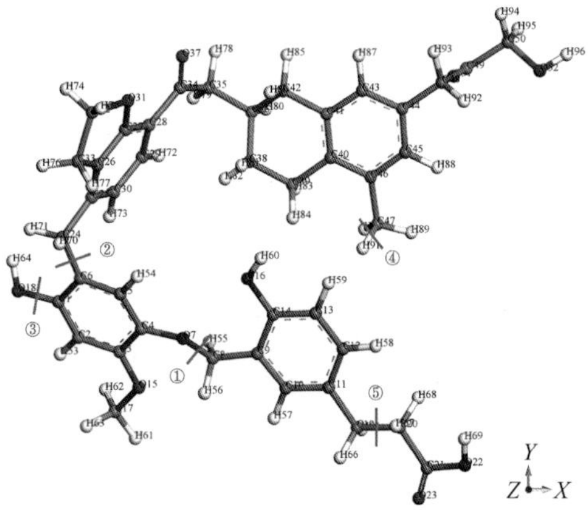

27号分子

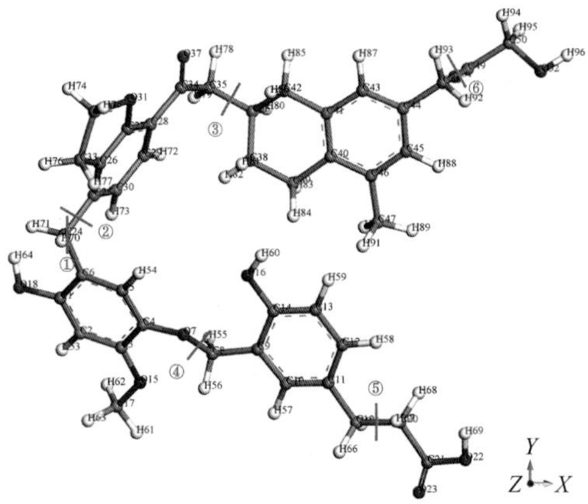

28号分子

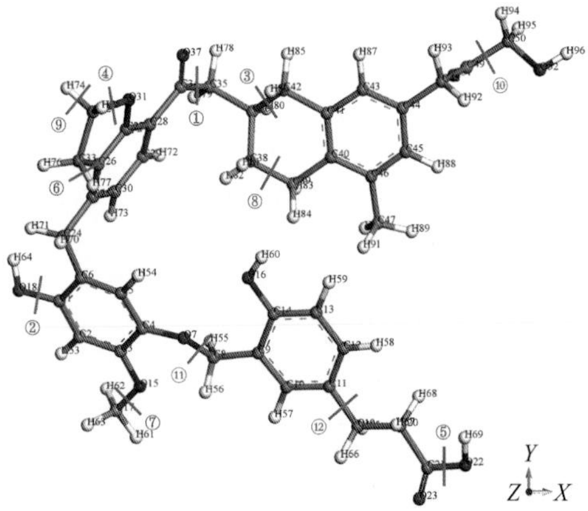

29号分子

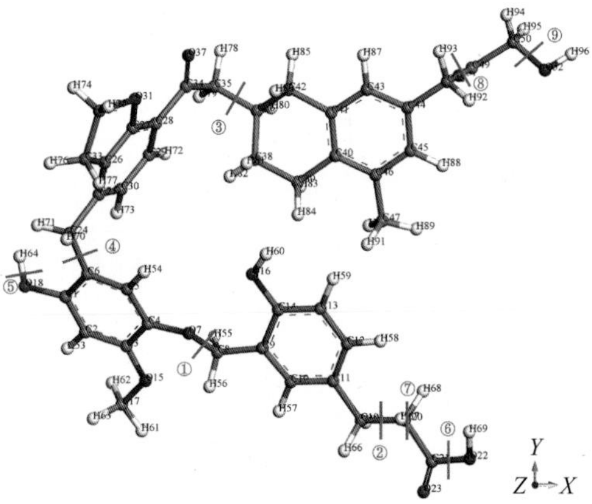

30号分子

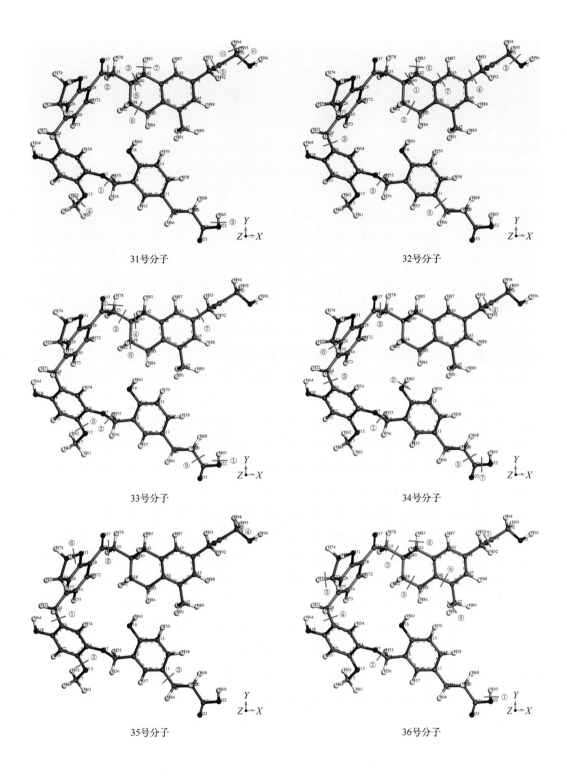

31号分子

32号分子

33号分子

34号分子

35号分子

36号分子

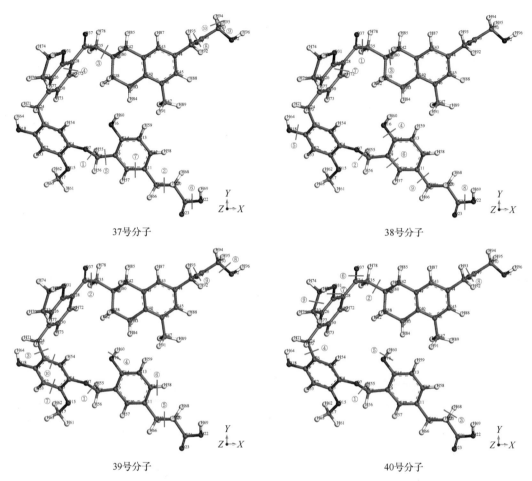

图 5-1   在剪切作用的过程中低阶煤 Wender 煤大分子结构化学键的变化规律

图 5-1 展示了 40 个 Wender 煤大分子结构在剪切变形中断裂的化学键、顺序及其位置，顺序以①等数字标识，位置以横线标识。从表 5-2 中可以看出，在剪切作用的过程中总体的趋势：C—O 键最容易发生断裂，其次是 C—C 键，之后是 C—H 和 O—H键，最后是苯环大 π 键。从图 5-1 可以看出，其中，C—O 键多位于 O7—C8、C4—O7等桥键，C—C 多位于 C34—C35、C35—C36、C6—C24 等桥键。C—H 和 O—H 键多位于煤大分子基本结构单元外围的原子(原子团)或烷基主链上连接的原子(原子团)。

5.1.3   低阶煤（Wender）剪切作用产物

在剪切作用下 Wender 煤大分子结构脱落了大量的自由基，它们分别是•H、•O、•OH、•CH$_3$、•CO、CH$_3$O•、•COOH、•C$_2$H$_3$O$_2$、•C$_3$H$_5$O$_2$ 等。这些自由基相互结合形成新的稳定小分子，主要产生了 H$_2$、CO、CO$_2$、CH$_4$ 等气体和 H$_2$O，如图 5-2 所示。

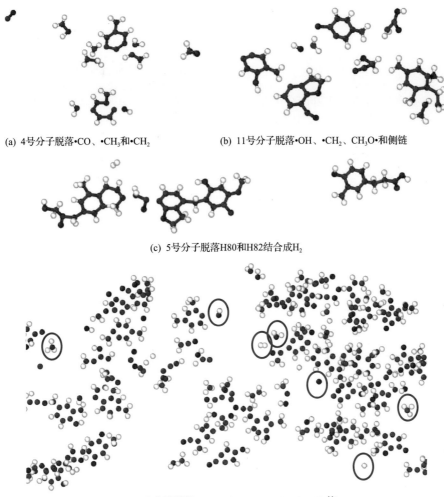

(a) 4号分子脱落•CO、•CH₃和•CH₂　　　(b) 11号分子脱落•OH、•CH₂、CH₃O•和侧链

(c) 5号分子脱落H80和H82结合成H₂

(d) 40个分子脱落•CH₃、•OH、H₂、H₂O、O•、H•等

图 5-2　Wender 煤大分子在剪切过程中形成的小分子

　　H 产生的方式为含有 H 的化学键受到剪切作用脱落，主要包括甲基、亚甲基上 H，羟基上 H，苯环上 H，均可受到剪切作用发生脱落。O 产生的方式为酮键的断裂，例如，C34—O37(23 号和 40 号分子)、C49—O51(8 号分子)及 C21—O23(7 号分子)受剪切作用，O 被剪脱落。•CO 产生的方式为酮基的脱落，例如，4 号分子中 C48—C49 和 C49—C50 分别发生断裂，22 号分子中 C34—C35 化学键发生拉伸断裂，C28—C34 化学键发生剪切断裂导致 C=O 脱落，CO 与 O 结合形成 CO_2。•OH 产生的方式为酚羟基、醇羟基及羧基脱落，C1—O18(20 号、27 号、29 号、38 号分子)、C14—O16(2 号、9 号、11 号、38 号分子)酚羟基受剪切脱落，C21—O22(2 号、6 号、15 号、23 号、24 号、25 号、26 号、29 号、30 号、34 号、37 号、38 号分子)羧基上•OH 受剪切脱落，C50—O52(1 号、2 号、5 号、12 号、13 号、14 号、18 号、19 号、21 号、22 号、23 号、26 号、30 号、31 号、32 号、39 号分子)上•OH 受剪切脱落，•OH 与 H 结合形成 H_2O。•CH₃、•CH₂ 产生的方式分别为甲基和亚甲基脱落，例如，O15—C17(5 号、6 号、10 号、14 号、24 号、

26 号、29 号、31 号分子)或 C46—C47(4 号、13 号分子)被剪切脱落•CH₃；O7—C8 和 C8—C9(2 号分子)，C34—C35、C35—C36(21 号分子)，C6—C24、C24—C25(13 号分子)，C11—C19、C19—C20(9 号分子)，C44—C48、C48—C49(1 号分子)分别发生拉伸和剪切断裂脱落•CH₂。

从表 5-2 可以看出，低阶煤在剪切作用下 H 首先脱落，其次是 C=O，最后是•CH₃ 和•CH₂。所以低阶煤在剪切作用下的产气顺序为 H₂、CO、CH₄。而其产气量又可以通过分子量计算得到，具体计算方式如式(5-1)所示：

$$G = \frac{nM_f \times 22.4 \times 10^{-3}}{M_t \times M_f \times 10^{-6}} \qquad (5-1)$$

式中，G 为 f 气体(f 为气体的种类，包括 H₂、CO、CH₄)的产生量，m³/t；n 为产生 f 气体的数量(其中 H₂ 为 $n/2$)，个；M_f 为 f 气体的摩尔质量，g/mol；M_t 为煤聚合物的摩尔质量，g/mol。

产生自由基•H、•CO、•CH₃、•CH₂、•OH 的量(个数)统计结果分别为 77、2、10、5、36，由于•CH₃、•CH₂、•OH 都将消耗•H 自由基，且两个•H 自由基能够组成一个 H₂ 分子，最终剩余 21 个•H 自由基，将 21/2、2、15 分别代入式(5-1)中可得，Wender 煤聚合物在剪切作用下 H₂、CO、CH₄ 气体的产生量：H₂ 为 8.31m³/t；CO 为 1.58m³/t；CH₄ 为 11.86m³/t。

5.1.4 低阶煤(Wender)在剪切作用下化学键断裂的机理

1. 化学键在分子中的位置对剪切作用下化学键断键的影响

各个 Wender 煤大分子在聚合物中空间分布的差异，因此处于分子外围的原子(原子团)最先接触，分子之间的相对运动会产生剪切作用。此时剪切位点上原子(原子团)所连化学键(分子外围化学键)受到的剪切作用，与剪切位点上原子(原子团)所连化学键相连部位(桥键及烷基主链)受到剪切位点施加的拉伸作用，所以在剪切作用的过程中各个分子内最早表现出拉伸作用。由于煤分子属于柔性大分子，受拉伸作用会发生一定程度的伸展，连接基本结构单元的桥键和烷基主链上化学键沿顺时针方向绕作用点转到剪切作用方向(X 轴正方向为剪切方向时)时转过的角度在 0°～90°(或 270°～360°)，化学键易受到拉伸作用，容易被拉断。当剪切位点受到的剪切作用进行到一定程度时，此时表现为剪切位点上的化学键被剪断。所以很明显剪切作用分为两种情况：当连接煤大分子基本结构单元的桥键及烷基主链上的化学键表现出拉伸断裂，主要包括化学键 C4—O7(芳香醚键)、C6—C24(碳碳单键)、O7—C8(脂肪醚键)、C8—C9(碳碳单键)、C11—C19(碳碳单键)、C19—C20(碳碳单键)、C24—C25(碳碳单键)、C34—C35(碳碳单键)、C35—C36(碳碳单键)、C44—C48(碳碳单键)、C48—C49(碳碳单键)、C49—C50(碳碳单键)；当化学键沿顺时针方向绕着作用点转到剪切作用方向(X 轴正方向)时转过的角度在 90°～180°(或 180°～270°)，化学键易受到剪切作用，容易被剪断，位于分子最外围的原子(原子团)所连化学键表现出剪切断裂，主要脱落含氧官能团 C1—O18(酚羟基)、C3—O15(芳香醚键)、C14—O16(酚羟基)、C21—O22(醇羟基)、C20—C21(羧基)、C21—O23(羰基)、C27—O31(醚键)、O31—C32(醚键)、C34—O37(酮基)、C50—O52(羟基)，O15—C17(甲基)、C46—C47，各种化学键外围 H 原子 H60、H64(酚羟基上的 H)、H65、H66、H67、H68、H70、H71、H74、H75、H76、H77、H78、H79、H81、H82、H83、H84、H85、H86、H94、H95(亚甲基上的 H)、H80(次甲基上的 H)、H87(苯环上的 H)、H69(羧基上的 H)、H96(羟基上的 H)、H91(甲基上的 H)。化学键在整个分子所处的位置决定了化学键在剪切过程中受到的是拉伸作用还是剪切作用，最终决定化学键断裂的方式。

无论受到拉伸作用还是剪切作用，化学键与剪切作用方向的夹角都会随着剪切过程而不断发生变化。为了确定在剪切过程中化学键与剪切作用方向夹角的变化，在 LAMMPS 模拟过程中，以 50 为步长，输出所有原子的坐标。Wender 煤聚合物 13 号分子断裂的化学键不仅数目较多，而且种类齐全，以 13 号分子的数据为例，计算断裂的化学键与 X 方向(剪切方向)的夹角。因为化学键断裂集中于 3000～4000 步这段，因此截取该段绘制其断裂化学键与 X 方向夹角随剪切过程变化的关系图，如图 5-3 所示。

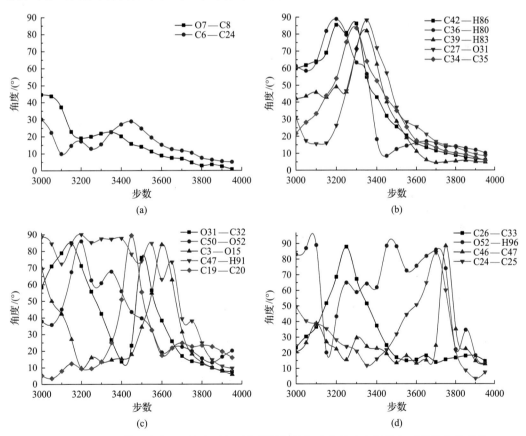

图 5-3　Wender 煤聚合物 13 号分子断裂化学键与剪切方向的夹角随剪切过程的变化规律

从图 5-3 中可以看出：剪切作用的早期易于发生拉伸断裂，如图 5-3(a)所示，随着剪切过程的进行，化学键与剪切方向的夹角(θ)逐渐减小，原子之间的距离逐渐增大，化学键主要受到拉应力作用，其作用机理如图 5-4(a)所示，红色原子受到剪切作用，可将力分解为沿着键长方向的拉伸作用和垂直键长方向的旋转作用。剪切作用的中后期以剪切(化学键旋转)为主(次要拉伸作用)。化学键在剪切作用的影响下，化学键与剪切方向的夹角(θ)逐渐增大[图 5-3(b)～(d)]，这一过程表现为化学键键角的变化，对应于化学键的旋转，而化学键键长的变化不大。当化学键与剪切方向的夹角(θ)越过 90°时，此时积累了大量的应变能，且受到力的作用由旋转变化为旋转加拉伸作用，随着原子之间距离的变大，迅速发生剪切断裂，其作用机理如图 5-4(b)所示，红色原子受到剪切作用，可将力分解为沿着键长方向的压缩作用(由于键长与键能的关系，键长可压缩量非常有限)和垂直键长方向的旋转作用。当角度转过 90°时，红色原子受力可分解为沿着键长方向的拉伸作用和垂直键长方向的旋转作用。

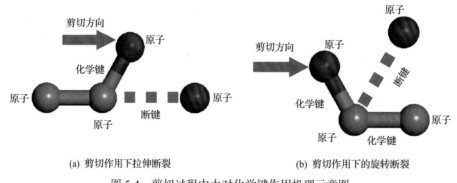

(a) 剪切作用下拉伸断裂   (b) 剪切作用下的旋转断裂

图 5-4　剪切过程中力对化学键作用机理示意图

2. 化学键及键角强度对剪切作用下化学键断键的影响

键的强度是化学研究者十分关心的问题。但键的强度不是一个确切的可观测量，只是一个概念，具体衡量方式多种多样，常见的有如下几种。

1)键解离能(BDE)(Sorensen et al., 2020)

BDE 定义为 H(片段 1 焓)+H(片段 2 焓)–H(整体焓)，整体和片段结构都是分别优化的。BDE 的意义很明确，而且实验可测，但它作为键强衡量标准存在以下问题：①结果依赖于片段的电子态的选取，有一定任意性；②容易把片段的变形能误纳入对键强的衡量中；③很多体系很难拆分成合适的片段，只让 BDE 反映感兴趣的键的强度，其中环状体系是典型。相对于以上三点，BDE 衡量键的强度最大的弊端其实是：BDE 反映的是整体和片段间的相对稳定性，但这和单个键的强度原理上没有必然关系。

2)键级、AIM 理论定义的 BCP 上的性质(Lu and Chen, 2013)

Mulliken 键级无法衡量键强。Mayer 或 Wiberg 键级的物理本质体现的是原子间共享的电子对数，对同类键，它们与键强有一定的正相关性，但完全没法对不同类型的键进行横向对比。对于同类键，分子中的原子(atoms in molecules, AIM)理论定义的键临界点(bond critical point, BCP)上的性质，如电子密度、势能密度的绝对值等也与键的强度有正相关性，但光靠 BCP 性质有时会出错，而且同样没法对不同类型的键进行横向比较。

3）键长（Yang et al., 2020）

用键长讨论键的强度很常见，也很少受到质疑，而且是实验可测的量，但也只能局限在同类键的比较上。

4）键方向上的力常数（Brandhorst and Grunenberg, 2008）

对于同类键可以使用键的振动频率来考查键的强度，当使用谐振近似时，根据原子质量和振动频率，可以直接求解出键的力常数。用力常数衡量强度时可以在不同类型的键之间进行横向对比，而且不像键解离能那样需要以片段作为参考态，因而避免了任意性或不合理性（Grunenberg, 2017）。键的力常数也可以通过量子化学的方法计算，键的力常数就是在键的平衡位置上，体系势能对键长的二阶导数，它反映出在键方向上势能面的曲率。曲率越大，则键伸缩单位长度时其体系势能提升得越多，反映出键的刚性越强，则键强越强。柔性力常数（包括键和键角）越大说明强度越大，越不容易被破坏，对化学键来说对应化学键的强度，对键角来说对应键角发生变化的难易程度。

将 Wender 煤大分子结构采用 B3LYP 泛函，Def2-SV（P）基组级别辅以 DFT-D3 色散校正进行优化并计算频率。通过查看计算结果文件验证优化后的结构处于极小值点后，将计算得到的波函数文件导入 compliance 软件（Brandhorst and Grunenberg, 2008, 2010）中，添加感兴趣的坐标，程序会把这些坐标对应的 Compliance 矩阵（C 矩阵）显示出来，当处于拉伸（弯曲）模式时，在图上点击两个（三个）原子成为粉色，再点右键选 Add/Remove coordinate，则这个键长（键角）项就会被添加，把 C 矩阵对角元求倒数即可计算对应化学键（键角）的柔性力常数，所得结果见表 5-3。

表 5-3　Wender 煤大分子剪切断裂化学键的柔性力常数统计

化学键	柔性力常数	化学键	柔性力常数	化学键	柔性力常数	化学键	柔性力常数
C49—C50	3.623	C46—C47	4.464	C19—H66	5.155	C40—C41	6.289
C48—C49	3.650	C8—C9	4.566	C20—H67	5.155	C14—O16	6.329
C32—C33	3.676	O15—C17	4.831	C33—H76	5.155	C41—C43	6.452
C34—C35	3.717	C39—H83	4.878	C35—H79	5.181	C5—C6	6.452
C35—C36	3.788	C50—H95	4.902	C32—H75	5.236	C44—C45	6.494
O7—C8	3.831	C42—H86	4.926	C47—H91	5.236	C10—C11	6.579
C19—C20	3.937	C36—H80	4.950	C43—H87	5.435	C9—C10	6.579
O31—C32	3.984	C38—H81	4.975	C12—H58	5.556	C2—C3	6.711
C36—C42	4.049	C20—H68	5.000	C13—H59	5.556	C43—C44	6.711
C36—C38	4.115	C33—H77	5.000	C4—O7	5.747	C25—C26	6.757
C28—C34	4.132	C32—H74	5.025	C1—O18	5.848	C4—C5	6.803
C38—C39	4.149	C35—H78	5.025	C21—O22	5.848	O16—H60	6.944
C20—C21	4.184	C24—H70	5.051	C3—O15	5.848	O18—H64	7.194
C44—C48	4.202	C38—H82	5.051	C27—O31	6.024	O22—H69	7.194

续表

化学键	柔性力常数	化学键	柔性力常数	化学键	柔性力常数	化学键	柔性力常数
C6—C24	4.202	C39—H84	5.051	C28—C29	6.024	O52—H96	7.463
C24—C25	4.219	C24—H71	5.076	C27—C28	6.061	C34—O37	12.195
C39—C40	4.310	C42—H85	5.076	C40—C46	6.061	C21—O23	12.987
C26—C33	4.348	C50—H94	5.076	C9—C14	6.135	C49—O51	12.987
C41—C42	4.367	C50—O52	5.076	C1—C6	6.211		
C11—C19	4.425	C19—H65	5.102	C3—C4	6.211		

键角柔性力常数大小表示键角变化的难易程度，键角柔性力常数统计见表 5-4。

表 5-4 Wender 煤大分子剪切断裂化学键键角的柔性力常数统计

键角	柔性力常数	键角	柔性力常数	键角	柔性力常数
C34—C35—H78	0.671	C35—C36—H80	0.888	C29—C28—C34	1.751
C26—C33—H76	0.674	C38—C39—H84	0.888	C45—C46—C47	1.751
C49—C50—H94	0.716	C39—C38—H82	0.890	C38—C39—C40	1.754
C21—C20—H68	0.729	C4—O7—C8	0.890	C13—C14—O16	1.767
C21—O22—H69	0.732	C12—C13—H59	0.902	C9—C14—O16	1.799
C19—C20—H68	0.737	C25—C24—H70	0.902	C25—C26—C33	1.821
C33—C32—H74	0.756	C14—C13—H59	0.904	C2—C3—O15	1.946
C26—C33—H77	0.758	C41—C42—H85	0.909	C42—C41—C43	1.972
C33—C32—H75	0.758	O52—C50—H94	0.935	C4—C3—O15	1.984
C49—C50—H95	0.763	O52—C50—H95	0.953	C27—O31—C32	2.028
C21—C20—H67	0.785	C13—C12—H58	0.963	C28—C27—O31	2.049
C44—C48—C49	0.787	O31—C32—H75	0.970	C39—C40—C46	2.119
C36—C35—H79	0.792	C11—C12—H58	0.978	C40—C41—C42	2.198
C1—O18—H64	0.794	O31—C32—H74	0.989	C28—C29—C30	2.326
C36—C35—H78	0.794	C44—C43—H87	0.991	C4—C5—C6	2.326
C14—O16—H60	0.798	C41—C43—H87	0.993	C39—C40—C41	2.364
C50—O52—H96	0.799	C11—C19—C20	1.031	C1—C2—C3	2.370
C19—C20—H67	0.802	C19—C20—C21	1.101	C9—C10—C11	2.392
C34—C35—H79	0.803	C6—C24—C25	1.114	C3—C4—C5	2.433
C41—C42—H86	0.803	C3—O15—C17	1.160	C25—C26—C27	2.445
C25—C24—H71	0.804	C35—C36—C38	1.256	C44—C45—C46	2.445
C32—C33—H77	0.812	O7—C8—C9	1.274	C2—C3—C4	2.457
C40—C39—H83	0.814	C35—C34—O37	1.311	C2—C1—C6	2.475

键角	柔性力常数	键角	柔性力常数	键角	柔性力常数
C6—C24—H70	0.814	C49—C50—O52	1.323	C41—C43—C44	2.475
C32—C33—H76	0.832	C35—C36—C42	1.362	C26—C27—C28	2.481
C36—C42—H86	0.834	C20—C21—O23	1.391	C1—C6—C5	2.488
C20—C19—H66	0.835	C28—C34—C35	1.397	C43—C44—C45	2.494
C38—C39—H83	0.836	C20—C21—O22	1.429	C10—C9—C14	2.500
C20—C19—H65	0.837	C50—C49—O51	1.445	C10—C11—C12	2.519
C46—C47—H91	0.843	C45—C44—C48	1.462	C9—C14—C13	2.532
C39—C38—H81	0.845	C43—C44—C48	1.468	O31—C32—C33	2.545
C6—C24—H71	0.853	C48—C49—O51	1.475	C27—C28—C29	2.551
C36—C38—H82	0.853	C36—C38—C39	1.515	C26—C25—C30	2.564
C40—C39—H84	0.858	C48—C49—C50	1.524	C40—C41—C43	2.584
C36—C38—H81	0.859	C38—C36—C42	1.605	C40—C46—C45	2.591
C36—C42—H85	0.859	C36—C42—C41	1.637	C26—C33—C32	2.597
C34—C35—C36	0.864	C2—C1—O18	1.639	C41—C40—C46	2.646
C11—C19—H66	0.870	C6—C1—O18	1.645	C27—C26—C33	2.849
C11—C19—H65	0.872	C28—C34—O37	1.672	C26—C27—O31	3.077
C38—C36—H80	0.883	C27—C28—C34	1.686		
C42—C36—H80	0.886	C40—C46—C47	1.718		

从表 5-3 可以看出，不与苯环直接连接的 C—C、C—O 醚键强度＜与苯环直接连接的 C—C 化学键强度＜侧链上 C—H 键强度＜苯环上的 C—H 键强度＜与苯环连接的 C—O 醚键、酚羟基强度＜苯环上大 π 键强度＜醇羟基连接的 C—O 键强度＜酮键强度。结合表 5-1 和表 5-3 可以看出，剪切过程中很容易发生拉伸断裂(参见 4.1 节内容，也能通过剪切过程中化学键与剪切方向夹角的变化来判断)的化学反应，而且频次较高，断裂的化学键多集中于桥键或烷基主链上。例如，C6—C24、O7—C8、C19—C20、C34—C35 等化学键，这些化学键处于链状结构的中间部位，是力传播的桥梁，且这些化学键的强度弱(柔性力常数小)，容易被拉断；而没有位于链状结构中间部位的化学键，如 C32—C33、O31—C32、C36—C42、C36—C38 等化学键，即使化学键强度较弱，因为没有处在力传播的路线上，也不会发生拉伸断裂，只有在受到其他分子的碰撞、剪切情况下才会发生剪切断裂。所以键强虽然是控制化学键发生拉伸断裂的重要因素，却不是决定剪切作用下化学键拉伸断裂的唯一因素。

从表 5-4 的规律可以看出：一般情况下，H(苯环上、侧链上或官能团上的 H)对应键角的柔性力常数较小，很容易发生变化，同时 H 处于整个分子的最外围，也最容易与其他分子发生接触，因此 H 最容易被剪断(从表 5-3 中 H 对应化学键的柔性力常数来看，键强较大，难以被拉断，而且 H 处在边缘部位，故通常难以受到拉伸作用）；其次，多个原子组成的长链型键角、连接苯环的化学键、苯环上的支链等部位键角的柔性力常数较小，包括各种含氧官能团、甲基等（因为苯环本身的稳定性，所以苯环以外的结构容易先被剪断）。所以键角的强度是影响化学键剪切断裂（通过剪切过程中化学键与剪切方向夹角的变化判断）的重要影响因素之一。

3. 苯环在剪切作用下化学键断裂的机理

对于 Wender 煤大分子结构来说，苯环是其基本结构单元。5.1.4 节前两部分讨论了基本结构单元以外结构的断裂机理，苯环的开环反应在此单独分析。Wender 煤大分子中苯环无法通过外部拉伸作用发生开环反应，因为苯环上连接的化学键强度均小于苯环大 π 键强度，在苯环被拉开之前，苯环上连接的化学键早已受拉伸作用而断裂。因此，Wender 煤大分子中苯环的开环反应是由于剪切作用直接作用于苯环发生的断裂。

利用平均局部离子化能（average local ionization energy, ALIE）可以考查分子的反应活性和位点。通过定量分子表面分析算法，可以分析 ALIE 在分子表面的分布，ALIE 值越小，代表在此处的电子平均能量越高，电子被束缚得越弱（电子活性越强），就越容易发生自由基反应，开环反应正是形成自由基的过程。离分子表面上 ALIE 最小几个点的原子，最可能是反应活性位点。ALIE 的极小点容易出现在 π 电子、孤对电子附近，因为这些区域的电子被束缚得较弱，基于此可以较好地判断环状体系的反应位点。通过 Multiwfn 软件（Lu and Chen, 2012）结合 VMD（visual molecular dynamics）绘制 Wender 煤大分子的 ALIE 做 RDG（reduced density gradient）分析，如图 5-5 所示。

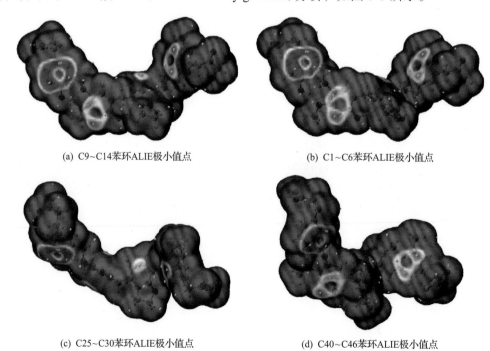

(a) C9~C14苯环ALIE极小值点　　　　　　　(b) C1~C6苯环ALIE极小值点

(c) C25~C30苯环ALIE极小值点　　　　　　　(d) C40~C46苯环ALIE极小值点

图 5-5　ALIE 在 Wender 煤大分子表面分布规律（蓝色代表极小值区域）

从图 5-5 可以看出，Wender 煤大分子中共出现了 4 处 ALIE 小值区域，均出现在苯环上。苯环上部分原子电子被束缚得较弱，当被其他分子作用时容易发生开环反应生成自由基，C2、C4、C10、C13、C29、C43、C45 是离 ALIE 极小值区域最近的原子。从表 5-1 中统计的断键次数，与这些原子相连的绝大多数大 π 键均发生了断裂，且断裂次数频繁，如 C3—C4、C4—C5、C9—C10、C10—C11、C28—C29、C41—C43、C43—C44、C44—C45。苯环大 π 键对应的键角柔性力常数较大，但是在剪切作用下依然容易发生开环反应。

综上所述，煤大分子在剪切作用下的化学键断裂分为两个阶段：①拉伸断裂阶段，受键强和化学键的位置共同控制；②剪切断裂阶段，受键角强度和化学键的位置共同控制。共轭大 π 键上电子的活性导致苯环在受到剪切作用时易发生开环反应。

5.1.5　小结

通过 LAMMPS 软件对低阶煤 Wender 煤聚合物模型加载剪切作用得到剪切过程煤大分子结构的响应，通过量子化学软件分析其机理，得到了以下认识。

(1)在剪切作用的过程中，煤大分子不同部位受到的作用不同。连接煤大分子基本结构单元的桥键及烷基主链上的化学键易受到拉伸作用，发生拉伸断裂；处于煤大分子最外围的原子(原子团)易受到周围分子施加的剪切作用，发生剪切断裂。

(2)Wender 煤大分子键强顺序：不与苯环直接连接的 C—C、C—O 醚键强度<与苯环直接连接的 C—C 化学键强度<侧链上 C—H 键强度<苯环上的 C—H 键强度<与苯环连接的 C—O 醚键、酚羟基强度<苯环上大 π 键强度<醇羟基连接的 C—O 键强度<酮键强度。

(3)拉伸和剪切断裂的机理不同。当发生拉伸断裂时，化学键受到的作用可以分解为沿键长方向的拉伸作用和垂直键长方向的旋转作用，而键强是制约化学键断裂的重要因素；当发生剪切断裂时，化学键受到的作用可以分解为沿键长方向的压缩作用和垂直键长方向的旋转作用，化学键所在的键角强度是制约化学键断裂的重要因素。苯环开环反应受 π 电子的影响，离 ALIE 极小值区域最近的原子所连化学键易在受到作用时发生断裂。

(4)剪切作用促进煤大分子结构的演化。剪切作用使低阶煤大分子脱落•H、•O、•OH、•CO、•CH$_3$、CH$_3$O•、•COOH 等小分子及侧链、煤分子链缩短，有序度增强促进了煤阶的演化。而这些自由基相互结合会产生大量的 H$_2$、CO、CH$_4$ 等气体小分子，这在一定程度上解释了煤与瓦斯突出过程中超量瓦斯的来源问题，也为力解生烃的研究提供了一定的借鉴。

5.2　中阶煤(Given)聚合物模型剪切作用机理研究

中阶煤 Given 煤大分子结构模型，化学式为 C$_{102}$H$_{84}$O$_{10}$N$_2$，其分子结构以交联结构为主，主要包含苯环、萘环，普通五元碳环、普通六元碳环、普通七元碳环、含氧官能团、含氮官能团、甲基等结构。为了更直观地认识断裂的化学键，将 Given 煤大分子结构模型采用球棍模式，添加原子序号信息选择合适的角度进行输出，如图 5-6 所示。

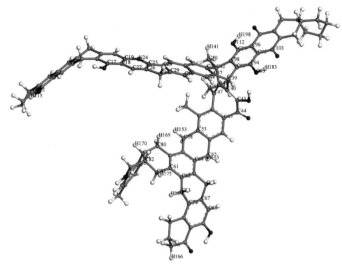

图 5-6　Given 煤大分子结构模型

　　将优化之后的 Given 煤聚合物模型转换成 LAMMPS 识别的数据格式，采用三维周期性边界条件，运用 ReaxFF 力场，分别采用最速下降(SD)法和共轭梯度(CG)法对模型进行能量最小化，采用 NVE 系综 temp/rescale 法控温在 298K，以 1.5×10^{-3} 的真实应变速率对该煤聚合物模型分别在 XY、XZ、YZ 方向加载剪切模拟实验，分别计算 4000 步。

　　通过可视化软件 Ovito 观察，发现在剪切作用的过程中，各个 Given 煤大分子逐步伸展调整，最终发生断裂。下面以 XY 方向为例进行统计分析。

5.2.1　中阶煤(Given)剪切作用下煤大分子断裂(生成)的化学键

　　对 LAMMPS 输出的 bond.reaxc 文件进行整理，结合 Ovito 可视化过程的观察发现断裂的化学键总共有 40 个，其中 17 个在拉伸过程中断裂的化学键均发生了断裂，且新生成 6 种化学键。对每个断裂的化学键及其断裂次数进行统计(表 5-5)，将新生成的化学键统计在表 5-6 中。

表 5-5　6 个 Given 煤大分子在剪切过程中断裂的化学键及其断键次数统计表

化学键	断裂次数	化学键	断裂次数	化学键	断裂次数
C17—C18	1	C43—C44	2	C81—C86	1
C18—C27	2	C44—C45	1	C81—H170	1
C19—N24	3	C50—H141	2	C82—C87	1
C25—C28	1	C55—H144	1	C87—H175	1
C26—C27	1	C58—H153	1	C94—C95	1
C26—C34	1	C61—C62	1	C94—C99	2
C29—C30	1	C64—C65	1	C95—C103	1
C36—C42	1	C65—H155	1	C96—C97	3

化学键	断裂次数	化学键	断裂次数	化学键	断裂次数
C37—C39	2	C67—C68	1	C97—C98	2
C39—C40	2	C72—C73	1	O112—H198	4
C39—C99	2	C73—H159	1	O1—H115	1
C41—C42	2	C76—H166	1	O93—H183	4
C41—C47	2	C80—C81	3		
C42—C98	2	C80—H169	1		

表 5-6　6 个 Given 煤大分子在剪切过程中新生成的化学键及其次数统计表

化学键	C17—C19	C80—N24	C40—C47	C94—C98	C96—C103	C96—O112
生成次数	1	1	1	1	1	1

根据表 5-5 中的数据和图 5-6 的 Given 煤大分子结构化学键连接关系可以看出，断裂较多的化学键处于各部分的连接处，如 C18—C27、C19—N24、C37—C39、C39—C40、C39—C99、C41—C42、C41—C47、C42—C98、C43—C44、C80—C81、C94—C99、C96—C97、C97—C98 等化学键。另外一些处于分子的外围，如 C50—H141、C76—H166、C50—H141、O112—H198、O93—H183 等化学键。断裂的化学键的类型也是多种多样：各种含 H 的化学键(如羟基、甲基、亚甲基)、C—C 单键及大 π 键。

生成的化学键包括六元环断裂 1 个键缩至五元环，以及 N24—C80、C96—O112 等自由基相互结合生成的键。

5.2.2　中阶煤(Given)剪切作用过程中煤大分子的断键(或生成)顺序

在剪切作用的过程中，各个煤大分子化学键的断裂顺序并不一致。以 XY 剪切方向为例，剪切作用是沿着 X 方向剪切 Y 轴。将 6 个分子断裂的化学键及其顺序统计在表 5-7 中。

表 5-7　剪切过程中各 Given 煤大分子化学键断键(生成)顺序表

断键(生成)顺序	1 号分子	2 号分子	3 号分子	4 号分子	5 号分子	6 号分子
1	O112—H198	C19—N24	O112—H198	O93—H183	C58—H153	O112—H198
2	O93—H183	C81—H170	C73—H159	C19—N24	O93—H183	C65—H155
3	C96—C97	C18—C27	O93—H183	C17—C18	O112—H198	C43—C44
4	C43—C44	C80—C81	C42—C98	C17—C19*	C19—N24	C55—H144
5	C50—H141	C82—C87	C39—C40	C37—C39	C64—C65	O1—H115
6	C41—C42	C80—N24*	C94—C99	C80—C81	C41—C42	C41—C47
7	C94—C95	C42—C98	C94—C98*	C36—C42	C18—C27	C87—H175
8	C39—C99	C39—C99	C96—C97	C26—C27	C39—C40	C97—C98
9	C97—C98	C96—C97	C96—O112*	C50—H141	C80—H169	C94—C99

续表

断键(生成)顺序	1 号分子	2 号分子	3 号分子	4 号分子	5 号分子	6 号分子
10	C72—C73	C95—C103	C61—C62	C44—C45		C25—C28
11	C80—C81	C96—C103*	C81—C86			C26—C34
12			C41—C47			C29—C30
13			C40—C47*			
14			C37—C39			
15			C67—C68			
16			C76—H166			

注：＊新生成化学键。

　　表 5-7 中，6 个 Given 煤大分子结构分为 6 列，每列从上到下代表了每个分子化学键断键的顺序，表格中数据代表了断裂化学键的名称。

　　为了更直观地展示在剪切作用的过程中中阶煤 Given 煤大分子结构化学键的变化规律，将聚合物中 6 个大分子结构的变化情况分别进行展示，如图 5-7 所示。

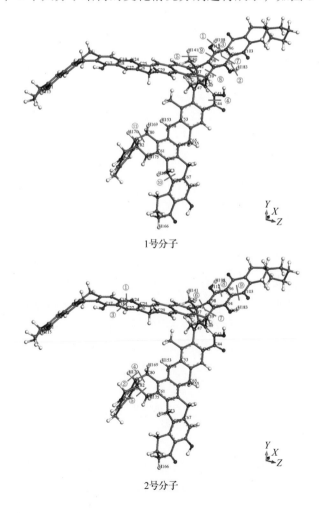

1号分子

2号分子

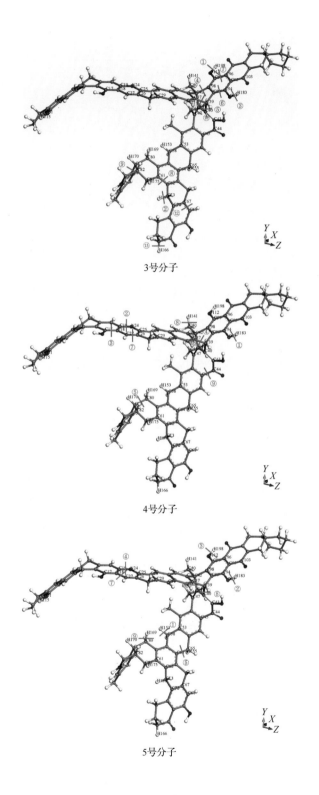

3号分子

4号分子

5号分子

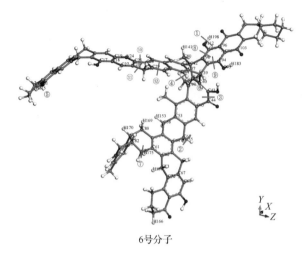

6号分子

图 5-7　在剪切作用的过程中中阶煤 Given 煤大分子结构化学键的变化规律

从表 5-7 可以看出，在剪切作用的过程中，总体的趋势为 C—H、O—H 键最容易发生断裂，其次是共轭大 π 键和 C—C 交联键交替断裂。C—H 和 O—H 键多位于煤大分子基本结构单元外围的原子(原子团)。从图 5-7 可以看出，C—H 键多位于桥键连接的 C76—H166、C58—H153 等亚甲基上及 C50—H141 甲基上；O—H 键多位于 O93—H183、O112—H198 等羟基上；C—C 多位于 C37—C39、C39—C40、C39—C99、C41—C42、C42—C98 等桥键上，C41—C47、C43—C44 等七元环上化学键上，以及 C19—N24、C94—C99、C96—C97 等大 π 键上。

5.2.3　中阶煤(Given)剪切作用产物

由于 Given 煤大分子结构模型以交联的环状结构为主，仅含有一些酮键、羟基、甲基、桥键连接的亚甲基等结构。在剪切作用下 Given 煤大分子结构仅脱落了少量的 •H，主要发生了开环反应，如图 5-8 所示。这些 •H 相互结合形成稳定的 H_2 小分子，部分开环反应生成了 •CO。

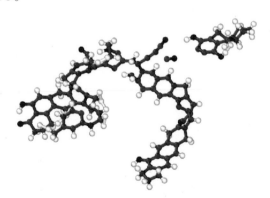

(a) 1号分子发生开环反应、脱落•CO、O93—H183和O112—H198上的H发生转移

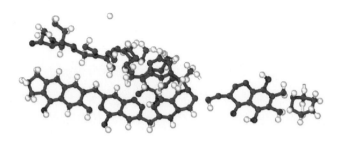

(b) 3号分子复杂的开环及结合反应、脱落H、O93—H183和O112—H198上的H转移

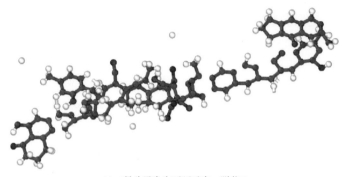

(c) 6号分子发生开环反应、脱落H

图 5-8　Given 煤大分子在剪切过程中形成的小分子

H 产生的方式为含有 H 的化学键受到剪切作用脱落，主要包括甲基上 H(1 号和 4 号分子的 C50—H141)，亚甲基上 H(3 号分子的 C73—H159、C76—H166，5 号分子的 C58—H153、C80—H169，6 号分子的 C55—H144、C65—H155、C87—H175)，次甲基上 H(2 号分子的 C81—H170)，羟基如 O93—H183(1 号、3 号、4 号、5 号分子上)、O112—H198(1 号、3 号、5 号、6 号分子上)、O1—H115(6 号分子上)等均可受到剪切作用脱落 H。•CO 产生的过程是 1 号分子 O112—H198 羟基上 H 脱落，苯环上 C96—C97 大 π 键断裂，最后 C97—C98 断裂。开环反应多集中于两类化学键，普通单键(双键)构成的环、大 π 键构成的环，位置主要集中于三大区域：①C17—C18、C18—C27、C19—N24、C25—C28、C26—C27、C26—C34、C29—C30；②C36—C42、C37—C39、C39—C40、C39—C99、C41—C42、C41—C47、C42—C98、C43—C44、C44—C45、C94—C95、C94—C99、C95—C103、C96—C97、C97—C98；③C61—C62、C64—C65、C67—C68、C72—C73、C80—C81、C81—C86、C82—C87。断裂的顺序有从两端往中间移动的趋势。

从表 5-7 可以看出，中阶煤剪切作用下 H 首先脱落，其次是•CO 脱落。所以中阶煤剪切作用的产气顺序为 H_2、CO。•H、•CO 的量(个数)统计结果分别为 19、1，2 个 H 自由基能够组成一个 H_2 分子，将 19/2、1 分别代入式(5-1)中可得 Given 煤聚合物在剪切作用下 H_2、CO 气体的产生量：H_2 为 23.71m^3/t；CO 为 2.50m^3/t。

5.2.4 中阶煤（Given）在剪切作用下化学键断裂的机理

1. 化学键在分子中的位置对剪切作用下化学键断键的影响

各个 Given 煤大分子在聚合物中的空间分布具有差异，处于分子外围的原子（原子团）最先接触，分子之间的相对运动会产生剪切作用。其作用方式与 Wender 煤聚合物的剪切过程相同。Given 煤大分子结构的交联结构明显，其交联结构的桥键强度较弱，但其位置处于分子的中部，难以受到直接作用，只能通过周边化学键的间接作用，因此交联的部位处于受保护的状态。因此，Given 煤大分子结构的开环反应属于拉伸断裂。长链型环状结构的化学键从两端开始断裂，逐渐发展到中间断裂。所以很明显剪切作用分为两种情况，位于分子最外围原子（原子团）所连的化学键表现出剪切断裂，主要脱落 H，如 O1—H115（羟基）、O93—H183（羟基）、O112—H198（羟基）、C50—H141（甲基）、C55—H144（亚甲基）、C58—H153（亚甲基）、C65—H155（亚甲基）、C73—H159（亚甲基）、C76—H166（亚甲基）、C80—H169（亚甲基）、C81—H170（次甲基）、C87—H175（亚甲基）。位于结构中部的化学键易受拉伸作用，表现出拉伸断裂。主要包括化学键 C—C、C—N 键，如 C17—C18（大 π 键）、C19—N24（吡啶大 π 键）、C26—C27（大 π 键）、C26—C34（碳碳单键）、C36—C42（碳碳单键）、C37—C39（碳碳单键）、C39—C40（碳碳单键）、C39—C99（碳碳单键）、C41—C42（碳碳单键）、C41—C47（碳碳双键）、C42—C98（碳碳单键）、C43—C44（碳碳单键）、C44—C45（碳碳单键）、C64—C65（碳碳单键）、C80—C81（碳碳单键）、C82—C87（碳碳单键）、C94—C99（大 π 键）。化学键在整个分子所处的位置决定了化学键在剪切过程中受到的是拉伸作用还是剪切作用，最终决定化学键的断裂方式。

化学键与剪切作用方向的夹角都会随着剪切过程而不断发生变化。为了确定在剪切过程中化学键与剪切作用方向夹角的变化，在 LAMMPS 模拟过程中，以 50 步为步长，输出所有原子的坐标。Given 煤聚合物 1 号分子断裂的化学键不但数目较多，而且种类齐全（脱落 H 和·CO），以 1 号分子的数据为例，计算断裂的化学键与 X 方向的夹角，如图 5-9 所示。

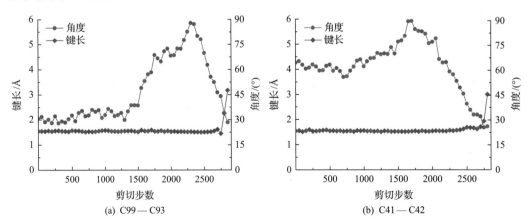

(a) C99—C93   (b) C41—C42

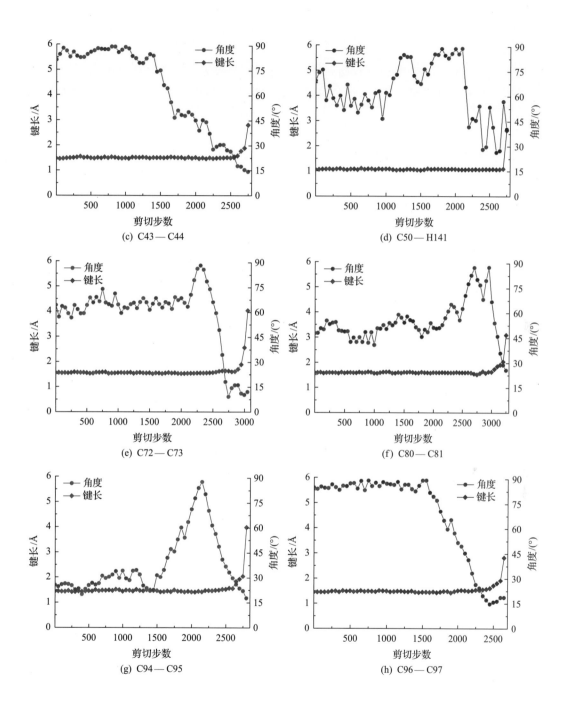

(c) C43 — C44

(d) C50 — H141

(e) C72 — C73

(f) C80 — C81

(g) C94 — C95

(h) C96 — C97

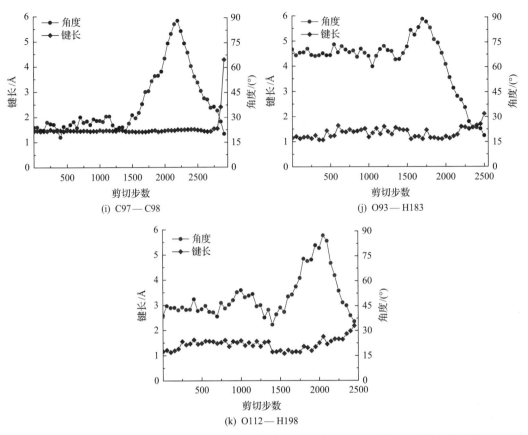

(i) C97 — C98　　　　　　　　　(j) O93 — H183

(k) O112 — H198

图 5-9　Given 煤聚合物 1 号分子断裂化学键与剪切方向的夹角随剪切过程的变化规律

从图 5-9 可以看出，不同化学键在剪切过程中化学键的增长规律和夹角变化规律差异明显，具体表现为在剪切过程中，化学键的键长首先保持在初始键长轻微波动，而夹角表现为逐渐增长越过 90°，此后夹角逐渐降低而键长开始增长，直至化学键断裂。

由于 Given 模型交联结构的复杂性，从图中展示的规律并不能很清晰地看出拉伸和剪切断裂，因此引入一个参数 ΔR 来衡量化学键变化量/变化的角度进行辅助判断，如式 (5-2) 所示：

$$\Delta R = \frac{R_2 - R_1}{\theta_1 - \theta_2} \tag{5-2}$$

式中，ΔR 为化学键长度变化量与化学键转过角度的比值，Å/(°)；R_1、R_2 分别为化学键与剪切作用方向夹角为 θ_1、θ_2 时对应的键长，Å；θ_1、θ_2 分别为不同剪切步对应的化学键与剪切作用方向的夹角，(°)。

ΔR 的绝对值越小说明化学键旋转每度变化的键长小，主要受到剪切作用；ΔR 的绝对值越大说明化学键旋转每度变化的键长较大，主要受到拉伸作用。以 1 号分子断裂前最后两个数据点进行计算得到 ΔR，统计的数据见表 5-8。

表 5-8　Given 煤 1 号分子的 ΔR 数据统计表

化学键	$\Delta R/[\text{Å}/(°)]$	化学键	$\Delta R/[\text{Å}/(°)]$	化学键	$\Delta R/[\text{Å}/(°)]$	化学键	$\Delta R/[\text{Å}/(°)]$
O112—H198	0.058	C39—C99	0.167	C94—C95	0.451	C41—C42	−1.792
C50—H141	0.092	C97—C98	0.254	C43—C44	0.855	C96—C97	−54.897
O93—H183	0.100	C80—C81	0.340	C72—C73	−0.829		

根据表 5-8 中的 ΔR 数据，以 $|\Delta R| \leqslant 0.100$ 将化学键分为剪切断裂，$|\Delta R| > 0.100$ 将化学键分为拉伸断裂。其中，断裂时数据点的选取为化学键键长在初始化学键键长的 2~3 倍时，认为化学键完全断裂。

从图 5-6 中可以看出，对于环状结构来说，断裂的化学键都受到过剪切作用，化学键在剪切作用的影响下，化学键与剪切方向的夹角 (θ) 逐渐增大，这一过程表现为化学键键角的变化，对应于化学键的旋转，而化学键键长的变化不大。当化学键与剪切方向的夹角 (θ) 越过 90° 时，此时积累了大量的应变能，且受到力的作用由旋转变化为旋转加拉伸作用，随着原子之间的距离变大，迅速发生断裂，其作用的机理如图 5-4(b) 所示，红色原子受到剪切作用，可将力分解为沿键长方向的压缩作用(由于键长与键能的关系，键长的可压缩量非常有限)和垂直键长方向的旋转作用；当角度转过 90° 时，红色原子受力可分解为沿着键长方向的拉伸作用和垂直键长方向的旋转作用。断裂时化学键与剪切作用的夹角大于 30°，$|\Delta R| \leqslant 0.100$，如化学键 O112—H198 和 C50—H141，当化学键与剪切作用的夹角越大时，受到的剪切作用越强，易发生剪切断裂。断裂时化学键与剪切作用的夹角小于 30°，$|\Delta R| > 0.100$，当化学键与剪切作用的夹角越小时，受到的拉伸作用越强，易发生拉伸断裂。

2. 化学键及键角强度对剪切作用下化学键断键的影响

用力常数衡量强度时可以在不同类型的键之间进行横向对比。将 Given 煤大分子结构同样进行密度泛函的优化并计算频率，获得对应化学键(键角)的柔性力常数。所得结果见表 5-9。

表 5-9　Given 煤大分子剪切断裂化学键的柔性力常数统计

化学键	柔性力常数	化学键	柔性力常数	化学键	柔性力常数
C41—C42	2.611	C44—C45	4.505	C17—C18	5.917
C42—C98	3.534	C37—C39	4.587	C18—C27	5.952
C36—C42	3.610	C65—H155	4.785	C96—C97	6.135
C39—C40	3.846	C81—H170	4.878	C61—C62	6.173
C82—C87	4.016	C80—H169	4.902	C19—N24	6.250
C80—C81	4.098	C95—C103	4.926	C94—C99	6.289
C43—C44	4.115	C87—H175	5.000	C94—C95	6.803
C81—C86	4.132	C25—C28	5.155	C67—C68	6.944

化学键	柔性力常数	化学键	柔性力常数	化学键	柔性力常数
C64—C65	4.237	C76—H166	5.208	C29—C30	7.519
C39—C99	4.292	C50—H141	5.263	O1—H115	7.576
O112—H198	4.292	C55—H144	5.263	C26—C27	7.634
C72—C73	4.310	C73—H159	5.376	C41—C47	7.874
O93—H183	4.367	C58—H153	5.405		
C26—C34	4.386	C97—C98	5.747		

从表 5-9 可以看出，Given 煤大分子断裂化学键键强的整体趋势：C—C 单键强度＜苯环羟基 O—H(受酮键影响)键强度＜桥键连接的 C—H 或侧链上 C—H 键强度＜大 π 键强度＜苯环羟基 O—H 键强度＜C═C 双键强度。结合表 5-5 和表 5-9 可以看出，在剪切过程中很容易发生拉伸断裂的化学反应，而且频次较高，断裂的化学键多集中于桥键或环状结构上。例如，C19—N24、C26—C27、C37—C39、C39—C40、C39—C99、C41—C42、C41—C47、C42—C98、C43—C44、C64—C65、C80—C81、C82—C87、C94—C99 等化学键，这些化学键处于环状结构的两侧，是力传播的桥梁，容易被拉断。

从表 5-10 可以看出，Given 煤大分子断裂化学键键角强度的整体趋势：外围含 H 原子化学键的键角强度＜桥键(连接共轭环之间的桥键)组成的键角强度＜大 π 键和桥键组成的键角或普通环状结构上化学键组成的键角强度＜共轭大 π 键组成的键角强度。因此，剪切作用下处于分子结构外围的 H 最容易被剪断，如 O1—H115(羟基)、O93—H183(羟基)、O112—H198(羟基)、C50—H141(甲基)、C55—H144(亚甲基)、C58—H153(亚甲基)、C65—H155(亚甲基)、C73—H159(亚甲基)、C76—H166(亚甲基)、C80—H169(亚甲基)、C81—H170(次甲基)、C87—H175(亚甲基)。

表 5-10　Given 煤大分子剪切断裂化学键键角的柔性力常数统计

化学键键角	柔性力常数	化学键键角	柔性力常数	化学键键角	柔性力常数
C72—C73—H159	0.738	C45—C44—C49	1.626	C42—C98—C97	2.299
C62—C73—H159	0.745	C43—C44—O49	1.639	C96—C97—O112	2.315
C59—C58—H153	0.762	C37—C39—C99	1.650	C28—C29—C30	2.410
C47—C55—H144	0.766	C40—C43—C44	1.656	C67—C68—C69	2.427
C64—C65—H155	0.767	C44—C45—C46	1.672	C19—N24—C25	2.445
C52—C65—H155	0.772	C60—C80—C81	1.704	C68—C67—C72	2.475
C53—C58—H153	0.776	C41—C47—C46	1.706	C94—C99—C98	2.494
C2—O1—H115	0.778	C36—C42—C98	1.730	C60—C61—C62	2.577
C60—C80—H169	0.803	C81—C82—C87	1.736	C29—C30—C31	2.577

续表

化学键键角	柔性力常数	化学键键角	柔性力常数	化学键键角	柔性力常数
C75—C76—H166	0.805	C44—C45—C51	1.757	C25—C26—C27	2.584
C62—C73—C72	0.816	C36—C42—C50	1.764	C61—C62—C63	2.584
C77—C76—H166	0.824	C41—C42—C98	1.764	C18—C27—C26	2.611
C42—C50—H141	0.840	C44—C43—O48	1.786	C16—C17—C18	2.625
C86—C81—H170	0.845	C61—C87—C82	1.789	C95—C94—C99	2.653
C61—C87—H175	0.847	C81—C86—C88	1.789	C17—C18—C19	2.674
C81—C80—H169	0.861	C30—C29—C34	1.845	C97—C98—C99	2.695
C82—C87—H175	0.910	C42—C41—C47	1.848	C95—C103—C102	2.710
C80—C81—H170	0.915	C25—C28—C33	1.855	C18—C19—N24	2.717
C94—O93—H183	1.055	C39—C40—C43	1.890	C96—C97—C98	2.717
C52—C65—C64	1.124	C81—C86—C85	1.901	C39—C99—C98	2.725
C97—O112—H198	1.131	C27—C26—C34	1.901	C39—C40—C41	2.732
C67—C72—C73	1.149	C40—C41—C47	1.905	C36—C37—C39	2.740
C71—C72—C73	1.198	C18—C17—O23	1.946	C94—C95—C96	2.747
C61—C62—C73	1.304	C38—C37—C39	1.969	C95—C96—C97	2.755
C41—C47—C55	1.342	C98—C97—O112	1.996	C40—C41—C42	2.755
C83—C82—C87	1.377	O93—C94—C99	2.045	C96—C95—C103	2.770
C66—C67—C68	1.383	C80—C81—C82	2.079	C19—C18—C27	2.786
C41—C42—C50	1.420	N24—C25—C28	2.088	C94—C95—C103	2.809
C63—C64—C65	1.477	C35—C36—C42	2.141	C37—C36—C42	2.809
C40—C39—C99	1.481	C95—C103—O113	2.160	C42—C98—C99	2.865
C80—C81—C86	1.504	C20—C19—N24	2.174	C97—C96—C100	2.899
C43—C44—C45	1.520	O93—C94—C95	2.179	C25—C26—C34	3.165
C59—C64—C65	1.536	C17—C18—C27	2.183	C25—C28—C29	3.311
C50—C42—C98	1.587	C39—C99—C94	2.193	C26—C25—C28	3.333
C37—C39—C40	1.605	C62—C61—C87	2.252	C26—C34—C29	3.390
C36—C42—C41	1.610				

3. 大 π 键等环状结构在剪切作用下化学键断裂的机理

环状结构易受到周围分子的攻击,Given 煤大分子中的环状结构可以通过拉伸作用(剪切作用施加的)发生开环反应。平均局部离子化能(ALIE)可以考查分子的反应活性和位点。通过 Multiwfn 软件结合 VMD 绘制 Given 煤大分子的 ALIE 并做 RDG 分析。

从图 5-10 可以看出，Given 煤大分子中共出现了 9 处 ALIE 小值区域，它们分别是：①C2、C5、C11、C14；②C17、C20、N24、C27；③C30、C33、C35、C38；④C40、C41、C43、C44、C45、C46、C47；⑤C51、C52、C53、C54；⑥C59、C60、C61、C62、C63、C64；⑦C68、C70、C72；⑧C85、C86、C88、C89、C90、C91；⑨C95（仅有白点）、C96（仅有白点）、C98（仅有白点），均出现在共轭环附近，共轭环上部分原子的电子被束缚得较弱，当被其他分子作用时容易发生开环反应生成自由基。从表 5-5 中统计的断键次数可看出，与这些原子相连的绝大多数大 π 键均发生了断裂，且断裂次数频繁，如 C17—C18、C18—C27、C19—N24、C26—C27、C29—C30、C61—C62、C67—C68、C94—C95、C96—C97、C97—C98；此外与接近 ALIE 极小值的原子相连的桥键，如 C39—C40、C41—C42、C41—C47、C42—C98、C43—C44、C44—C45、C64—C65、C72—C73、C81—C86、C95—C103 等化学键也容易发生断裂，形成开环反应。

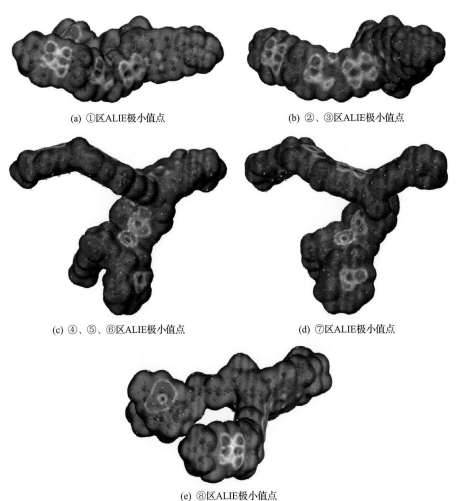

(a) ①区ALIE极小值点

(b) ②、③区ALIE极小值点

(c) ④、⑤、⑥区ALIE极小值点

(d) ⑦区ALIE极小值点

(e) ⑧区ALIE极小值点

图 5-10　ALIE 在 Given 煤大分子表面分布规律（蓝色代表极小值区域）

在剪切作用下产生的拉伸断裂比单纯拉伸作用产生的断裂更剧烈,其原因是受到相互作用的情况不同。对于单纯的拉伸作用,仅靠两端的力向中间传播实现,分子上各个原子所能受到的作用极其简单,处于力传播的桥梁处,易受到分子内的拉伸作用。而当剪切作用时受到的拉伸作用来源于分子间的相互攻击,随着剪切作用的进行,各个分子间的相对运动,各个化学键可能会经受不同分子产生的相互作用,作用的位点极多,尤其是环状结构交联复杂的情况,其产生的效果非常明显,各个部位发生断裂的概率极大地增加。

5.2.5　小结

通过 LAMMPS 软件对交联结构明显的中阶煤 Given 煤聚合物模型加载剪切作用得到在剪切过程中煤大分子结构的响应,通过量子化学软件分析其机理,得到了以下认识。

(1)在剪切作用的过程中,煤大分子不同部位受到的作用不同。环状结构的桥键和大 π 键易受到剪切和拉伸作用,最终发生拉伸断裂;处于煤大分子最外围的原子(原子团)易受到周围分子施加的剪切作用,发生剪切断裂。

(2)剪切作用不仅能造成化学键的断裂,而且能生成新的化学键。

(3)环状结构在剪切作用的过程中不仅受到单一的作用,随着剪切作用的进行其受到的主要作用也会发生明显的变化,这一变化趋势为早期受到剪切作用的化学键随着化学键与作用方向的夹角越过 90° 后,展现出受到剪切和拉伸的共同作用。离 ALIE 极小值区域最近的原子所连化学键易在受到剪切作用时发生断裂。

(4)剪切作用促进煤大分子结构的演化。剪切作用使交联结构明显的中阶煤大分子脱落 H•、•CO 小分子,煤分子链缩短,有序度增强,促进了煤阶的演化。而这些自由基相互结合,会产生大量的 H_2、CO 等气体小分子,由于 Given 模型缺乏侧链及官能团,所以脱落的小分子数量和种类并不多。

5.3　高阶煤(Tromp)聚合物模型剪切作用机理研究

高阶煤 Tromp 煤大分子结构模型,化学式为 $C_{199}H_{125}O_7N_3S_2$,其分子结构是基本结构单元经过交联而成,主要包含苯环、萘环、蒽或菲及更多的稠环、五元、六元杂环、含氧官能团、含氮官能团、含硫官能团、桥键连接的亚甲基等结构。为了更直观地认识断裂的化学键,将 Tromp 煤大分子结构模型采用球棍模式,添加原子序号信息选择合适的角度进行输出,如图 5-11 所示。

将优化之后的 Tromp 煤聚合物模型转换成 LAMMPS 识别的数据格式,采用三维周期性边界条件,运用 ReaxFF 力场,分别采用 SD 法和 CG 法对模型进行能量最小化,采用 NVE 系综 temp/rescale 法控温在 298K,以 $1.5×10^{-3}$ 的真实应变速率对该煤聚合物模型分别在 XY、XZ、YZ 方向加载剪切模拟实验,分别计算 4000 步。

通过可视化软件 Ovito 观察,发现在剪切作用的过程中,各个 Tromp 煤大分子逐步伸展调整,最终发生断裂。下面以 XY 方向为例进行统计分析。

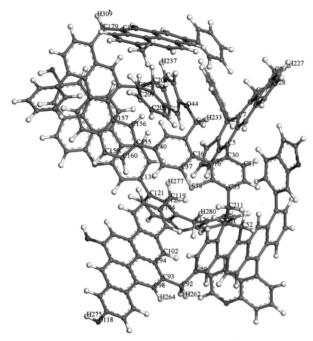

图 5-11　Tromp 煤大分子结构模型

5.3.1　高阶煤(Tromp)在剪切作用下煤大分子断裂的化学键

对 LAMMPS 输出的 bond.reaxc 文件进行整理，结合 Ovito 可视化过程的观察发现断裂的化学键总共有 36 个，其中 12 个在 4.3 节拉伸过程中断裂的化学键均发生了断裂，新增剪切断裂的化学键高达 24 个。对每个断裂的化学键及其断键次数进行统计，见表 5-11。

表 5-11　6 个 Tromp 煤大分子在剪切过程中断裂的化学键及其断键次数统计表

化学键	断键次数	化学键	断键次数	化学键	断键次数
C2—C7	1	C43—H233	1	C119—C120	3
C4—N16	2	C43—O44	4	C119—H277	1
C5—C30	1	C49—H237	1	C121—C134	2
C27—O28	1	C51—C52	1	C126—H280	1
O28—C29	1	C51—C211	5	C155—C156	1
C29—H227	1	C59—C92	1	C155—C160	1
C30—C31	1	C92—C93	1	C156—C157	1
C30—C35	1	C92—H262	2	C159—C160	1
C33—C211	1	C94—C102	1	C179—C180	4
C35—C36	2	C98—H264	1	C179—H309	1
C37—S38	1	C104—C119	2	C203—C204	4
C40—C155	1	O118—H275	1	C207—C208	1

根据表 5-11 和图 5-11 展示的 Tromp 煤大分子结构化学键的连接关系可以看出，断裂次数较多的化学键部分集中于连接煤大分子基本结构单元的桥键，如 C35—C36、C43—O44、C51—C211、C104—C119、C119—C120、C121—C134、C179—C180、C203—C204 等化学键。另外一些处于煤大分子基本结构单元外围的 H 或桥键上连接的 H 易脱落，如 C29—H227、C43—H233、C49—H237、C92—H262、C98—H264、O118—H275、C119—H277、C126—H280、C179—H309 等化学键上的 H。断裂化学键的类型也是多种多样：含氧、氮、硫官能团上化学键的断裂（醚键 C27—O28、O28—C29、C43—O44，杂环上化学键 C4—N16、C37—S38），各种含 H 的化学键（羟基 O118—H275；苯环上 C49—H237、C98—H264；亚甲基上 C29—H227、C43—H233、C92—H262、C119—H277、C126—H280、C179—H309），C—C 单键（C5—C30、C33—C211、C40—C155、C51—C52、C51—C211、C59—C92、C92—C93、C104—C119、C119—C120、C121—C134、C179—C180、C203—C204）及大 π 键（C2—C7、C4—N16、C30—C31、C30—C35、C35—C36、C37—S38、C94—C102、C155—C156、C155—C160、C156—C157、C159—C160、C207—C208）。

5.3.2　高阶煤（Tromp）剪切作用过程中煤大分子的断键顺序

在剪切作用的过程中，各个煤大分子化学键的断裂顺序并不一致。以 XY 剪切方向为例，剪切作用是沿着 X 方向剪切 Y 轴。将 6 个分子断裂的化学键及其顺序统计在表 5-12 中。

表 5-12　剪切过程中各 Tromp 煤大分子化学键的断键顺序表

断键顺序	1 号分子	2 号分子	3 号分子	4 号分子	5 号分子	6 号分子
1	C51—C211	C92—H262	C51—C211	C29—H227	C51—C52	C4—N16
2	C119—C120	C51—C211	C27—O28	C92—H262	C33—C211	C49—H237
3	C35—C36	C119—C120	C40—C155	C92—C93	C104—C119	O28—C29
4	C43—O44	C203—C204	C98—H264	C156—C157	C179—C180	C51—C211
5	C43—H233	C4—N16	C179—C180	C51—C211	C179—H309	C30—C31
6	O118—H275	C2—C7	C104—C119	C155—C160	C5—C30	C179—C180
7	C37—S38	C179—C180	C35—C36	C94—C102	C121—C134	C203—C204
8	C207—C208	C121—C134	C203—C204	C30—C35	C155—C156	C119—C120
9			C43—O44	C43—O44	C159—C160	C43—O44
10					C203—C204	
11					C126—H280	
12					C59—C92	
13					C119—H277	

为了更直观地展示在剪切作用过程中高阶 Tromp 煤大分子结构化学键的变化规律，将聚合物中 6 个大分子结构的变化情况分别进行展示，如图 5-12 所示。

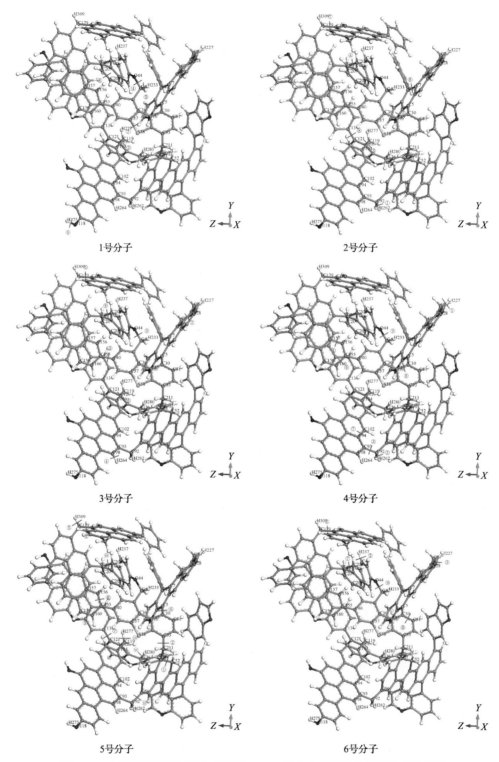

1号分子　　　　　　　　　　2号分子

3号分子　　　　　　　　　　4号分子

5号分子　　　　　　　　　　6号分子

图 5-12　在剪切作用的过程中高阶煤 Tromp 煤大分子结构化学键的变化规律

从表 5-12 可以看出，在剪切作用的过程中，总体的趋势为桥键、C—H 键、大 π 键交替断裂。桥键、C—H 键相对易发生断裂，其次是环状结构及共轭大 π 键。如图 5-12 所示，C—H 键多位于煤大分子基本结构单元外围的原子(原子团)，如桥键连接的 C43—H233、C92—H262、C119—H277、C179—H309 等亚甲基上，C49—H237、C98—H264 苯环上，O—H 键位于 O118—H275 羟基上，桥键多位于 C5—C30、C33—C211、C40—C155、C43—O44、C51—C52、C51—C211、C59—C92、C92—C93、C104—C119、C119—C120、C121—C134、C179—C180、C203—C204 等位置，以及 C2—C7、C4—N16、C30—C31、C30—C35、C35—C36、C37—S38、C94—C102、C155—C156、C155—C160、C156—C157、C159—C160、C207—C208 等大 π 键。

5.3.3　高阶煤(Tromp)剪切作用产物

Tromp 作为高阶煤模型，以交联的基本结构单元为主，仅含有 3 个羟基，1 个甲基，含 N 或 S 的环状结构，亚甲基等结构。在剪切作用下 Tromp 煤大分子结构仅脱落了少量的•H 自由基，这些•H 自由基相互结合形成稳定 H_2 小分子。局部发生开环反应，如图 5-13 所示。

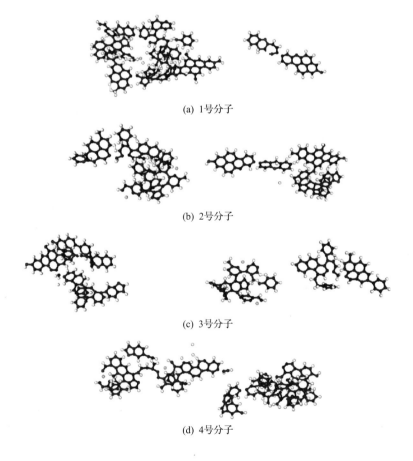

(a) 1号分子

(b) 2号分子

(c) 3号分子

(d) 4号分子

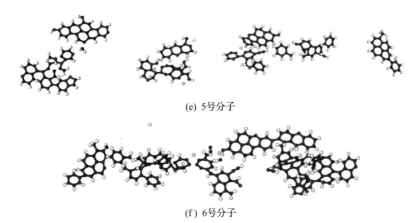

(e) 5号分子

(f) 6号分子

图 5-13　Tromp 煤大分子在剪切过程形成的分子

H 产生的方式为含有 H 的化学键受到剪切作用脱落。主要包括处于煤大分子基本结构单元外围的 H 或桥键（主要是亚甲基）上连接的 H 易脱落，如 C29—H227、C43—H233、C49—H237、C92—H262、C98—H264、O118—H275、C119—H277、C126—H280、C179—H309 等化学键上的 H。H 相互结合成 H_2 分子。

开环反应多发于杂原子所在环、与桥键相连的苯环结构上。杂原子所在环上的化学键主要有 C4—N16、C27—O28、O28—C29、C35—C36、C37—S38；桥键连接的苯环上的化学键 C2—C7、C30—C31、C30—C35、C155—C156、C155—C160、C156—C157、C159—C160、C207—C208；苯环上的化学键 C94—C102；普通环状结构上的化学键 C51—C52。

从表 5-12 可以看出，高阶煤在剪切作用下脱落 H，因此主要产生 H_2，H·统计结果为 10，两个·H 自由基能够组成一个 H_2 分子，将 5 代入式(5-1)中可得 Tromp 煤聚合物在剪切作用下的 H_2 产气量为 $6.84m^3/t$。

5.3.4　高阶煤(Tromp)剪切作用下化学键断裂的机理

1. 化学键在分子中的位置对剪切作用下化学键断键的影响

各个 Tromp 煤大分子在聚合物中的空间分布具有差异，处于分子外围的原子(原子团)最先接触，分子之间的相对运动会产生剪切作用。与 Wender 煤聚合物和 Given 煤聚合物受剪切作用的变化一致。Tromp 煤大分子结构由相对较大的层片状基本结构单元通过桥键连接，桥键作为力传播的桥梁，其强度较弱，易受拉伸作用而断裂。当其受剪切作用时，与桥键直接相连的环状结构上的化学键受桥键作用强烈，也容易产生断裂，发生开环反应。剪切作用可以分为三种情况：①位于分子最外围的原子(原子团)所连化学键表现出剪切断裂，主要脱落 H，如 C29—H227(亚甲基)、C43—H233(亚甲基)、C49—H237(苯环上 C—H 键)、C92—H262(亚甲基)、C98—H264(苯环上 C—H 键)、O118—H275(羟基)、C119—H277(亚甲基)、C126—H280(亚甲基)、C179—H309(亚甲基)；②位于结构中部的部分桥键受拉伸作用，表现出拉伸断裂，主要包括

C—C、C—O 键，如 C5—C20（碳碳单键）、C33—C211（碳碳单键）、C35—C36（大
π 键）、C37—S38（大 π 键）、C40—C155（碳碳单键）、C43—O44（醚键）、C51—C211（碳
碳单键）、C59—C92（碳碳单键）、C92—C93（碳碳单键）、C104—C119（碳碳单键）、
C119—C120（碳碳单键）、C121—C134（碳碳单键）、C179—C180（碳碳单键）、C203—C204
（碳碳单键）；③由于桥键在受剪切作用的过程中受到的通常是旋转和拉伸的共同作
用，与桥键直接相连的环状结构上的化学键与桥键组成的键角受桥键作用强烈，而
键角强度相对较弱，容易产生变化，因此与桥键直接相连的环状结构上的化学键易
受到拉伸作用（图 5-14），根据第 4 章中的受力关系来看，与桥键直接相连的环状结
构上的化学键的受力是桥键上的近 2 倍，易发生开环反应，如 C2—C7、C30—C31、
C30—C35、C51—C52、C155—C156、C155—C160。化学键在整个分子所处的位置
决定了化学键在剪切过程中受到的是拉伸作用还是剪切作用，最终决定化学键的断裂
方式。

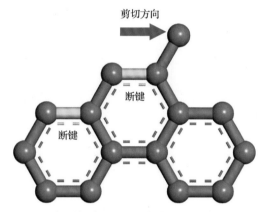

图 5-14　与桥键直连的环状结构的开环机理示意图

化学键与剪切作用方向的夹角会随着剪切过程而不断发生变化。在 LAMMPS 模拟
过程中，以 50 步为步长，输出所有原子的坐标。Tromp 煤聚合物 5 号分子断裂的化学
键不但数目较多，而且种类齐全，以 5 号分子的数据为例，计算断裂的化学键与 X 方
向的夹角，如图 5-15 所示。

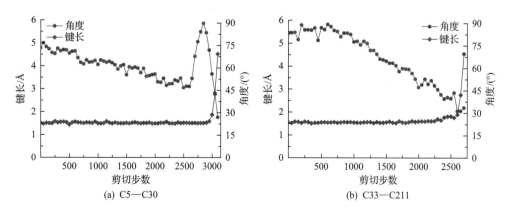

(a) C5—C30　　　　　　　　　　　(b) C33—C211

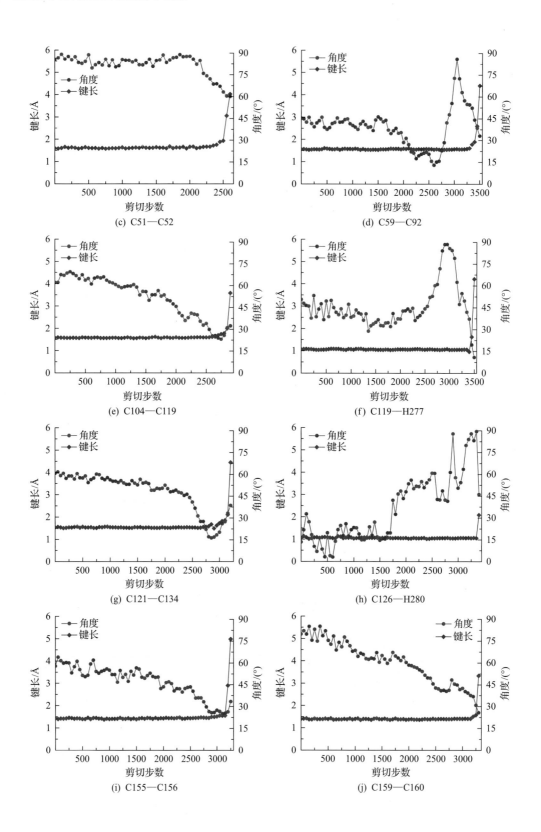

(c) C51—C52

(d) C59—C92

(e) C104—C119

(f) C119—H277

(g) C121—C134

(h) C126—H280

(i) C155—C156

(j) C159—C160

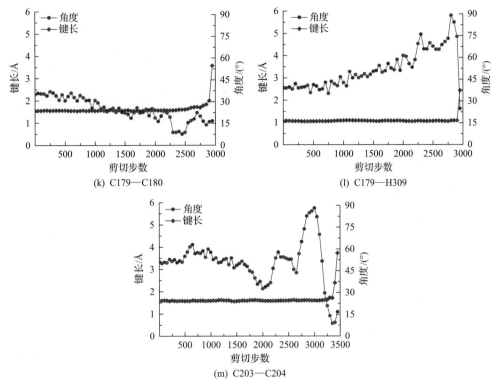

图 5-15　Tromp 煤聚合物 5 号分子断裂化学键与剪切方向的夹角随剪切过程的变化规律

从图 5-15 中可以看出，当化学键键长发生突变时，剪切方向与化学键夹角的变化较小，发生拉伸断裂，如 C5—C30、C33—C211、C51—C52、C59—C92、C104—C119、C121—C134、C155—C156、C159—C160、C179—C180、C203—C204 等化学键；当化学键键长发生突变时，剪切方向与化学键夹角的变化剧烈，发生剪切断裂，如 C119—H277、C126—H280、C179—H309 等化学键。

2. 化学键及键角强度对剪切作用下化学键断键的影响

用力常数衡量强度时可以在不同类型的键之间进行横向对比。将 Tromp 煤大分子结构同样进行密度泛函的优化并计算频率，获得计算断裂化学键（键角）的柔性力常数，所得结果见表 5-13 和表 5-14。

表 5-13　Tromp 煤大分子剪切断裂化学键的柔性力常数统计

化学键	柔性力常数	化学键	柔性力常数	化学键	柔性力常数
C203—C204	3.460	C27—O28	4.785	C49—H237	5.495
C37—S38	3.650	C5—C30	4.831	C98—H264	5.556
C51—C211	3.676	C35—C36	4.831	C30—C35	5.682
C92—C93	4.000	O28—C29	4.902	C155—C160	6.061
C179—C180	4.032	C40—C155	4.902	C156—C157	6.211
C51—C52	4.202	C92—H262	5.025	C4—N16	6.329

续表

化学键	柔性力常数	化学键	柔性力常数	化学键	柔性力常数
C59—C92	4.219	C179—H309	5.025	C30—C31	6.369
C104—C119	4.237	C43—H233	5.102	C207—C208	6.667
C119—C120	4.274	C29—H227	5.181	C94—C102	6.803
C33—C211	4.405	C126—H280	5.263	C155—C156	6.897
C43—O44	4.444	C2—C7	5.291	C159—C160	7.353
C121—C134	4.695	C119—H277	5.291	O118—H275	7.519

表 5-14　Tromp 煤大分子剪切断裂化学键键角的柔性力常数统计

化学键键角	柔性力常数	化学键键角	柔性力常数	化学键键角	柔性力常数
C114—O118—H275	0.784	C121—C134—C135	1.473	C5—C4—N16	2.016
C59—C92—H262	0.810	C58—C59—C92	1.490	C156—C157—C164	2.092
C180—C179—H309	0.826	C92—C93—C98	1.490	S38—C37—C39	2.132
C42—C43—H233	0.833	C1—C2—C7	1.508	C35—C36—C42	2.155
C125—C126—H280	0.840	C122—C121—C134	1.511	C30—C35—C36	2.232
C26—C29—H227	0.863	C42—C43—O44	1.546	C2—C7—C19	2.304
C127—C126—H280	0.877	C60—C59—C92	1.548	C93—C94—C102	2.336
C93—C92—H262	0.878	C33—C211—C51	1.582	C155—C156—C157	2.364
C104—C119—H277	0.901	C32—C33—C211	1.590	C206—C207—C208	2.370
C172—C179—H309	0.910	C120—C121—C134	1.592	C207—C208—C209	2.392
C120—C119—H277	0.910	C56—C51—C211	1.603	C155—C160—C159	2.398
C48—C49—H237	0.936	C34—C33—C211	1.642	C30—C31—C32	2.398
C50—C49—H237	0.939	C5—C30—C35	1.650	C155—C160—C159	2.398
O44—C43—H233	0.988	C52—C51—C56	1.672	C158—C159—C160	2.451
O28—C29—H227	1.002	C5—C30—C31	1.727	C156—C155—C160	2.463
C97—C98—H264	1.024	C179—C180—C181	1.733	C94—C102—C101	2.519
C104—C119—C120	1.038	C39—C40—C155	1.739	C31—C30—C35	2.525
C93—C98—H264	1.045	C179—C180—C185	1.748	C3—C2—C7	2.571
C165—C203—C204	1.100	C51—C52—C53	1.773	C156—C157—C158	2.625
C203—C204—C205	1.109	C26—C29—O28	1.783	C30—C35—C34	2.703
C59—C92—C93	1.152	C4—C5—C30	1.792	C95—C94—C102	2.732
C43—O44—C45	1.339	C19—C27—O28	1.799	C2—C7—C6	2.740
C121—C134—C139	1.340	C6—C5—C30	1.802	C34—C35—C36	3.106
C103—C104—C119	1.362	C40—C155—C160	1.821	C35—C36—C37	3.106
C92—C93—C94	1.403	C40—C155—C156	1.852	C36—C37—S38	3.165
C27—O28—C29	1.408	C41—C40—C155	1.862	C4—N16—C17	3.584
C105—C104—C119	1.408	C119—C120—C125	1.876	C3—C4—N16	3.717
C172—C179—C180	1.456	C119—C120—C121	1.961	C34—S38—C37	4.219
C52—C51—C211	1.466				

从表 5-13 可以看出，Tromp 煤大分子断裂化学键键强度的整体趋势：不与苯环连接的 C—C 单键强度(含 C37—S38 杂原子五元环大 π 键)＜一端与苯环连接的 C—C 单键强度(含普通六元环 C51—C52 键)＜醚键键强和两端与苯环连接的 C—C 单键强度(含 C35—C36 五元环大 π 键)＜桥键连接的 C—H 和苯环上 C—H 键强度＜大 π 键强度＜苯环羟基 O—H 键强度。结合表 5-11 和表 5-12 可以看出，在剪切过程中很容易发生拉伸断裂的化学反应，而且频次较高，断裂的化学键多集中于桥键或环状结构上，如 C43—O44、C51—C211、C104—C119、C119—C120、C121—C134、C179—C180、C203—C204 等化学键，这些化学键大多是桥键(或桥键连接的化学键)，是力传播的桥梁(受桥键作用强烈)，容易被拉断。五元环和普通六元环的稳定性较苯环差易发生开环反应，如 C4—N16、C35—C36、C37—S38 等化学键易被拉断。

从表 5-14 可以看出，Tromp 煤大分子断裂化学键键角强度的整体趋势：外围含 H 化学键键角强度＜桥键之间(连接共轭环之间的桥键)组成的键角强度＜大 π 键和桥键组成的键角或普通环状结构上化学键组成的键角强度(C42—C43—O44、C33—C211—C51)＜共轭大 π 键组成的键角强度。因此，在剪切作用下处于分子结构外围的 H 最容易被剪断，如 C29—H227(亚甲基)、C43—H233(亚甲基)、C49—H237(苯环上 C—H 键)、C92—H262(亚甲基)、C98—H264(苯环上 C—H 键)、O118—H275(羟基)、C119—H277(亚甲基)、C126—H280(亚甲基)、C179—H309(亚甲基)。

3. 大 π 键在剪切作用下化学键断裂的机理

环状结构易受到周围分子的攻击，Tromp 煤大分子中的环状结构可以通过拉伸作用(剪切作用施加的)发生开环反应。通过平均局部离子化能(ALIE)考查分子的反应活性和位点。通过 Multiwfn 软件结合 VMD 绘制 Tromp 煤大分子的 ALIE 做并 RDG 分析。

根据图 5-12 中的 Tromp 煤大分子结构和表 5-11 统计的 Tromp 煤聚合物在剪切过程中化学键的断键类型和次数，发现只有 C2—C7、C4—N16、C30—C31、C30—C35、C35—C36、C37—S38、C94—C102、C155—C156、C155—C160、C156—C157、C159—C160 和 C207—C208 这些大 π 键断裂发生了开环反应。从图 5-16 可以看出，Tromp 煤大分子存在大量 ALIE 小值区域，它们普遍分布于离域大 π 键的原子上方，这是由于共轭环

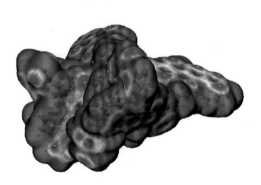
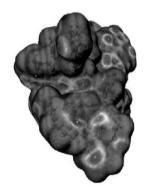

(a) C2—C7所在环ALIE极小值点　　　　　　(b) C4—N16所在环ALIE极小值点

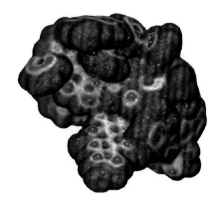

(c) C37—S38、C94—C102所在环ALIE极小值点　　　　(d) C155—C160所在环ALIE极小值点

(e) C207—C208所在环ALIE极小值点

图 5-16　ALIE 在 Tromp 煤大分子表面分布规律(蓝色代表极小值区域)

上部分原子的电子被束缚得较弱，当其与他分子接触发生相互作用时，易发生开环反应生成自由基。

5.3.5　小结

通过 LAMMPS 软件对高阶煤 Tromp 煤聚合物模型加载剪切作用得到剪切过程煤大分子结构的响应，通过量子化学软件分析其机理，得到了以下认识。

(1)在剪切作用的过程中，煤大分子不同部位受到的作用不同。连接煤大分子基本结构单元的桥键是力传播的桥梁，易受到拉伸作用，发生拉伸断裂；由剪切作用导致的相对运动，处于煤大分子最外围的原子(原子团)易受到周围分子施加的剪切作用，发生剪切断裂；离 ALIE 极小值区域最近的原子所连化学键易在受到剪切作用时发生断裂，发生开环反应。

(2)Tromp 煤大分子的键强顺序：不与苯环连接的 C—C 单键强度(含 C37—S38 杂原子五元环大 π 键)＜一端与苯环连接的 C—C 单键强度(含普通 6 元环 C51—C52 键)＜醚键键强和两端与苯环连接的 C—C 单键强度(含 C35—C36 五元环大 π 键)＜桥键连接的 C—H 和苯环上 C—H 键强度＜大 π 键强度＜苯环羟基 O—H 键强度。

　　(3)剪切作用促进煤大分子结构的演化。由于高阶煤大分子的基本结构单元较大，官能团的种类和数量较少，也缺乏侧链等结构，仅含有较多的桥键。因此，剪切作用更多的是使桥键大量断裂，且使高阶煤大分子外围的 H 脱落(这些•H 自由基相互结合会产生大量的 H_2)，有助于形成更大的芳香层片，增强有序度从而促进了煤的演化。

参 考 文 献

Brandhorst K, Grunenberg J. 2008. How strong is it? The interpretation of force and compliance constants as bond strength descriptors. Chemical Society Reviews, 37(8): 1558-1567.

Brandhorst K, Grunenberg J. 2010. Efficient computation of compliance matrices in redundant internal coordinates from Cartesian Hessians for nonstationary points. The Journal of Chemical Physics, 132(18): 184101.

Grunenberg J. 2017. Ill-defined chemical concepts: The problem of quantification. International Journal of Quantum Chemistry, 117(9): e25359.

Lu T, Chen F W. 2012. Multiwfn: A multifunctional wavefunction analyzer. Journal of Computational Chemistry, 33(5): 580-592.

Lu T, Chen F W. 2013. Bond order analysis based on the Laplacian of electron density in fuzzy overlap space. Journal of Physical Chemistry A, 117(14): 3100-3108.

Sorensen J J, Tieu E, Nielson C, et al. 2020. Bond dissociation energies of diatomic transition metal sulfides: ScS, YS, TiS, ZrS, HfS, NbS, and TaS. The Journal of Chemical Physics, 152(19): 194307.

Yang Y H, Pan J N, Wang K, et al. 2020. Macromolecular structural response of Wender coal under tensile stress via molecular dynamics. Fuel, 265: 116938.

附表 A　煤大分子结构模型原子坐标

附表 A-1　Wender 煤大分子结构模型原子坐标

原子序号	X坐标/Å	Y坐标/Å	Z坐标/Å	原子序号	X坐标/Å	Y坐标/Å	Z坐标/Å
C1	2.30593	−3.63205	−0.28945	C35	−3.92622	−1.09196	2.82231
C2	3.56789	−3.79050	0.28729	C36	−4.38774	0.13243	2.02247
C3	4.57592	−2.88073	−0.00190	O37	−4.56620	−3.22918	2.00492
C4	4.32092	−1.79747	−0.85737	C38	−4.62148	1.33422	2.92952
C5	3.06535	−1.65871	−1.42223	C39	−4.92512	2.58428	2.11357
C6	2.04015	−2.57246	−1.16704	C40	−5.92304	2.35852	1.00457
O7	5.33897	−0.92970	−1.15848	C41	−6.26509	1.06365	0.59610
C8	5.55588	0.07975	−0.15778	C42	−5.67141	−0.15863	1.25170
C9	6.86778	0.74694	−0.41574	C43	−7.18273	0.88734	−0.44413
C10	6.94549	2.12297	−0.61758	C44	−7.76255	1.97289	−1.09353
C11	8.16035	2.78183	−0.80112	C45	−7.40875	3.25996	−0.68121
C12	9.32669	2.01131	−0.78664	C46	−6.49661	3.46609	0.34842
C13	9.27574	0.63674	−0.60483	C47	−6.13215	4.86670	0.75030
C14	8.05267	−0.00907	−0.42039	C48	−8.77513	1.78888	−2.20152
O15	5.83817	−2.93510	0.49225	C49	−10.07949	2.44709	−1.79609
O16	8.07035	−1.34508	−0.23557	C50	−10.88347	1.77508	−0.68759
C17	6.18700	−4.01251	1.33577	O51	−10.46866	3.48627	−2.28414
O18	1.37370	−4.57153	0.01839	O52	−10.35407	0.57053	−0.20425
C19	8.20581	4.27822	−0.96814	H53	3.72117	−4.62916	0.95542
C20	8.29559	5.02001	0.36561	H54	2.90048	−0.82654	−2.10108
C21	9.64976	4.88696	1.01048	H55	5.54936	−0.39961	0.83173
O22	9.59459	5.08942	2.33896	H56	4.73597	0.80858	−0.18643
O23	10.68809	4.66399	0.43251	H57	6.01979	2.69702	−0.62961
C24	0.70019	−2.46212	−1.84924	H58	10.28588	2.50309	−0.91814
C25	−0.46684	−2.41378	−0.89046	H59	10.17905	0.03537	−0.60695
C26	−1.53399	−3.29590	−0.99542	H60	7.17673	−1.71404	−0.32568
C27	−2.59084	−3.26898	−0.07508	H61	7.23590	−3.86069	1.59011
C28	−2.63180	−2.34562	0.97826	H62	6.06719	−4.97310	0.82153
C29	−1.54429	−1.45436	1.05686	H63	5.58258	−4.01101	2.25040
C30	−0.48839	−1.48437	0.16407	H64	0.49281	−4.17973	−0.06648
O31	−3.52695	−4.19806	−0.32480	H65	7.30644	4.61760	−1.49308
C32	−3.22556	−4.81978	−1.58912	H66	9.06642	4.56342	−1.58087
C33	−1.78696	−4.42485	−1.95969	H67	7.53188	4.67559	1.06920
C34	−3.75908	−2.31955	1.94661	H68	8.12757	6.09604	0.22243

原子序号	X 坐标/Å	Y 坐标/Å	Z 坐标/Å	原子序号	X 坐标/Å	Y 坐标/Å	Z 坐标/Å
H69	10.50749	5.01738	2.65531	H83	−3.99147	2.96764	1.67480
H70	0.56678	−3.30575	−2.53711	H84	−5.28157	3.38062	2.77749
H71	0.69182	−1.55758	−2.46806	H85	−5.49769	−0.92750	0.49047
H72	−1.52521	−0.72344	1.85828	H86	−6.40434	−0.59592	1.94596
H73	0.34503	−0.79832	0.27948	H87	−7.43541	−0.12337	−0.76013
H74	−3.94945	−4.44661	−2.32153	H88	−7.85700	4.11695	−1.17922
H75	−3.37037	−5.89441	−1.46608	H89	−5.05117	5.03579	0.68842
H76	−1.70797	−4.12284	−3.00781	H90	−6.42675	5.08089	1.78450
H77	−1.07815	−5.24755	−1.80202	H91	−6.62438	5.59849	0.10601
H78	−2.99785	−0.85536	3.35591	H92	−8.94268	0.72218	−2.37709
H79	−4.68155	−1.35204	3.57039	H93	−8.43896	2.26561	−3.12618
H80	−3.60524	0.39688	1.29626	H94	−11.87285	1.55247	−1.10249
H81	−5.46376	1.11034	3.59834	H95	−11.04175	2.52683	0.10056
H82	−3.74984	1.51232	3.57022	H96	−9.52631	0.77144	0.24890

附表 A-2 Given 煤大分子结构模型原子坐标

原子序号	X 坐标/Å	Y 坐标/Å	Z 坐标/Å	原子坐标	X 坐标/Å	Y 坐标/Å	Z 坐标/Å
O1	−6.29023	−4.05535	4.31438	C21	−1.96659	−2.17029	9.46481
C2	−4.95579	−4.30505	4.14638	C22	−1.36207	−2.04864	8.07586
C3	−4.06507	−3.74081	5.11938	O23	−5.28949	−1.74937	11.07579
C4	−2.65302	−3.97347	4.98581	N24	−0.99579	−2.93703	12.91521
C5	−2.15863	−4.75334	3.89632	C25	−1.56921	−3.02039	14.09621
C6	−3.04618	−5.28026	2.98360	C26	−2.96024	−2.77908	14.35906
C7	−4.45005	−5.06533	3.10687	C27	−3.77660	−2.43267	13.30829
C8	−5.19783	−5.75624	1.97718	C28	−0.91161	−3.38029	15.36245
C9	−4.14401	−6.76046	1.42629	C29	−1.89329	−3.36671	16.40389
C10	−2.76745	−6.11596	1.74569	C30	−1.53784	−3.68661	17.69537
C11	−1.78391	−3.41495	5.96692	C31	−0.18574	−4.03642	17.99438
C12	−2.26409	−2.65805	7.01926	C32	0.80085	−4.04138	16.94223
C13	−3.66751	−2.43052	7.14436	C33	0.40701	−3.70315	15.61720
C14	−4.53998	−2.96735	6.21535	C34	−3.25415	−2.97560	15.83679
C15	−4.14453	−1.59540	8.32195	C35	2.15083	−4.39925	17.24794
C16	−3.36939	−1.92197	9.59207	C36	2.51654	−4.74836	18.53206
C17	−3.96250	−1.99233	10.84934	C37	1.53462	−4.73968	19.56165
C18	−3.19550	−2.33530	12.00820	C38	0.22606	−4.39288	19.31189
C19	−1.78853	−2.59752	11.85762	C39	2.09148	−5.16022	20.89906
C20	−1.20117	−2.50235	10.56529	C40	2.71706	−6.55566	20.75753

原子序号	X 坐标/Å	Y 坐标/Å	Z 坐标/Å	原子坐标	X 坐标/Å	Y 坐标/Å	Z 坐标/Å
C41	3.58529	−6.67299	19.56806	O79	−0.62637	−19.50472	22.65719
C42	3.92000	−5.21715	19.00427	C80	−0.62519	−12.72962	15.79253
C43	2.75325	−7.36809	21.85841	C81	−1.63995	−13.46464	14.90311
C44	3.37396	−8.74108	21.91038	C82	−3.02747	−13.38931	15.57065
C45	3.14628	−9.60139	20.71213	C83	−4.07650	−14.01357	14.63402
C46	3.24801	−9.13894	19.38190	N84	−3.68642	−15.36774	14.27969
C47	3.96017	−7.87142	19.02719	C85	−2.36794	−15.79800	14.23111
O48	2.23430	−7.04016	23.06929	C86	−1.30491	−14.92227	14.58114
O49	3.84751	−9.16540	22.94860	C87	−3.00386	−14.08302	16.94914
C50	4.90442	−5.12143	17.83046	C88	−0.00229	−15.43961	14.58035
C51	2.70967	−10.91316	20.97636	C89	0.27530	−16.76373	14.22562
C52	2.29679	−11.74638	19.94242	C90	−0.77095	−17.62938	13.85921
C53	2.27778	−11.25612	18.62214	C91	−2.07930	−17.13316	13.86960
C54	2.75151	−9.96193	18.32916	C92	−0.48782	−19.07315	13.49268
C55	5.21731	−8.13971	18.18753	O93	2.49334	−3.79430	23.37651
C56	6.47865	−8.08688	19.08069	C94	3.47463	−3.66114	22.46014
C57	2.66396	−9.42682	16.90719	C95	4.66460	−2.95302	22.70061
C58	1.73016	−12.19990	17.56344	C96	5.67936	−2.92949	21.70091
C59	0.51556	−12.98159	18.05734	C97	5.51180	−3.62612	20.47147
C60	−0.61120	−13.21118	17.23837	C98	4.29079	−4.33006	20.22840
C61	−1.73283	−13.88355	17.77022	C99	3.30347	−4.30445	21.21152
C62	−1.67396	−14.39287	19.08582	C100	6.92731	−2.20613	21.96741
C63	−0.53006	−14.20242	19.88153	C101	7.09598	−1.49490	23.26821
C64	0.55789	−13.46832	19.37654	C102	6.11074	−1.50112	24.20923
C65	1.81064	−13.16137	20.18749	C103	4.85558	−2.26356	23.98330
C66	−0.54839	−14.81693	21.27565	C104	6.23790	−0.78071	25.53160
C67	−1.17209	−16.19884	21.26474	C105	7.40134	0.23285	25.57653
C68	−0.61904	−17.24882	21.99087	C106	8.66992	−0.38035	24.93902
C69	−1.21029	−18.52380	21.95788	C107	8.40268	−0.75998	23.47102
C70	−2.39261	−18.73044	21.17843	C108	9.20274	−1.58412	25.76467
C71	−2.96405	−17.63551	20.45828	C109	9.08870	−1.36801	27.30213
C72	−2.33922	−16.38244	20.48735	C110	8.94538	0.12261	27.66098
C73	−2.83023	−15.17232	19.70531	C111	7.68149	0.75020	27.02269
C74	−4.24355	−17.84987	19.65869	O112	6.48406	−3.63485	19.55424
C75	−5.05740	−19.06344	20.13164	O113	3.98921	−2.30875	24.87621
C76	−4.16902	−20.31038	20.20330	O114	7.85547	−2.16895	21.13609
C77	−2.96384	−20.08708	21.10551	H115	−6.80209	−4.48099	3.59900
O78	−2.48154	−21.04220	21.72834	H116	−1.07622	−4.92520	3.80511

原子序号	X 坐标/Å	Y 坐标/Å	Z 坐标/Å	原子坐标	X 坐标/Å	Y 坐标/Å	Z 坐标/Å
H117	−6.12858	−6.27343	2.30084	H155	2.61743	−13.87693	19.89386
H118	−5.49772	−5.02575	1.18922	H156	−1.14844	−14.16386	21.95575
H119	−4.28287	−6.97968	0.34875	H157	0.46026	−14.87228	21.72124
H120	−4.23686	−7.72258	1.97330	H158	0.29075	−17.11163	22.59125
H121	−2.43620	−5.45889	0.90873	H159	−3.55069	−15.47835	18.93237
H122	−1.96365	−6.86562	1.89644	H160	−3.39696	−14.49331	20.39043
H123	−0.70283	−3.60090	5.87549	H161	−4.88014	−16.94428	19.70985
H124	−5.62093	−2.80277	6.31654	H162	−3.98389	−17.97816	18.58103
H125	−5.23806	−1.74882	8.44282	H163	−5.91551	−19.23630	19.44929
H126	−4.01862	−0.51184	8.07867	H164	−5.48703	−18.85548	21.13655
H127	−0.12573	−2.70544	10.47806	H165	−3.78466	−20.56104	19.18628
H128	−1.21769	−0.96480	7.84486	H166	−4.71269	−21.20528	20.56668
H129	−0.35331	−2.50494	8.04801	H167	−1.15986	−20.34275	22.51106
H130	−5.73689	−1.48778	10.24822	H168	0.38345	−12.80924	15.34560
H131	−4.84827	−2.23579	13.44264	H169	−0.87036	−11.64266	15.76148
H132	−2.28017	−3.68566	18.50782	H170	−1.69231	−12.90376	13.94151
H133	1.14218	−3.70507	14.80012	H171	−3.29185	−12.31858	15.70579
H134	−4.01783	−3.76564	16.01005	H172	−4.19053	−13.36094	13.73333
H135	−3.64861	−2.04966	16.31105	H173	−5.07045	−14.04365	15.13320
H136	2.87390	−4.38859	16.42372	H174	−4.39937	−15.99056	13.90798
H137	−0.51492	−4.39515	20.12514	H175	−3.87943	−13.72263	17.53261
H138	1.31524	−5.10867	21.67760	H176	−3.17060	−15.17215	16.80495
H139	2.11297	−6.07296	23.18108	H177	0.83754	−14.78987	14.86098
H140	5.91669	−5.46872	18.08307	H178	1.31389	−17.12574	14.23503
H141	4.99417	−4.06734	17.50777	H179	−2.91304	−17.80035	13.59770
H142	4.52965	−5.70258	16.96930	H180	−1.36586	−19.55981	13.02106
H143	2.67467	−11.25444	22.02021	H181	−0.21850	−19.67199	14.39089
H144	5.34065	−7.46852	17.32280	H182	0.36454	−19.15312	12.78501
H145	5.15273	−9.15896	17.76326	H183	2.78072	−3.28068	24.19563
H146	6.63288	−7.07904	19.51756	H184	5.27816	−0.27129	25.75975
H147	7.38534	−8.34959	18.49432	H185	6.33893	−1.54296	26.33678
H148	6.39899	−8.80484	19.92364	H186	7.09891	1.09818	24.94693
H149	1.63593	−9.54859	16.50573	H187	9.45697	0.40320	24.93463
H150	3.34822	−9.95254	16.20667	H188	9.23277	−1.37365	23.06413
H151	2.89086	−8.34644	16.85670	H189	8.38924	0.15412	22.83393
H152	2.53844	−12.92185	17.28564	H190	8.66509	−2.51277	25.47609
H153	1.50018	−11.65153	16.63811	H191	10.26287	−1.75398	25.47939
H154	1.65359	−13.31141	21.27041	H192	9.97239	−1.80164	27.81508

原子序号	X坐标/Å	Y坐标/Å	Z坐标/Å	原子坐标	X坐标/Å	Y坐标/Å	Z坐标/Å
H193	8.21054	−1.91906	27.70361	H196	7.78914	1.85508	27.01437
H194	9.85273	0.66852	27.32076	H197	6.79871	0.53891	27.66484
H195	8.91157	0.25202	28.76343	H198	7.24994	−3.08287	19.91441

附表 A-3　Tromp 煤大分子结构模型原子坐标

原子序号	X坐标/Å	Y坐标/Å	Z坐标/Å	原子序号	X坐标/Å	Y坐标/Å	Z坐标/Å
C1	−3.91056	−0.21432	1.77773	C31	2.07417	−2.93828	0.58246
C2	−2.57745	−0.83743	1.51813	C32	3.20017	−3.76842	0.55739
C3	−2.29533	−2.03327	2.18457	C33	3.74028	−4.26741	1.74799
C4	−0.95109	−2.56089	2.20953	C34	3.20294	−3.75875	2.94650
C5	0.13073	−1.89074	1.65826	C35	2.14851	−2.79298	3.01476
C6	−0.14698	−0.68570	0.92077	C36	1.93737	−2.33375	4.40838
C7	−1.52172	−0.19300	0.76870	C37	2.73279	−3.09348	5.31867
C8	−5.10339	−0.85187	1.40804	S38	3.75994	−4.28290	4.53442
C9	−6.32872	−0.25760	1.74724	C39	2.78249	−2.87486	6.70006
C10	−6.39350	0.97058	2.46432	C40	2.03384	−1.82804	7.24850
C11	−5.18288	1.59438	2.83987	C41	1.26221	−1.03971	6.35988
C12	−3.96827	1.00697	2.50253	C42	1.21233	−1.23653	4.97758
C13	−7.75759	1.38246	2.70246	C43	0.49623	−0.18505	4.13025
C14	−8.67232	0.50785	2.18808	O44	−0.01099	0.93173	4.86230
S15	−7.93785	−0.86680	1.38439	C45	−1.30838	0.91841	5.30703
N16	−0.98223	−3.71908	2.96905	C46	−2.09246	−0.24450	5.41885
C17	−2.27222	−3.93013	3.43420	C47	−3.40561	−0.15478	5.90556
C18	−3.09943	−2.92542	2.99634	C48	−3.94576	1.07609	6.29478
C19	−1.74500	0.89636	−0.13564	C49	−3.15961	2.23412	6.17663
C20	−0.65560	1.60420	−0.69219	C50	−1.85353	2.16236	5.68249
C21	0.70241	1.21539	−0.38725	C51	3.98615	−6.77002	1.82460
C22	0.91589	0.06768	0.37973	C52	3.44215	−7.14929	0.43782
C23	1.79129	1.99223	−0.91411	C53	2.59403	−8.40295	0.47176
C24	1.55135	3.07889	−1.72001	C54	2.95326	−9.41742	1.35715
C25	0.20826	3.44484	−2.05593	C55	4.10269	−9.23667	2.29042
C26	−0.86435	2.73540	−1.56693	C56	4.70678	−7.95735	2.45103
C27	−3.13982	1.30603	−0.62328	C57	5.81589	−7.83270	3.29945
O28	−3.11090	1.94083	−1.89104	C58	6.26247	−8.90175	4.08482
C29	−2.29816	3.09736	−1.89110	C59	5.59025	−10.13066	4.04409
C30	1.49312	−2.48465	1.77997	C60	4.57039	−10.29419	3.09631

原子序号	X坐标/Å	Y坐标/Å	Z坐标/Å	原子序号	X坐标/Å	Y坐标/Å	Z坐标/Å
C61	2.21682	−10.65305	1.31679	C99	4.59119	−8.35412	9.13734
C62	1.19577	−10.86294	0.42904	C100	3.52899	−7.72143	8.39627
C63	0.76340	−9.82865	−0.46679	C101	3.26099	−8.15739	7.05328
C64	1.47403	−8.56725	−0.43329	C102	4.03603	−9.19737	6.48803
C65	1.02724	−7.53007	−1.27483	C103	2.25517	−7.49338	6.27763
C66	−0.08308	−7.66416	−2.12654	C104	1.52608	−6.43136	6.78105
C67	−0.78290	−8.93545	−2.16371	C105	1.77123	−6.03450	8.12966
C68	−0.33330	−10.00544	−1.34502	C106	2.72996	−6.65400	8.90584
C69	−1.95301	−9.05581	−2.98703	C107	6.76034	−9.54468	10.60906
C70	−2.41464	−7.98511	−3.71569	C108	5.89509	−8.55497	11.21383
C71	−1.73854	−6.73190	−3.66862	C109	4.86955	−7.99104	10.50215
C72	−0.59755	−6.54936	−2.90636	C110	8.43863	−11.47806	9.35623
C73	0.00877	−5.18020	−2.85958	C111	8.66310	−11.08290	10.72273
C74	1.33511	−4.94447	−3.26774	C112	7.81515	−10.11807	11.31602
C75	1.78540	−3.62348	−3.25284	C113	9.73557	−11.66573	11.46704
C76	0.98530	−2.52371	−2.86294	C114	10.56856	−12.61030	10.89586
C77	−0.33614	−2.76767	−2.44176	C115	10.35464	−13.00754	9.54272
C78	−0.80100	−4.08436	−2.44392	C116	9.32602	−12.45746	8.80784
C79	1.83713	−1.35924	−2.99460	O117	6.17514	−8.23315	12.51043
C80	3.03876	−1.82893	−3.43668	O118	11.60736	−13.20897	11.54661
O81	3.03658	−3.19321	−3.60084	C119	0.49796	−5.66814	5.94416
C82	−1.02158	−11.33842	−1.41633	C120	−0.90069	−6.28469	5.99771
C83	−0.78823	−12.17144	−2.50326	C121	−1.76442	−5.98669	7.08804
C84	−1.40879	−13.44502	−2.60938	C122	−2.97222	−6.69365	7.23284
C85	−2.26124	−13.89343	−1.61942	C123	−3.40117	−7.60423	6.26513
C86	−2.52650	−13.08067	−0.47803	C124	−2.60734	−7.79247	5.13389
C87	−1.90887	−11.78351	−0.37639	C125	−1.33912	−7.18927	5.00177
C88	−2.20563	−11.01248	0.78608	C126	−0.59553	−7.53869	3.71289
C89	−3.03711	−11.53955	1.75476	C127	−1.59354	−7.51907	2.56709
C90	−3.59081	−12.83566	1.55072	C128	−2.86073	−8.06435	2.83118
N91	−3.35836	−13.57447	0.48633	O129	−3.13057	−8.55086	4.09930
C92	5.83994	−11.21673	5.08693	C130	−3.86871	−8.10110	1.86290
C93	6.02895	−10.72594	6.52476	C131	−3.60693	−7.56171	0.59693
C94	5.12818	−9.76383	7.15246	C132	−2.36037	−6.98275	0.31986
C95	5.40503	−9.34475	8.51216	C133	−1.35800	−6.96521	1.30066
C96	6.50206	−9.92786	9.24219	C134	−1.53710	−4.83309	8.01959
C97	7.34871	−10.88674	8.62049	C135	−1.65894	−3.50860	7.49428
C98	7.08040	−11.22802	7.24831	C136	−1.61531	−2.40189	8.31859

续表

原子序号	X坐标/Å	Y坐标/Å	Z坐标/Å	原子序号	X坐标/Å	Y坐标/Å	Z坐标/Å
C137	−1.42774	−2.53638	9.72210	C175	4.07105	2.18303	16.99744
C138	−1.23860	−3.85972	10.25753	C176	5.27708	1.67557	16.49473
C139	−1.32829	−4.98696	9.38080	C177	5.59984	1.87053	15.14274
N140	−0.97548	−4.09775	11.56986	C178	4.72163	2.56020	14.29918
C141	−0.90448	−3.06953	12.40631	C179	0.67747	6.81558	11.26609
C142	−1.13364	−1.70080	11.99882	C180	1.19813	6.87536	9.82623
C143	−1.41493	−1.42612	10.63713	C181	2.62294	6.95476	9.53138
C144	−1.05482	−0.64496	12.95755	C182	3.07056	6.80488	8.17233
C145	−0.72103	−0.92621	14.31975	C183	2.11625	6.61018	7.12271
C146	−0.49695	−2.30493	14.70512	C184	0.71658	6.62394	7.41617
C147	−0.58661	−3.32244	13.80006	C185	0.30638	6.78260	8.78695
C148	−1.67580	−0.06405	10.25762	C186	4.47399	6.79377	7.86334
C149	−1.61748	0.95283	11.17696	C187	5.42884	6.97566	8.89998
C150	−1.28116	0.70806	12.55311	C188	4.96373	7.16513	10.20900
C151	−0.59649	0.13594	15.22872	C189	3.60185	7.14997	10.52524
C152	−0.79379	1.46879	14.81614	C190	2.54213	6.33370	5.78500
C153	−1.14835	1.75116	13.49265	C191	3.95344	6.33726	5.50408
O154	−0.64469	2.52584	15.67043	C192	4.86927	6.56536	6.49271
C155	2.08381	−1.49445	8.69840	C193	−0.20924	6.32808	6.39621
C156	2.01098	−0.15898	9.09917	C194	0.20716	5.98950	5.09332
C157	1.96475	0.25057	10.45587	C195	1.58337	6.02521	4.80144
C158	2.17173	−0.76964	11.43944	C196	6.91890	6.95040	8.61873
C159	2.27470	−2.12849	11.03437	C197	−0.77786	5.53250	4.06969
C160	2.20669	−2.49303	9.70201	C198	−0.46827	4.45552	3.20976
C161	2.26674	−0.39266	12.81229	C199	−1.39931	3.98505	2.27604
C162	2.24602	0.92489	13.17895	C200	−2.66550	4.58037	2.18266
C163	2.03284	1.99012	12.23429	C201	−2.98823	5.65290	3.02696
C164	1.73126	1.63516	10.87948	C202	−2.05455	6.12403	3.95895
C165	1.05948	2.62528	10.05858	C203	0.48668	2.42345	8.65647
C166	0.83730	3.88010	10.58271	C204	1.33077	3.08679	7.51658
C167	1.37047	4.34832	11.81816	C205	2.81193	2.75490	7.42123
C168	2.01467	3.38665	12.67249	C206	3.73549	3.27436	8.35112
C169	2.59055	3.85885	13.90516	C207	5.09950	2.97098	8.25658
C170	2.39861	5.18953	14.27331	C208	5.57196	2.14655	7.22474
C171	1.74250	6.11051	13.43466	C209	4.66807	1.63763	6.28236
C172	1.26742	5.73369	12.18664	C210	3.30376	1.94470	6.37992
C173	3.50163	3.06683	14.79117	C211	4.74238	−5.40663	1.76446
C174	3.19277	2.87640	16.15245	H212	−5.07139	−1.79797	0.84963

原子序号	X坐标/Å	Y坐标/Å	Z坐标/Å	原子序号	X坐标/Å	Y坐标/Å	Z坐标/Å
H213	−5.19721	2.53435	3.40988	H251	1.98628	−5.76067	−3.60731
H214	−3.03169	1.48784	2.81572	H252	−0.98253	−1.94414	−2.10713
H215	−8.02965	2.30088	3.23956	H253	−1.82693	−4.28966	−2.10690
H216	−9.76599	0.58591	2.23012	H254	1.58090	−0.31735	−2.77835
H217	−0.17282	−4.29561	3.18474	H255	3.98199	−1.32777	−3.67880
H218	−2.50017	−4.80731	4.04819	H256	−0.10594	−11.83634	−3.29809
H219	−4.16721	−2.83384	3.20870	H257	−1.19819	−14.07472	−3.48649
H220	1.94918	−0.25724	0.55619	H258	−2.74938	−14.87601	−1.67170
H221	2.82047	1.69459	−0.66271	H259	−1.77072	−10.01125	0.90509
H222	2.38794	3.66905	−2.12214	H260	−3.27267	−10.97622	2.66808
H223	0.03670	4.30557	−2.72076	H261	−4.26054	−13.26633	2.31723
H224	−3.78353	0.41543	−0.74581	H262	6.73173	−11.81802	4.80613
H225	−3.64647	1.96929	0.11948	H263	4.98298	−11.92667	5.06061
H226	−2.68239	3.85144	−1.15260	H264	7.75131	−11.93403	6.74340
H227	−2.37624	3.55677	−2.89840	H265	3.77653	−9.51570	5.47517
H228	1.58730	−2.67908	−0.36421	H266	2.10284	−7.82760	5.23952
H229	3.61199	−4.08606	−0.41168	H267	1.18739	−5.21022	8.55472
H230	3.44499	−3.48489	7.32817	H268	2.87813	−6.28503	9.92841
H231	0.68858	−0.20737	6.77661	H269	4.24109	−7.24275	11.00358
H232	−0.32384	−0.62417	3.54384	H270	7.99344	−9.81718	12.35602
H233	1.21651	0.23866	3.39916	H271	9.88607	−11.34821	12.51142
H234	−1.69728	−1.22758	5.13690	H272	11.02495	−13.76037	9.10508
H235	−4.00723	−1.07237	5.97866	H273	9.19953	−12.79954	7.77361
H236	−4.97558	1.13612	6.67421	H274	5.54178	−7.56245	12.83553
H237	−3.57084	3.21460	6.45997	H275	11.67089	−12.87357	12.46350
H238	−1.24954	3.06999	5.56266	H276	0.87025	−5.61501	4.90379
H239	3.09676	−6.60717	2.48216	H277	0.46159	−4.62249	6.30053
H240	2.87134	−6.29441	0.03874	H278	−3.61974	−6.47146	8.09305
H241	4.29814	−7.30615	−0.26275	H279	−4.37136	−8.11347	6.33923
H242	6.32190	−6.86523	3.41099	H280	0.24882	−6.85652	3.50051
H243	7.08698	−8.74576	4.79598	H281	−0.14260	−8.55483	3.80182
H244	4.08553	−11.27716	3.04323	H282	−4.84519	−8.53663	2.11409
H245	2.47325	−11.46976	2.00141	H283	−4.38696	−7.58282	−0.17756
H246	0.68918	−11.83520	0.41802	H284	−2.16738	−6.54424	−0.66627
H247	1.52669	−6.55841	−1.24216	H285	−0.38062	−6.51537	1.07540
H248	−2.49238	−10.01039	−3.01757	H286	−1.81714	−3.37431	6.41408
H249	−3.31675	−8.08754	−4.33659	H287	−1.73089	−1.40868	7.87001
H250	−2.13175	−5.88954	−4.25584	H288	−1.21053	−5.98299	9.82855

原子序号	X 坐标/Å	Y 坐标/Å	Z 坐标/Å	原子序号	X 坐标/Å	Y 坐标/Å	Z 坐标/Å
H289	−0.24844	−2.51990	15.75580	H313	3.30938	7.28810	11.57120
H290	−0.41980	−4.36913	14.08959	H314	4.28752	6.13661	4.47526
H291	−1.93023	0.17577	9.21765	H315	5.93686	6.54947	6.23898
H292	−1.81387	1.98702	10.86176	H316	−1.27775	6.28312	6.65361
H293	−0.32286	−0.07879	16.27468	H317	1.92899	5.80110	3.78211
H294	−1.29270	2.79723	13.19046	H318	7.23938	5.97242	8.19753
H295	−0.39954	2.20993	16.56259	H319	7.50457	7.12054	9.54447
H296	2.06931	0.59681	8.32092	H320	7.21944	7.73193	7.88749
H297	2.39606	−2.90026	11.80854	H321	0.50165	3.94628	3.29865
H298	2.25456	−3.55265	9.42330	H322	−1.13655	3.13757	1.62731
H299	2.36321	−1.17523	13.57830	H323	−3.40186	4.20488	1.45711
H300	2.31252	1.15851	14.24244	H324	−3.97546	6.13341	2.95463
H301	0.23902	4.57028	9.98397	H325	−2.31422	6.98020	4.59865
H302	2.83922	5.54850	15.21448	H326	−0.50567	2.92139	8.62272
H303	1.66771	7.16071	13.75696	H327	0.26965	1.36591	8.43815
H304	2.23711	3.25994	16.53953	H328	1.23529	4.17915	7.64775
H305	3.81061	2.03705	18.05675	H329	0.84335	2.84515	6.55283
H306	5.96748	1.13099	17.15578	H330	3.38586	3.93512	9.15551
H307	6.54775	1.48193	14.74148	H331	5.79960	3.38913	8.99560
H308	4.97713	2.70653	13.23971	H332	6.64333	1.90581	7.15273
H309	0.84463	7.79790	11.75866	H333	5.02479	0.99397	5.46405
H310	−0.42686	6.69357	11.22132	H334	2.60154	1.54280	5.63609
H311	−0.77243	6.72418	9.00240	H335	5.42137	−5.28527	2.63070
H312	5.69184	7.31725	11.02015	H336	5.38583	−5.37515	0.85983

附表 B 煤聚合物模型原子坐标

附表 B-1 Wender 煤聚合物模型原子坐标

原子序号	X坐标/Å	Y坐标/Å	Z坐标/Å	原子序号	X坐标/Å	Y坐标/Å	Z坐标/Å
1	2.24100	2.95994	6.43206	35	0.53843	10.31837	7.59030
2	1.62448	1.97828	7.24701	36	1.50377	11.32953	8.17986
3	2.13265	1.65768	8.52954	37	0.47949	10.56961	5.17097
4	3.30889	2.33560	8.95984	38	1.13779	11.64015	9.61302
5	3.92344	3.33737	8.17167	39	2.39037	12.42499	10.23755
6	3.37567	3.67384	6.90982	40	2.64379	13.71567	9.44851
7	3.98160	1.98133	10.21732	41	2.31552	13.76485	8.05952
8	5.34923	1.45616	9.91812	42	1.50206	12.61349	7.34893
9	5.56041	−0.07469	10.03751	43	2.64193	14.90157	7.29318
10	5.58258	−0.67388	11.32290	44	3.30136	15.99013	7.93941
11	5.91029	−2.05115	11.40773	45	3.59824	15.99438	9.32910
12	6.17137	−2.82737	10.23999	46	3.25661	14.84899	10.08497
13	6.09530	−2.22273	8.96964	47	3.62343	14.87867	11.58978
14	5.77323	−0.84321	8.84776	48	3.63744	17.25430	7.10570
15	1.48919	0.66589	9.37900	49	2.44950	18.23526	7.36703
16	5.67775	−0.28608	7.52840	50	1.42653	18.34757	6.22067
17	0.37370	−0.07888	8.71821	51	2.19390	18.89130	8.46631
18	1.60328	3.22519	5.16178	52	1.80660	17.90809	4.85783
19	6.01755	−2.77719	12.77603	53	0.72257	1.45409	6.86223
20	6.79324	−1.86111	13.80400	54	4.83825	3.85937	8.53922
21	8.19533	−1.48426	13.24618	55	6.06791	1.96065	10.63039
22	8.68494	−2.40545	12.28818	56	5.64998	1.76614	8.87455
23	8.74102	−0.39450	13.73943	57	5.38548	−0.07213	12.23807
24	4.07348	4.80216	6.08980	58	6.41772	−3.90909	10.32139
25	3.27691	6.13041	6.12079	59	6.27760	−2.83678	8.05795
26	2.59608	6.58902	4.96791	60	5.36988	0.57299	7.22309
27	1.92278	7.82980	4.86781	61	−0.39846	0.62370	8.29031
28	1.83116	8.60688	6.07242	62	−0.15127	−0.76351	9.44543
29	2.49926	8.15221	7.26718	63	0.74040	−0.72647	7.85447
30	3.22650	6.95575	7.28547	64	0.78735	2.79206	4.90351
31	1.33013	8.06826	3.58382	65	6.56359	−3.75209	12.65688
32	1.83049	6.94253	2.69728	66	4.99714	−3.01615	13.18321
33	2.36208	5.81583	3.64237	67	6.90726	−2.41103	14.77771
34	1.00223	9.85244	6.13290	68	6.20583	−0.93315	14.04122

原子序号	X 坐标/Å	Y 坐标/Å	Z 坐标/Å	原子序号	X 坐标/Å	Y 坐标/Å	Z 坐标/Å
69	9.60953	−2.35102	11.85263	109	12.47237	3.73073	25.57537
70	4.18717	4.48400	5.01688	110	12.71734	2.60944	26.41530
71	5.10811	4.96041	6.50855	111	13.38135	−4.07105	25.79778
72	2.43391	8.75232	8.19923	112	12.05010	2.59132	27.68536
73	3.73902	6.63273	8.22234	113	12.88490	−3.58779	24.48230
74	2.66111	7.31694	2.03449	114	10.59769	−4.35158	29.80323
75	1.04441	6.57401	1.98413	115	14.72012	2.91638	22.54079
76	3.28391	5.31173	3.26023	116	14.21164	1.72887	21.61947
77	1.59893	5.00548	3.78716	117	15.15705	1.55599	20.40853
78	0.45237	9.41325	8.25496	118	14.74963	0.40868	19.66918
79	−0.49206	10.76324	7.52635	119	16.14463	2.39342	20.17807
80	2.54212	10.89563	8.15979	120	10.50330	−1.34749	30.05596
81	0.20863	12.27467	9.66756	121	11.60305	−1.05176	31.10528
82	0.92901	10.70098	10.19825	122	11.66032	−1.76127	32.31884
83	3.30461	11.77038	10.20801	123	12.67050	−1.58419	33.29087
84	2.22386	12.66514	11.31837	124	13.69790	−0.60916	33.02860
85	1.91848	12.42033	6.31775	125	13.68275	0.08180	31.75471
86	0.43977	12.96295	7.19254	126	12.65122	−0.11705	30.83754
87	2.36980	14.95912	6.21477	127	14.88374	1.69441	0.69432
88	4.07236	16.88068	9.80946	128	13.46086	1.17105	0.55755
89	3.66524	15.93518	11.98008	129	10.67542	−2.87180	32.77255
90	4.63414	14.41207	11.76830	130	17.14435	3.89147	0.28035
91	2.88220	14.30603	12.21283	131	15.82678	0.82564	33.51413
92	3.71720	17.01642	6.00973	132	17.57887	6.33817	−0.11024
93	4.60573	17.71836	7.44023	133	17.33299	3.58694	1.55102
94	1.07521	19.42008	6.17642	134	16.07127	3.27712	33.03636
95	0.49159	17.77717	6.51447	135	15.24923	4.65342	32.93236
96	1.18875	18.07414	4.15089	136	16.80980	9.07197	0.46705
97	11.27739	−3.51599	28.86247	137	16.59784	8.07218	1.46145
98	12.03733	−4.08674	27.81104	138	17.28360	6.65585	1.35887
99	12.74988	−3.29413	26.88215	139	15.82707	8.34549	2.60986
100	12.78589	−1.87831	26.99338	140	15.27105	9.65071	2.74643
101	11.96912	−1.28973	27.99732	141	15.43953	10.67253	1.77518
102	11.25450	−2.09090	28.91187	142	16.20643	10.36582	0.62661
103	13.61916	−1.01741	26.16652	143	14.02282	7.35266	33.30745
104	13.89547	0.31617	26.80212	144	14.51721	9.98391	4.06562
105	13.59197	1.57144	25.95444	145	15.58446	10.28321	5.15395
106	14.23142	1.65658	24.69265	146	14.90704	10.70376	6.45966
107	13.96842	2.79420	23.88774	147	16.89483	10.20536	5.03831
108	13.07044	3.82370	24.30207	148	13.54245	11.26559	6.27830

原子序号	X 坐标/Å	Y 坐标/Å	Z 坐标/Å	原子序号	X 坐标/Å	Y 坐标/Å	Z 坐标/Å
149	12.06768	−5.19246	27.70150	189	13.83220	10.86632	3.92775
150	11.87838	−0.18185	28.05907	190	15.56781	11.43478	7.06385
151	15.00272	0.35010	27.03950	191	14.83194	9.80801	7.15226
152	13.37665	0.39501	27.79952	192	13.01813	11.66142	6.95856
153	14.93462	0.86248	24.35617	193	10.25607	16.82334	17.44081
154	12.87313	4.70257	23.64760	194	10.28923	16.99196	16.04289
155	11.83182	4.57373	25.96823	195	9.16065	16.77260	15.20954
156	12.13367	1.92214	28.36269	196	7.95038	16.31961	15.80368
157	13.13450	−2.49554	24.32832	197	7.87189	16.17507	17.21191
158	11.75600	−3.65033	24.41672	198	9.00160	16.45901	18.01497
159	13.30841	−4.17963	23.61851	199	6.76420	15.99516	15.01272
160	10.60564	−5.35176	29.72968	200	5.86810	14.96399	15.64379
161	15.83217	2.82858	22.69093	201	5.22687	13.92167	14.70731
162	14.53292	3.91146	22.05597	202	3.92394	13.46240	15.02811
163	13.15884	1.91998	21.28016	203	3.34629	12.46156	14.20475
164	14.16670	0.76753	22.19632	204	4.03797	11.91048	13.08484
165	15.32609	0.14462	18.86568	205	5.33060	12.38584	12.77754
166	9.68699	−1.99036	30.48585	206	5.94432	13.37578	13.58999
167	10.04069	−0.39455	29.67440	207	9.43784	17.04915	13.80266
168	14.50038	0.78558	31.48797	208	7.28771	13.79369	13.28941
169	12.66597	0.45000	29.87989	209	8.20162	17.14599	12.96851
170	12.77406	1.82420	1.16546	210	11.45379	17.04705	18.21295
171	13.34467	0.14394	0.99402	211	1.93682	11.92019	14.55376
172	9.60242	−2.58933	32.60270	212	0.94695	12.13667	13.33436
173	10.86488	−3.82639	32.20797	213	−0.50729	11.91760	13.82304
174	16.16058	0.60169	32.46069	214	−1.43794	12.00856	12.74587
175	19.13521	4.90039	0.44240	215	−0.74281	11.70460	15.09793
176	14.21583	2.19140	33.04330	216	8.78850	16.52956	19.55285
177	19.38034	7.54969	−0.04692	217	8.46403	18.02700	19.81467
178	16.43586	2.99131	32.01101	218	9.10208	18.78574	20.81914
179	14.56716	4.61567	32.04247	219	8.85544	20.16253	21.04595
180	15.94354	5.51369	32.73430	220	7.89848	20.80629	20.19196
181	16.62555	5.86712	1.82440	221	7.24687	20.05576	19.14996
182	18.23875	6.65976	1.95706	222	7.51918	18.69504	18.97760
183	15.69447	7.58163	3.40855	223	9.61150	20.70384	22.13622
184	15.00794	11.69084	1.92835	224	10.56176	19.59862	22.56278
185	13.83794	6.98222	32.26025	225	10.14092	18.27013	21.85475
186	15.09273	7.73333	33.34447	226	7.54868	22.25675	20.31782
187	13.32953	8.22027	33.50383	227	6.31325	22.79765	19.45385
188	13.85936	9.12695	4.38745	228	5.21216	23.35775	20.32854

原子序号	X 坐标/Å	Y 坐标/Å	Z 坐标/Å	原子序号	X 坐标/Å	Y 坐标/Å	Z 坐标/Å
229	8.07360	23.16387	21.09622	269	11.00468	17.74235	21.36582
230	5.62339	24.62448	21.04537	270	5.91201	21.96861	18.80211
231	4.29374	25.35422	21.56437	271	6.69595	23.59556	18.75831
232	3.43679	24.37137	22.37596	272	4.34538	23.60926	19.65466
233	3.63734	22.96146	22.28588	273	6.28757	24.38933	21.92377
234	4.74230	22.32613	21.35835	274	6.20764	25.30761	20.36839
235	2.86674	22.07127	23.06007	275	3.70343	25.76087	20.69773
236	1.83773	22.60157	23.89532	276	2.89584	−5.80976	22.19875
237	1.59520	24.00053	23.99163	277	4.33248	21.40139	20.85861
238	2.39735	24.87849	23.22692	278	5.60641	21.98069	22.00754
239	0.46638	−5.65065	23.30916	279	3.05371	20.97346	23.01010
240	0.95914	21.61849	24.70287	280	0.80101	24.38944	24.66808
241	1.14961	21.93973	26.23808	281	0.15459	−5.23808	22.30582
242	2.20333	21.10173	26.94848	282	1.39244	−5.09188	23.62753
243	0.53966	23.02425	26.63139	283	−0.35092	−5.41643	24.04760
244	1.94632	20.70841	28.40003	284	1.23957	20.55547	24.47720
245	11.24880	17.29185	15.56488	285	−0.12713	21.74632	24.43918
246	6.91193	15.88111	17.69195	286	3.19218	21.64815	26.93116
247	5.06099	15.48866	16.23529	287	2.39518	20.15832	26.35852
248	6.47481	14.40551	16.41984	288	2.58852	20.11513	28.79401
249	3.37918	13.86484	15.91247	289	27.25690	8.15209	5.07849
250	3.56991	11.10714	12.47312	290	26.48420	8.04455	3.89626
251	5.88287	11.98614	11.89660	291	26.67380	6.98866	2.97477
252	7.66756	14.46476	13.86474	292	27.65014	5.97961	3.25066
253	7.46940	17.89603	13.39019	293	28.40108	6.05838	4.44980
254	7.64392	16.16631	12.91912	294	28.22374	7.14148	5.34717
255	8.44456	17.44681	11.90799	295	27.88079	4.89455	2.30666
256	11.59906	16.50139	19.03801	296	29.30718	4.40831	2.28762
257	1.52779	12.43662	15.46345	297	29.61251	3.18703	1.39625
258	1.98018	10.82395	14.80138	298	28.89953	1.98836	1.63716
259	1.18231	11.43647	12.48992	299	29.18757	0.87407	0.80939
260	1.04754	13.17339	12.91751	300	27.76397	−3.20440	33.48620
261	31.89213	11.93051	12.98237	301	28.46547	−2.00073	33.26787
262	9.70630	16.20884	20.11643	302	30.60455	3.27272	0.36145
263	7.93771	15.86518	19.87029	303	25.90651	6.98496	1.73960
264	6.53679	20.56023	18.45398	304	31.32346	4.48954	0.14654
265	7.01475	18.14338	18.15074	305	25.05321	8.19478	1.51554
266	10.58657	19.49949	23.68259	306	27.02605	9.30218	5.91046
267	11.61471	19.87759	22.27553	307	28.43106	−0.44520	1.09530
268	9.67077	17.53608	22.56413	308	29.36677	−1.36399	1.98177

原子序号	X 坐标/Å	Y 坐标/Å	Z 坐标/Å	原子序号	X 坐标/Å	Y 坐标/Å	Z 坐标/Å
309	29.31854	−1.00671	3.48794	349	24.56349	8.16506	0.50022
310	28.38655	−0.02714	3.91182	350	25.65297	9.17668	1.59226
311	30.17433	−1.71819	4.19578	351	24.23176	8.28405	2.28072
312	29.12070	7.26688	6.61262	352	27.54346	9.61684	6.65210
313	28.34884	6.84472	7.89305	353	28.18104	−0.97514	0.13567
314	29.03911	6.42818	9.05071	354	27.46894	−0.25178	1.64175
315	28.43538	6.10042	10.28668	355	30.44641	−1.32311	1.60691
316	27.00097	6.14061	10.30400	356	29.05864	−2.43825	1.86019
317	26.26542	6.59764	9.15104	357	28.35146	0.22648	4.89219
318	26.92798	6.95030	7.97151	358	29.46658	8.33461	6.73400
319	29.36816	5.76078	11.31728	359	30.05394	6.64731	6.50531
320	30.72222	5.67388	10.63254	360	25.15287	6.67376	9.18538
321	30.57875	6.31574	9.21555	361	26.34415	7.30951	7.09115
322	26.20176	5.68390	11.48262	362	31.05614	4.59063	10.54330
323	24.61275	5.66856	11.29809	363	31.52819	6.16937	11.24082
324	24.02808	4.38187	11.84359	364	31.06735	5.71053	8.40496
325	26.63065	5.23701	12.63240	365	31.04223	7.33818	9.18101
326	22.64196	4.14935	11.28560	366	24.35515	5.78743	10.20511
327	22.25779	2.62565	11.60598	367	24.17553	6.55906	11.83062
328	22.43169	2.32280	13.10191	368	24.68481	3.52704	11.51542
329	23.27494	3.11892	13.93292	369	21.89864	4.85743	11.74590
330	23.98204	4.41138	13.37380	370	22.61245	4.32267	10.17296
331	23.48438	2.78975	15.28951	371	22.91810	1.94021	11.00662
332	22.79601	1.66399	15.83063	372	21.20582	2.40078	11.27484
333	21.92514	0.86244	15.04397	373	25.02146	4.49374	13.81186
334	21.78124	1.17716	13.67141	374	23.43323	5.32846	13.72976
335	20.91729	0.23382	12.79837	375	24.16901	3.39391	15.92976
336	23.05337	1.23965	17.30423	376	21.38179	0.00058	15.49585
337	22.79601	2.42627	18.28421	377	20.63104	−0.69177	13.37189
338	23.69886	2.47860	19.53699	378	21.46992	−0.08032	11.86592
339	21.89555	3.36497	18.17844	379	19.95981	0.73430	12.47437
340	24.84021	1.53880	19.59912	380	24.10460	0.85570	17.42870
341	25.73541	8.83932	3.68673	381	22.37116	0.38474	17.56916
342	29.14386	5.26956	4.69800	382	23.05225	2.32807	20.45630
343	29.59544	4.15117	3.34890	383	24.08486	3.53579	19.66496
344	29.99548	5.25682	1.99952	384	25.41924	1.35926	20.32516
345	28.16140	1.91325	2.46832	385	−0.89509	0.71812	22.09041
346	27.98581	−4.10196	32.86636	386	−0.91148	1.47805	23.28743
347	29.23902	−1.95097	32.46701	387	−1.31112	2.83287	23.33172
348	29.50905	0.51636	33.07557	388	−1.72150	3.46327	22.12145

原子序号	X坐标/Å	Y坐标/Å	Z坐标/Å	原子序号	X坐标/Å	Y坐标/Å	Z坐标/Å
389	−1.74575	2.70001	20.92286	429	29.02892	25.46178	13.92476
390	−1.32296	1.35503	20.89181	430	28.33695	26.01025	15.03095
391	−2.12109	4.85366	21.95431	431	26.84969	26.38842	14.82501
392	−1.66529	5.67836	23.12208	432	31.16074	24.50432	12.89400
393	−1.63108	7.20609	22.94972	433	30.81352	22.99344	12.76625
394	−2.44733	7.92342	22.04047	434	30.61643	22.44460	11.35684
395	−2.23247	9.32311	21.95689	435	30.63344	22.27335	13.85811
396	−1.22762	9.99653	22.71513	436	31.56497	21.39427	10.87392
397	−0.40933	9.25372	23.59079	437	−0.58481	0.98560	24.22715
398	−0.62163	7.85788	23.73406	438	−2.10108	3.18705	19.98804
399	−1.30767	3.47611	24.64248	439	−0.63566	5.32110	23.43187
400	0.20704	7.08822	24.61824	440	−2.31718	5.40848	24.00827
401	−0.63912	2.67587	25.71669	441	31.07732	7.40534	21.40428
402	−0.45722	−0.63962	22.23085	442	−1.05013	11.08763	22.58448
403	31.28917	10.17605	20.90987	443	0.41125	9.76058	24.15010
404	−1.85019	10.33954	19.82425	444	1.09069	7.40048	24.87996
405	31.98904	11.09739	18.54327	445	0.41066	2.38360	25.41930
406	−1.12940	11.06074	17.70772	446	−1.18633	1.71208	25.92967
407	30.80075	11.59476	18.31986	447	−0.57728	3.24824	26.68641
408	−1.31736	0.65665	19.49268	448	−0.31988	−1.02659	23.14200
409	−1.83752	−0.79501	19.58674	449	30.96631	11.16910	21.32083
410	−0.93961	−1.87140	19.75641	450	30.38716	9.65217	20.49549
411	−1.33114	−3.21611	19.95719	451	−1.46607	9.32804	19.53240
412	−2.73584	−3.49480	19.86181	452	−0.96504	10.86364	20.27222
413	30.60682	−2.41570	19.64732	453	−1.05415	11.42151	16.77831
414	31.04146	−1.09090	19.53605	454	−0.26900	0.66823	19.07307
415	−0.22605	−4.08526	20.22945	455	−1.97401	1.27682	18.79494
416	0.97837	−3.16881	20.36264	456	29.52058	−2.63257	19.57263
417	0.60887	−1.78029	19.74573	457	30.29972	−0.27009	19.39866
418	30.98521	−4.87939	19.97962	458	1.89609	−3.61833	19.89497
419	29.39359	−5.07924	20.08269	459	1.23624	−3.03818	21.45124
420	28.75007	−5.15125	18.71574	460	0.99980	−1.66325	18.69623
421	−1.03115	26.01597	20.05448	461	0.99560	−0.90895	20.34124
422	28.94789	26.54646	18.84370	462	28.94339	−4.24814	20.69007
423	26.58350	−5.17047	17.44212	463	30.85627	26.02886	20.65771
424	28.98932	26.17430	16.29986	464	28.84516	−4.14905	18.20905
425	30.34023	25.74341	16.45779	465	28.81797	25.45702	19.09384
426	31.11424	25.87232	17.82681	466	26.79049	−4.92881	19.67187
427	31.04264	25.17582	15.37464	467	26.58440	−4.05825	17.27291
428	30.38110	25.07185	14.11573	468	27.16423	26.58503	17.45607

原子序号	X坐标/Å	Y坐标/Å	Z坐标/Å	原子序号	X坐标/Å	Y坐标/Å	Z坐标/Å
469	32.18297	26.17909	17.63344	509	15.03465	12.42509	11.39098
470	31.16489	24.86706	18.33717	510	15.45841	11.14773	11.01010
471	32.10029	24.84840	15.49400	511	13.32306	11.46820	14.72398
472	28.52907	25.33686	12.93678	512	13.22274	9.99548	15.09575
473	26.65230	26.69730	13.75952	513	14.04161	9.15631	14.06513
474	24.87347	−4.82616	15.50825	514	13.96932	14.03887	12.99360
475	26.17498	25.51093	15.04079	515	14.32044	15.27386	12.02205
476	32.27002	24.64010	13.04756	516	13.21811	15.50978	11.01485
477	30.89040	25.05609	11.95452	517	13.34137	14.51296	14.03642
478	30.63316	23.29060	10.60374	518	13.50694	16.73010	10.17013
479	29.57579	21.99335	11.27619	519	12.51426	16.70904	8.90967
480	31.59928	21.20023	9.94702	520	11.06172	16.45607	9.33651
481	18.17908	9.13179	11.94000	521	10.75494	15.84415	10.59167
482	19.49838	9.29204	11.45216	522	11.86169	15.69746	11.70348
483	19.81651	9.03693	10.09497	523	9.44793	15.40732	10.88672
484	18.79070	8.63910	9.19161	524	8.41807	15.61541	9.91989
485	17.45827	8.51753	9.65038	525	8.66726	16.31319	8.70594
486	17.16438	8.74639	11.01536	526	9.98785	16.73823	8.42360
487	19.01937	8.29981	7.78127	527	10.27443	17.54331	7.13101
488	20.09808	7.26904	7.66964	528	7.00203	15.09564	10.28518
489	21.13540	7.41266	6.53786	529	6.51182	13.98999	9.28679
490	20.69539	7.68962	5.21809	530	6.15560	14.44151	7.85980
491	21.64496	7.60645	4.16636	531	6.35175	12.75360	9.66794
492	22.99708	7.22031	4.41216	532	7.27930	14.45288	6.87610
493	23.42938	7.03014	5.74199	533	20.28852	9.62467	12.15982
494	22.52039	7.15273	6.82524	534	16.65488	8.21636	8.93912
495	21.18748	9.19062	9.62276	535	19.57501	6.26963	7.51760
496	23.00170	6.97867	8.16918	536	20.63120	7.16445	8.65932
497	22.13644	9.66732	10.67405	537	19.63159	7.94904	5.01987
498	17.91745	9.35734	13.33735	538	23.71191	7.08062	3.57225
499	21.20437	7.96031	2.72368	539	24.49867	6.80103	5.95235
500	21.38189	9.52187	2.54357	540	22.48840	7.29724	8.91780
501	20.37554	10.23167	3.50028	541	21.77100	10.61962	11.15644
502	19.07090	9.67606	3.45121	542	23.15983	9.85933	10.23893
503	20.87371	11.19862	4.23576	543	22.25530	8.91821	11.50998
504	15.69499	8.59891	11.49989	544	17.05119	9.17658	13.70703
505	15.19352	10.02611	11.85336	545	20.12657	7.69506	2.55464
506	14.46939	10.24608	13.04186	546	21.82011	7.40019	1.96831
507	14.03124	11.51649	13.48138	547	21.17170	9.80625	1.47738
508	14.34641	12.63795	12.64009	548	22.43222	9.84327	2.77105

续表

原子序号	X 坐标/Å	Y 坐标/Å	Z 坐标/Å	原子序号	X 坐标/Å	Y 坐标/Å	Z 坐标/Å
549	18.26559	9.94340	4.00088	589	24.31040	24.45174	18.09394
550	15.63740	7.93079	12.40541	590	23.97468	23.10604	18.39245
551	15.05880	8.13679	10.69438	591	25.79294	19.04923	23.59202
552	15.22670	13.27928	10.70812	592	23.27977	22.23480	17.49294
553	16.01351	11.01195	10.05112	593	26.66051	19.97682	22.80162
554	12.14428	9.67269	15.11045	594	22.40982	15.53727	22.95526
555	13.59080	9.82010	16.14478	595	26.28356	25.48439	21.25763
556	13.43627	8.33941	13.58589	596	27.36876	24.49541	21.83483
557	14.93322	8.66384	14.54126	597	28.62336	25.28426	22.32645
558	15.30279	15.09003	11.50754	598	29.39665	24.41461	23.15152
559	14.45084	16.18091	12.67302	599	27.15819	−5.53217	21.97201
560	13.15571	14.60777	10.34089	600	21.24933	16.85469	20.65901
561	13.35318	17.67332	10.76420	601	20.12753	16.50219	21.67186
562	14.57648	16.73887	9.81962	602	19.35105	15.32662	21.56369
563	12.83772	15.89994	8.19725	603	18.33171	14.95622	22.47586
564	12.58645	17.66833	8.32977	604	18.11765	15.83652	23.58845
565	11.61486	14.83894	12.38968	605	18.90396	17.03544	23.72749
566	11.86969	16.61684	12.35728	606	19.87497	17.37011	22.77807
567	9.22229	14.92773	11.86537	607	17.68998	13.71735	22.15062
568	7.83993	16.50552	7.98551	608	18.39095	13.19467	20.90964
569	10.61504	18.59116	7.37121	609	19.47844	14.22934	20.47127
570	9.36209	17.62459	6.47898	610	17.08787	15.56708	24.64463
571	11.09233	17.07037	6.51804	611	17.16041	16.51898	25.92667
572	6.27424	15.95418	10.27961	612	16.06258	16.19586	26.91955
573	7.01008	14.66301	11.32549	613	16.14460	14.66517	24.64939
574	5.68876	15.47084	7.88336	614	15.94634	17.28111	27.96682
575	5.36067	13.73149	7.47840	615	14.55152	17.07644	28.73018
576	7.90090	13.72655	6.77072	616	14.40327	15.63442	29.23512
577	22.97849	16.81104	22.56930	617	15.12111	14.56686	28.61174
578	24.04184	17.41293	23.27105	618	16.30646	14.85281	27.61307
579	24.61411	18.63895	22.83716	619	14.82172	13.22358	28.92113
580	24.04606	19.32469	21.72401	620	13.82875	12.95756	29.90979
581	22.95330	18.74001	21.02868	621	13.17633	13.99425	30.62861
582	22.43716	17.49412	21.44187	622	13.46168	15.33629	30.27874
583	24.53675	20.62937	21.31950	623	12.76362	16.47490	31.06302
584	23.89834	21.15773	20.06165	624	13.56334	11.46043	30.25140
585	24.32659	22.58118	19.68197	625	12.11421	11.22818	30.77612
586	25.03087	23.34392	20.64196	626	11.09168	10.80697	29.72265
587	25.40615	24.66017	20.27659	627	11.85532	11.49901	32.03823
588	25.02339	25.23642	19.02867	628	10.17033	9.68845	30.11202

原子序号	X坐标/Å	Y坐标/Å	Z坐标/Å	原子序号	X坐标/Å	Y坐标/Å	Z坐标/Å
629	24.46266	16.91369	24.19557	669	13.76775	10.82234	29.34733
630	22.50533	19.24748	20.14675	670	11.60394	10.56888	28.74366
631	22.77362	21.13250	20.17880	671	10.41818	11.69614	29.51217
632	24.08921	20.44914	19.20184	672	9.66642	9.78360	30.92830
633	25.28008	22.91769	21.63978	673	11.65938	−4.41326	16.16768
634	25.28054	26.29398	18.79294	674	13.28011	26.65000	17.18216
635	24.00621	24.89911	17.12157	675	13.78341	25.34556	16.95001
636	22.95636	22.44491	16.61470	676	14.33404	25.04361	15.67415
637	26.70947	19.67204	21.71369	677	14.40982	26.01877	14.65593
638	27.71202	20.02530	23.20507	678	12.21554	−4.74742	14.89912
639	26.25343	21.02967	22.81227	679	14.80059	23.69694	15.30176
640	21.72825	15.13458	22.41283	680	13.62497	22.76058	15.25124
641	25.66848	25.92911	22.08952	681	13.92903	21.45340	14.49680
642	26.76948	26.34242	20.72250	682	15.27502	21.02642	14.59302
643	27.67560	23.76244	21.04373	683	15.63949	19.85617	13.88306
644	26.94777	23.88192	22.67470	684	14.68854	19.10562	13.12657
645	30.18051	24.68011	23.72327	685	13.35452	19.56064	13.05207
646	21.59339	15.92927	20.11602	686	12.95810	20.75881	13.70522
647	20.87458	17.57048	19.87548	687	13.81100	24.30693	17.97389
648	18.73728	17.71817	24.58700	688	11.63015	21.26723	13.51693
649	20.46985	18.30500	22.89832	689	13.30196	24.76530	19.30106
650	17.64638	12.99984	20.08856	690	11.12256	−3.10458	16.43841
651	18.85018	12.18706	21.11222	691	17.13539	19.46503	13.91879
652	19.29166	14.64459	19.44392	692	17.83357	20.19503	12.69727
653	20.51064	13.78301	20.45555	693	19.35796	19.92010	12.77937
654	17.06155	17.58824	25.58471	694	19.99321	20.41965	11.60186
655	18.17623	16.42666	26.40626	695	19.88475	19.34217	13.83270
656	15.09505	16.13614	26.34630	696	12.20559	−3.73054	13.72103
657	16.80273	17.23146	28.69486	697	13.64730	−3.19112	13.54146
658	15.97450	18.30437	27.49631	698	13.98357	−1.92167	14.04688
659	13.71032	17.32345	28.02510	699	15.27109	−1.34605	13.94667
660	14.44368	17.79983	29.58020	700	16.27897	−2.12180	13.28423
661	16.39670	14.01382	26.86521	701	15.95852	−3.43207	12.77373
662	17.28384	14.87548	28.17599	702	14.66491	−3.94939	12.88743
663	15.36288	12.38982	28.41993	703	15.32568	−0.03939	14.52764
664	12.47214	13.75151	31.45664	704	14.03009	0.09921	15.31273
665	11.97934	16.07515	31.76434	705	13.00959	−0.94271	14.75397
666	12.26868	17.20638	30.36336	706	17.68855	−1.64654	13.11303
667	13.50479	17.06079	31.67790	707	18.69686	−2.49833	12.20375
668	14.28821	11.13557	31.04877	708	18.25832	−2.56296	10.75295

续表

原子序号	X坐标/Å	Y坐标/Å	Z坐标/Å	原子序号	X坐标/Å	Y坐标/Å	Z坐标/Å
709	18.29505	−0.60072	13.60660	749	12.39850	−1.45122	15.54986
710	19.14763	−3.51022	9.98126	750	18.77664	−3.53711	12.62821
711	20.62190	−2.89522	9.82304	751	19.71537	−2.03330	12.27776
712	20.52258	−1.62304	8.97332	752	17.21128	−2.98066	10.73125
713	19.34129	−0.83587	9.10232	753	20.87306	27.54947	10.50566
714	18.19758	−1.16427	10.13529	754	18.72727	−3.70648	8.95672
715	19.15314	0.27649	8.25561	755	21.31887	−3.63256	9.34212
716	20.13696	0.55960	7.26314	756	21.05578	−2.65437	10.82689
717	21.34885	−0.17413	7.14921	757	17.21417	−1.01607	9.60142
718	21.55528	−1.25004	8.04531	758	18.20752	−0.38592	10.95459
719	22.88756	−2.03586	7.97840	759	18.23655	0.90464	8.33687
720	19.79079	1.68377	6.24024	760	22.10714	0.07210	6.37186
721	19.19906	2.91080	6.99011	761	22.72211	−3.08496	7.59992
722	20.10979	3.68222	7.93880	762	23.36036	−2.11707	9.00054
723	17.95999	3.30009	6.75672	763	23.62702	−1.53343	7.29080
724	21.15729	4.53437	7.28154	764	19.02209	1.32133	5.50129
725	11.17395	−5.14580	18.16895	765	20.71592	1.95619	5.66588
726	14.84956	25.76197	13.66167	766	20.63982	2.95328	8.62563
727	12.72642	23.27708	14.80348	767	19.47664	4.33884	8.60685
728	13.29959	22.54285	16.31483	768	21.79652	5.11710	7.66360
729	16.01833	21.60792	15.18441	769	16.58947	14.05004	4.38992
730	15.00174	18.18820	12.58135	770	17.80909	14.75969	4.44178
731	12.60455	18.99510	12.45279	771	18.00569	15.85393	5.32289
732	11.27621	22.15359	13.76910	772	16.99045	16.15970	6.27249
733	12.20986	25.04658	19.25521	773	15.75160	15.46585	6.24230
734	13.84468	25.68175	19.67198	774	15.54830	14.45549	5.27696
735	13.40488	23.96084	20.08570	775	17.20722	17.15548	7.31889
736	10.65946	−2.91712	17.25385	776	15.99496	17.97931	7.64263
737	17.27754	18.35427	13.83421	777	15.59476	19.05066	6.59678
738	17.62066	19.80166	14.87414	778	14.70956	18.74277	5.53545
739	17.63705	21.30063	12.73210	779	14.37742	19.79043	4.63804
740	17.41631	19.84493	11.71577	780	14.97637	21.08214	4.72701
741	20.94919	20.31304	11.49687	781	15.86485	21.35769	5.78643
742	11.49044	−2.88989	13.94495	782	16.14525	20.36247	6.76221
743	11.85885	−4.23459	12.77318	783	19.24157	16.60030	5.05278
744	16.74455	−4.05626	12.29738	784	16.94880	20.68578	7.90666
745	16.09915	27.09197	12.47675	785	19.05131	18.07361	5.20915
746	13.63972	1.15106	15.29489	786	16.36681	13.02495	3.40670
747	14.21218	−0.11598	16.40186	787	13.33505	19.50355	3.52379
748	12.28633	−0.47653	14.02619	788	12.31678	20.70244	3.41941

原子序号	X 坐标/Å	Y 坐标/Å	Z 坐标/Å	原子序号	X 坐标/Å	Y 坐标/Å	Z 坐标/Å
789	11.36799	20.77524	4.65545	829	19.93834	18.66344	4.83231
790	10.33168	21.69825	4.29497	830	18.87927	18.36551	6.28497
791	11.54799	20.10739	5.75618	831	18.13699	18.44133	4.65407
792	14.15046	13.82369	5.02908	832	17.03938	12.82856	2.75025
793	13.45408	14.80340	4.04461	833	12.77545	18.55377	3.74233
794	12.11384	15.20052	4.21769	834	13.84657	19.35574	2.53272
795	11.43712	16.14665	3.41118	835	11.68085	20.60777	2.50156
796	12.19859	16.72421	2.34141	836	12.86793	21.66898	3.29185
797	13.55012	16.28490	2.09178	837	9.50061	21.87726	4.75181
798	14.16072	15.34339	2.92736	838	13.55781	13.70721	5.97827
799	10.06946	16.33515	3.79063	839	14.27209	12.80215	4.57015
800	9.77794	15.25821	4.82173	840	14.12134	16.69842	1.23337
801	11.14101	14.66027	5.29890	841	15.20702	15.01648	2.71974
802	11.65509	17.77803	1.41676	842	9.14529	14.44619	4.36704
803	12.31998	17.78180	0.01361	843	9.16024	15.64957	5.67492
804	8.92790	14.18987	32.64454	844	11.13983	13.53679	5.33126
805	10.65687	18.61234	1.64809	845	11.42686	15.02153	6.32392
806	7.58175	13.39544	32.59637	846	10.27102	12.60906	33.47301
807	6.61225	14.22727	31.65692	847	13.24371	18.42044	0.02855
808	7.23750	14.31398	30.25235	848	8.72552	15.27987	32.80491
809	8.64295	14.09975	30.08678	849	7.74924	12.35815	32.19914
810	9.63793	13.91139	31.26321	850	9.52715	17.42396	−0.10354
811	9.21927	13.99980	28.79805	851	6.44743	15.25600	32.08475
812	8.37074	14.13590	27.66532	852	5.59615	13.74370	31.61687
813	7.00419	14.51138	27.79235	853	10.53306	14.57756	31.13156
814	6.44745	14.61169	29.09405	854	10.03634	12.86119	31.25187
815	4.98747	15.11864	29.23445	855	10.30696	13.79324	28.67382
816	9.00067	13.89445	26.25818	856	6.38410	14.71243	26.88969
817	10.28402	13.01882	26.38882	857	4.94265	16.24321	29.15868
818	11.50547	13.54168	25.60029	858	4.53673	14.84144	30.22795
819	10.47835	11.95862	27.12228	859	4.32586	14.70941	28.42114
820	11.20678	14.42987	24.45217	860	9.25177	14.87392	25.76547
821	18.61860	14.48110	3.73106	861	8.25264	13.39166	25.58353
822	14.93454	15.71927	6.95265	862	12.13048	12.66419	25.25688
823	16.19571	18.51323	8.61892	863	12.19780	14.09196	26.30759
824	15.10958	17.30156	7.80482	864	11.91206	14.91347	23.98157
825	14.27536	17.72328	5.42121	865	23.77370	2.10956	29.22272
826	14.73314	21.87669	3.98744	866	23.27672	1.30913	28.16590
827	16.33734	22.36397	5.86611	867	24.14560	0.59400	27.30289
828	17.16724	21.58617	8.16785	868	25.55574	0.68785	27.48818

续表

原子序号	X 坐标/Å	Y 坐标/Å	Z 坐标/Å	原子序号	X 坐标/Å	Y 坐标/Å	Z 坐标/Å
869	26.05074	1.45540	28.57603	909	29.99547	11.51029	27.33996
870	25.18249	2.15976	29.43097	910	30.89809	10.67007	26.64525
871	26.62214	0.11079	26.67992	911	31.46623	11.20981	25.30926
872	26.12315	−0.53399	25.41612	912	28.28300	11.81919	29.26705
873	27.18462	−0.99388	24.40748	913	28.49625	13.36440	29.21863
874	28.51380	−0.51985	24.47751	914	29.35035	13.88289	30.37514
875	29.45217	−1.07629	23.56942	915	28.04625	13.98236	28.14681
876	29.06502	−2.04253	22.59370	916	28.89501	15.08606	31.13788
877	27.71917	−2.46963	22.52723	917	22.17542	1.24725	28.02400
878	26.75255	−1.95640	23.42904	918	27.15181	1.51466	28.73261
879	23.57605	−0.23277	26.24574	919	25.40927	0.17748	24.90005
880	25.37842	−2.33782	23.47720	920	25.46278	−1.41220	25.68764
881	22.08197	−0.19919	26.17084	921	28.81438	0.22999	25.24269
882	22.83971	2.82467	30.05262	922	29.82740	−2.48615	21.91497
883	30.95284	−0.73060	23.73782	923	27.41789	−3.24462	21.78666
884	−3.04091	−1.33548	25.17135	924	24.71362	−2.94170	23.03398
885	−1.55933	−1.43441	25.60636	925	21.68791	−0.86865	25.35405
886	−1.63273	−1.70734	27.00209	926	21.70865	0.84365	25.96339
887	−0.51088	−1.34177	24.82075	927	21.60695	−0.52022	27.14274
888	25.71469	3.00886	30.62781	928	21.89154	2.74172	29.88919
889	27.18358	3.45045	30.40733	929	31.14737	0.37394	23.71197
890	28.07137	3.52968	31.50094	930	−2.68557	−1.21113	22.94764
891	29.41029	3.97578	31.40690	931	30.77814	−2.38052	25.17896
892	29.86549	4.38324	30.10679	932	30.68047	−0.75746	25.95596
893	28.97483	4.32145	28.97531	933	−0.91168	−1.93751	27.69081
894	27.66279	3.86236	29.12601	934	25.62680	2.43101	31.58949
895	30.10096	3.96127	32.66027	935	25.04103	3.90344	30.75332
896	31.46774	7.66876	−0.02756	936	29.31851	4.66266	27.97577
897	27.73635	3.17206	32.97544	937	26.97945	3.84083	28.24510
898	−3.03248	4.90804	29.86424	938	31.30391	8.49132	0.72353
899	−2.52083	5.18528	28.36554	939	31.85246	6.80057	0.57608
900	−2.84558	6.57315	27.86040	940	26.86311	3.76453	33.36394
901	−2.07168	5.17269	30.70808	941	27.46785	2.08608	33.08703
902	−1.62890	7.17594	27.19247	942	−2.93574	4.40324	27.67143
903	−2.06717	8.47831	26.36606	943	−1.40513	5.04153	28.38833
904	31.25096	9.37721	27.16174	944	30.59139	6.50467	27.11161
905	30.65029	8.92413	28.37303	945	−0.85652	7.45331	27.96394
906	30.97135	7.50552	28.98433	946	−1.13747	6.43833	26.49730
907	29.73383	9.74127	29.06544	947	−2.55570	8.16963	25.40393
908	29.40474	11.02389	28.53649	948	−1.15877	9.05881	26.05122

原子序号	X 坐标/Å	Y 坐标/Å	Z 坐标/Å	原子序号	X 坐标/Å	Y 坐标/Å	Z 坐标/Å
949	30.05650	7.09436	29.49632	989	25.24077	22.09371	24.68529
950	−2.51381	7.59318	29.78512	990	26.46994	21.84084	25.30758
951	29.25795	9.37896	30.00161	991	25.50229	25.93757	24.48613
952	29.72844	12.51758	26.94573	992	25.17367	−5.46897	24.80830
953	30.65840	11.70411	24.69685	993	27.70444	25.54186	25.58412
954	−2.35689	10.38547	24.69210	994	23.60503	23.65071	23.50899
955	−2.00961	11.98323	25.48996	995	22.63563	22.40798	23.20684
956	28.21207	11.46296	30.33049	996	21.55126	22.35265	24.26345
957	27.29838	11.58305	28.78068	997	23.11771	24.74387	22.98662
958	30.34680	14.16299	29.90690	998	20.51726	21.31650	23.89328
959	29.55567	13.04148	31.10459	999	19.46641	21.15681	25.09622
960	28.63585	15.90898	30.75477	1000	18.91555	22.51143	25.56495
961	29.29692	20.29938	26.81022	1001	19.59899	23.72881	25.27589
962	29.70001	19.38416	27.81337	1002	20.91528	23.73852	24.40856
963	29.85814	19.78314	29.16411	1003	19.11064	24.96989	25.73877
964	29.58758	21.13603	29.50994	1004	17.90394	24.98620	26.49989
965	29.17672	22.06711	28.52566	1005	17.22184	23.78842	26.85169
966	29.06765	21.66033	27.17453	1006	17.73840	22.55500	26.38771
967	29.72271	21.67686	30.86926	1007	17.06409	21.23241	26.83070
968	31.12944	21.60433	31.38666	1008	15.62303	−5.71222	26.94407
969	31.31816	21.59621	32.91808	1009	16.43599	−5.06244	28.11064
970	−1.99367	22.46839	33.48039	1010	16.15794	−5.71061	29.48581
971	0.53827	26.62635	1.16786	1011	17.22020	−4.02919	27.99946
972	−0.24127	25.78893	2.01921	1012	14.82472	−6.32969	29.65047
973	33.11745	24.88676	1.44070	1013	29.91141	18.33365	27.52062
974	32.96358	24.83237	0.02935	1014	28.98664	23.12762	28.80903
975	30.26313	18.82176	30.18353	1015	31.73702	22.45914	30.96748
976	29.71843	19.72557	33.12739	1016	31.60526	20.67996	30.93428
977	30.71812	17.50994	29.62332	1017	−1.36839	23.12514	32.83475
978	29.16655	19.84332	25.45159	1018	−0.12865	25.84550	3.12544
979	1.57842	27.56655	1.83662	1019	32.50233	24.22415	2.09087
980	−0.23188	−3.03111	1.25036	1020	29.69268	19.78695	32.16082
981	−1.59033	−2.40305	1.69590	1021	31.00656	16.78586	30.43618
982	32.13813	−2.99241	2.86490	1022	31.61325	17.63578	28.94610
983	32.26303	−1.40213	0.96649	1023	29.92187	17.01387	28.99767
984	28.82850	22.74166	26.08302	1024	28.97566	20.43581	24.72747
985	27.36159	22.91688	25.60548	1025	2.62175	27.19738	1.64155
986	26.92366	24.22653	25.31041	1026	1.43469	27.58796	2.95138
987	25.68867	24.53144	24.69274	1027	−0.15975	−3.04736	0.13229
988	24.84566	23.43114	24.31781	1028	0.62039	−2.39265	1.60770

原子序号	X 坐标/Å	Y 坐标/Å	Z 坐标/Å	原子序号	X 坐标/Å	Y 坐标/Å	Z 坐标/Å
1029	31.29824	−2.66351	3.33890	1069	6.45830	19.57858	7.34376
1030	29.46157	22.47693	25.18705	1070	5.36433	20.46341	7.52732
1031	29.20372	23.73783	26.44949	1071	1.55563	23.24410	8.18406
1032	24.58460	21.23261	24.43911	1072	5.31480	21.18125	8.77955
1033	26.76650	20.79100	25.53995	1073	1.38723	23.37319	9.66264
1034	25.04022	−4.50636	25.37346	1074	31.06912	21.88420	7.99647
1035	25.69531	−5.16988	23.85414	1075	5.81215	18.22885	3.81092
1036	26.08025	−6.29202	26.68562	1076	6.17008	19.22658	2.64292
1037	28.76594	25.49933	25.21363	1077	6.34636	18.34033	1.36292
1038	23.22385	21.45135	23.16738	1078	5.88961	19.06150	0.22528
1039	22.15382	22.52785	22.18783	1079	6.79346	17.12276	1.47901
1040	22.01078	22.06877	25.25012	1080	31.63098	20.07481	5.66362
1041	19.98393	21.61838	22.94999	1081	30.78039	20.71002	4.53344
1042	21.00350	20.32357	23.67849	1082	29.41027	20.38925	4.39970
1043	19.95728	20.63903	25.96564	1083	28.60172	20.82445	3.32228
1044	18.62062	20.48698	24.78188	1084	29.24022	21.64835	2.33746
1045	21.65675	24.44885	24.87891	1085	30.62555	22.01942	2.47701
1046	20.68787	24.16443	23.38866	1086	31.39066	21.54225	3.54601
1047	17.99655	−6.13889	25.51843	1087	27.25621	20.33496	3.37748
1048	16.31421	23.82447	27.49610	1088	27.12442	19.65629	4.72798
1049	17.75058	20.64010	27.50727	1089	28.56070	19.46427	5.31430
1050	16.81715	20.58010	25.94492	1090	28.51185	22.15761	1.13023
1051	16.11180	21.42518	27.39740	1091	29.44466	22.82067	0.01308
1052	14.56726	−5.87823	27.29442	1092	26.49168	18.49497	32.34070
1053	15.58267	−4.99562	26.08030	1093	27.24398	22.09821	0.83129
1054	16.29442	−4.90433	30.26910	1094	27.61911	18.60788	31.33479
1055	16.95255	−6.49020	29.68406	1095	27.06638	18.05628	29.93555
1056	14.04131	−5.80383	29.76526	1096	25.92778	18.99023	29.50300
1057	32.38956	21.82915	7.42184	1097	25.14571	19.66387	30.48810
1058	33.45762	22.51922	8.04487	1098	25.40267	19.52173	32.04096
1059	0.49526	22.49307	7.51353	1099	24.11476	20.53554	30.08742
1060	0.76638	21.76468	6.32066	1100	23.89624	20.71317	28.68666
1061	−0.30303	21.08137	5.68630	1101	24.65798	20.06023	27.67827
1062	32.68065	21.06081	6.25769	1102	25.67278	19.17323	28.10187
1063	2.08175	21.54625	5.72347	1103	26.51176	18.43212	27.03035
1064	3.15168	21.49805	6.77390	1104	22.77046	21.66331	28.22065
1065	4.37216	20.59974	6.50513	1105	23.40190	23.03191	27.79124
1066	4.48028	19.87673	5.28633	1106	24.78133	23.39875	28.35148
1067	5.60673	19.03375	5.12164	1107	22.62084	23.65525	26.94254
1068	6.59535	18.86366	6.13497	1108	25.02122	24.83127	28.66883

原子序号	X坐标/Å	Y坐标/Å	Z坐标/Å	原子序号	X坐标/Å	Y坐标/Å	Z坐标/Å
1109	33.25471	23.08052	8.98290	1149	22.20738	21.23745	27.34740
1110	−0.10890	20.48750	4.76426	1150	25.59372	23.05869	27.63475
1111	2.68540	21.17416	7.75643	1151	24.93639	22.78499	29.29290
1112	3.50387	22.55450	6.97460	1152	22.66062	−6.63681	28.93376
1113	3.69873	19.96279	4.49963	1153	10.65573	2.49711	13.19279
1114	7.46336	18.18785	5.97160	1154	9.28877	2.86476	13.10630
1115	7.22210	19.46442	8.14895	1155	8.88620	4.21793	13.05256
1116	4.76671	21.90040	9.12036	1156	9.88281	5.24721	13.04643
1117	0.51265	24.03080	9.93260	1157	11.25465	4.89874	13.10027
1118	2.30576	23.82150	10.14579	1158	11.62993	3.53640	13.19704
1119	1.19177	22.37582	10.15808	1159	9.45646	6.63396	13.00820
1120	30.25896	21.47689	7.69163	1160	10.58695	7.63275	12.92447
1121	4.88264	17.65835	3.54017	1161	10.19987	9.11903	12.86843
1122	6.64349	17.48176	3.92226	1162	11.13757	9.95636	12.21218
1123	7.11664	19.78148	2.87957	1163	10.81476	11.32885	12.06109
1124	5.36868	19.99416	2.48550	1164	9.62389	11.89802	12.60443
1125	3.26751	14.42857	33.07130	1165	8.72297	11.05918	13.28977
1126	30.94722	19.69919	6.47405	1166	8.98845	9.66787	13.41370
1127	32.17267	19.17634	5.24748	1167	7.47482	4.56304	12.99995
1128	31.10183	22.69590	1.73629	1168	8.00323	8.86743	14.08236
1129	32.47185	21.80511	3.62251	1169	6.56911	3.37213	12.95317
1130	26.56859	18.68317	4.63584	1170	10.96291	1.09866	13.30854
1131	26.48588	20.28081	5.44790	1171	11.77574	12.18532	11.20294
1132	28.90231	18.39919	5.22469	1172	10.99435	12.50909	9.86099
1133	28.63085	19.74223	6.40048	1173	11.95956	12.82589	8.69515
1134	30.46945	22.35996	0.07702	1174	13.34585	12.85303	9.02916
1135	29.57569	23.91832	0.23957	1175	11.36215	12.94387	7.52884
1136	26.04310	17.46368	32.26592	1176	13.09764	3.10417	13.49693
1137	27.94951	19.67883	31.21787	1177	14.16787	3.37389	12.41552
1138	28.52450	18.01844	31.65364	1178	14.72547	2.27149	11.71201
1139	26.70757	16.99538	30.04284	1179	15.96143	2.32104	11.02179
1140	27.87891	18.04238	29.16022	1180	16.66786	3.57463	11.08725
1141	24.44169	19.23850	32.56354	1181	16.00855	4.75802	11.59842
1142	25.69479	20.53143	32.45730	1182	14.78186	4.66241	12.26323
1143	23.48695	21.06432	30.84061	1183	16.35826	1.06977	10.44883
1144	24.45825	20.24031	26.59768	1184	15.33752	0.06069	10.94801
1145	26.66921	17.35204	27.31146	1185	14.15589	0.82822	11.62403
1146	27.52960	18.90220	26.91662	1186	18.11987	3.68469	10.76092
1147	26.00867	18.45482	26.02123	1187	18.87255	5.05854	11.13431
1148	22.01857	21.82040	29.04218	1188	18.93460	5.13372	12.64214

原子序号	X 坐标/Å	Y 坐标/Å	Z 坐标/Å	原子序号	X 坐标/Å	Y 坐标/Å	Z 坐标/Å
1189	18.99478	2.79218	10.38258	1229	13.21447	0.80218	11.00955
1190	19.63217	6.38338	13.11437	1230	18.33286	5.94753	10.70281
1191	20.60389	6.10101	14.36528	1231	19.90282	5.04687	10.68578
1192	19.93713	5.14009	15.35413	1232	17.88296	5.15916	13.05074
1193	19.43249	3.94659	14.75679	1233	20.23147	6.84656	12.28174
1194	19.57931	3.85248	13.19496	1234	18.86345	7.15145	13.40819
1195	18.82981	2.92637	15.51829	1235	20.90160	7.06047	14.86570
1196	18.75057	3.12233	16.92949	1236	21.54950	5.63185	13.98053
1197	19.24498	4.29376	17.56726	1237	19.07316	2.92712	12.79339
1198	19.83922	5.30572	16.77602	1238	20.66589	3.78909	12.90906
1199	20.44150	6.52975	17.50967	1239	18.44228	1.99509	15.04289
1200	18.06646	2.01289	17.77275	1240	19.19557	4.40190	18.67510
1201	18.71869	0.62746	17.44162	1241	20.63196	7.38950	16.80877
1202	17.71621	−0.46928	17.05871	1242	21.42408	6.26362	17.99702
1203	19.98536	0.31747	17.43248	1243	19.76086	6.89728	18.32937
1204	16.30469	−0.26612	17.55034	1244	16.96196	1.97123	17.55572
1205	8.52754	2.05419	13.09259	1245	18.16781	2.24254	18.86825
1206	12.03886	5.68646	13.11756	1246	18.09242	−1.47069	17.42228
1207	11.23727	7.37825	12.03719	1247	17.67006	−0.59214	15.93347
1208	11.26574	7.45970	13.81275	1248	15.74374	−1.06698	17.35157
1209	12.08392	9.54410	11.79538	1249	19.67224	24.44041	12.89969
1210	9.39609	12.97810	12.47272	1250	19.34855	25.08469	11.67671
1211	7.78126	11.48099	13.71267	1251	18.01035	25.31655	11.29625
1212	8.13058	7.91283	14.04583	1252	16.94610	24.88054	12.13898
1213	6.61139	2.77552	13.91040	1253	17.24675	24.29830	13.39190
1214	6.87205	2.66381	12.12901	1254	18.59859	24.10235	13.77391
1215	5.49490	3.67267	12.78339	1255	15.55667	25.05763	11.70841
1216	10.21104	0.44226	13.38605	1256	14.65452	23.88541	11.97841
1217	12.72162	11.62014	10.98292	1257	14.04079	23.18242	10.74802
1218	12.07245	13.13040	11.72671	1258	12.70389	22.71836	10.86572
1219	10.27476	13.35739	10.01268	1259	12.10422	22.09426	9.74130
1220	10.35350	11.63394	9.57028	1260	12.81681	21.85951	8.52678
1221	14.17756	12.92354	8.52259	1261	14.14141	22.32265	8.43313
1222	13.07873	1.99769	13.69999	1262	14.76335	22.99307	9.52335
1223	13.42011	3.61885	14.44928	1263	17.75110	25.97330	10.01606
1224	16.50672	5.74802	11.52426	1264	16.10886	23.43462	9.28626
1225	14.32302	5.56637	12.72633	1265	18.81695	25.72512	8.99708
1226	15.82054	−0.62669	11.69842	1266	21.07178	24.22888	13.12606
1227	14.99124	−0.61585	10.12058	1267	10.59531	21.74119	9.70765
1228	13.89897	0.40966	12.63511	1268	10.18658	20.61855	10.74071

原子序号	X 坐标/Å	Y 坐标/Å	Z 坐标/Å	原子序号	X 坐标/Å	Y 坐标/Å	Z 坐标/Å
1269	8.62894	20.50808	10.69728	1309	18.47642	26.02356	7.96393
1270	8.06864	21.21183	9.58869	1310	19.11853	24.63683	8.96042
1271	8.04111	19.79546	11.61363	1311	19.75838	26.30287	9.21800
1272	18.89420	23.60194	15.21865	1312	21.47334	23.61184	13.80106
1273	18.42965	24.75528	16.14358	1313	10.29832	21.40439	8.67728
1274	19.14016	25.97919	16.22002	1314	9.97402	22.65327	9.92729
1275	17.02380	−4.92867	16.91453	1315	10.56097	20.85585	11.77972
1276	15.76870	−5.06378	17.60703	1316	10.65951	19.63822	10.46781
1277	16.74850	25.72015	17.64621	1317	7.11043	21.22231	9.39007
1278	17.22057	24.63730	16.89456	1318	19.99306	23.38768	15.34052
1279	17.89781	−3.79676	16.83736	1319	18.32746	22.65645	15.44592
1280	19.03837	−4.22419	15.93327	1320	15.80247	25.62052	18.21758
1281	20.51600	26.31707	15.58081	1321	16.63144	23.68958	16.86935
1282	15.13254	−3.87085	18.24852	1322	20.05190	−4.01149	16.42424
1283	14.43211	−4.00099	19.67199	1323	19.03377	−3.59686	14.99747
1284	15.39628	−3.60778	20.78117	1324	21.32709	25.67170	16.01722
1285	15.29016	−2.59816	17.94838	1325	20.50452	26.12967	14.47313
1286	14.70356	−2.78712	21.84317	1326	14.04325	−5.04540	19.83193
1287	15.61856	−2.85983	23.16189	1327	13.54449	−3.31033	19.66757
1288	17.11281	−2.70777	22.84007	1328	15.77890	−4.56020	21.24472
1289	17.61267	−2.67835	21.50375	1329	14.59124	−1.71824	21.50620
1290	16.60428	−2.80349	20.29633	1330	13.66717	−3.17317	22.05043
1291	18.99150	−2.52692	21.24892	1331	15.45467	−3.83883	23.68502
1292	19.88688	−2.42543	22.35627	1332	15.30181	−2.08177	23.90830
1293	19.43423	−2.52380	23.69973	1333	17.09760	−3.28931	19.40382
1294	18.04624	−2.67646	23.93060	1334	16.28975	−1.77114	19.96320
1295	17.54499	−2.83737	25.38732	1335	19.37987	−2.50383	20.20442
1296	21.40561	−2.21268	22.09911	1336	20.15570	−2.50744	24.54747
1297	22.12429	−3.58785	21.94393	1337	16.71269	−3.59016	25.45262
1298	21.37984	−4.62887	21.12185	1338	17.13439	−1.87117	25.79558
1299	23.37398	−3.74537	22.33086	1339	18.37284	−3.18405	26.06923
1300	21.00321	−4.21221	19.71468	1340	21.88082	−1.63912	22.94103
1301	20.17750	25.39413	11.00391	1341	21.55645	−1.61122	21.15875
1302	16.41646	24.03610	14.10058	1342	20.41613	−4.90750	21.64762
1303	13.80376	24.22060	12.64126	1343	22.00719	−5.56764	21.07094
1304	15.22351	23.11959	12.58718	1344	21.52042	−3.97029	18.91921
1305	12.12527	22.87563	11.80422	1345	28.58678	11.31800	7.97411
1306	12.33031	21.35857	7.65882	1346	27.24210	11.67264	8.24548
1307	14.70051	22.20183	7.47759	1347	26.69075	11.45618	9.52927
1308	16.51159	24.05959	9.89849	1348	27.52096	10.89424	10.54886

原子序号	X 坐标/Å	Y 坐标/Å	Z 坐标/Å	原子序号	X 坐标/Å	Y 坐标/Å	Z 坐标/Å
1349	28.87389	10.55919	10.29938	1389	3.96717	18.64201	13.71555
1350	29.40241	10.76944	9.00420	1390	2.92205	17.78737	14.14043
1351	26.94516	10.66674	11.87218	1391	2.93195	17.33819	15.62255
1352	27.48048	9.43695	12.56935	1392	4.99627	20.13548	11.86874
1353	26.48540	8.64021	13.42720	1393	4.26069	21.50785	11.77703
1354	27.03925	7.77077	14.40316	1394	5.15169	22.67550	11.36278
1355	26.15246	6.99330	15.18844	1395	3.00876	21.60668	12.17178
1356	24.73610	7.07640	15.03430	1396	4.68897	23.58863	10.26678
1357	24.19889	7.93506	14.05464	1397	26.62546	12.10980	7.42728
1358	25.06321	8.70952	13.23405	1398	29.51566	10.14653	11.11070
1359	25.29318	11.77445	9.78144	1399	28.36671	9.73670	13.20018
1360	24.46277	9.52598	12.22060	1400	27.91394	8.74197	11.78671
1361	24.53181	12.14453	8.54653	1401	28.14138	7.69052	14.53776
1362	29.10251	11.53309	6.65374	1402	24.05983	6.47243	15.67815
1363	26.75528	6.03104	16.24638	1403	23.09486	8.00816	13.92067
1364	26.44283	6.61919	17.67697	1404	25.03756	10.06612	11.65568
1365	24.94229	6.38853	18.05050	1405	24.64650	11.36564	7.73713
1366	24.45610	5.13373	17.56733	1406	24.90428	13.11002	8.09591
1367	24.34357	7.29713	18.76344	1407	23.42962	12.26653	8.74982
1368	30.87430	10.53662	8.55912	1408	28.52161	12.05302	6.01889
1369	31.57840	11.91290	8.67558	1409	27.86493	5.93036	16.09977
1370	32.06491	12.59066	7.53847	1410	26.31239	5.00069	16.15993
1371	32.58620	13.90493	7.58148	1411	26.69838	7.70993	17.73430
1372	32.59294	14.55472	8.86306	1412	27.09274	6.10134	18.43290
1373	32.19690	13.83500	10.04887	1413	23.57259	4.78893	17.74489
1374	31.68519	12.53828	9.95470	1414	30.90252	10.19412	7.48704
1375	32.99941	14.38700	6.29885	1415	31.40965	9.75751	9.19173
1376	32.87488	13.20168	5.35268	1416	32.26372	14.31142	11.04977
1377	32.06723	12.07544	6.07148	1417	31.33365	12.00774	10.86995
1378	32.94657	15.99516	9.04875	1418	−0.38131	12.81754	5.06784
1379	32.76503	16.63812	10.50970	1419	32.39924	13.49882	4.37945
1380	−0.25005	16.52820	11.34105	1420	32.53725	11.05953	5.96066
1381	−0.98276	16.90535	8.18019	1421	31.02057	11.99130	5.66818
1382	−0.56827	16.78296	12.79698	1422	31.90136	16.13863	11.02875
1383	0.73636	16.47158	13.67754	1423	32.47721	17.71664	10.37984
1384	1.88396	17.38752	13.23034	1424	0.16588	15.48591	11.24734
1385	1.92022	17.83656	11.87801	1425	−0.88982	17.84941	12.95743
1386	0.79239	17.52007	10.82049	1426	−1.42145	16.13349	13.14255
1387	2.95586	18.68652	11.43810	1427	1.02764	15.39151	13.56338
1388	3.95834	19.09233	12.36685	1428	0.52455	16.62258	14.77034

原子序号	X坐标/Å	Y坐标/Å	Z坐标/Å	原子序号	X坐标/Å	Y坐标/Å	Z坐标/Å
1429	1.26114	17.14542	9.86318	1469	24.29312	16.22111	30.27168
1430	0.29055	18.48903	10.53020	1470	25.10897	15.13770	30.61656
1431	2.95939	19.07341	10.38751	1471	22.15411	16.37284	33.51038
1432	4.76563	18.96930	14.42132	1472	25.06992	19.75870	0.99398
1433	2.24775	17.98002	16.27164	1473	26.01170	18.61915	0.48150
1434	3.96725	17.41222	16.06001	1474	22.40053	17.81852	30.75818
1435	2.58611	16.27189	15.73156	1475	22.20822	18.17700	29.20876
1436	5.41131	19.85436	10.85945	1476	21.82395	16.97194	28.37486
1437	5.87249	20.20247	12.57294	1477	21.68308	18.60433	31.51270
1438	6.17739	22.28121	11.09056	1478	21.45953	17.39532	26.96907
1439	5.32078	23.34792	12.25975	1479	21.46413	16.06712	26.07172
1440	5.11546	24.40004	10.02010	1480	20.59308	14.97404	26.71005
1441	28.16753	16.41613	0.84014	1481	20.22277	15.01594	28.08671
1442	28.89067	16.26955	2.04466	1482	20.64717	16.22482	29.00703
1443	30.16086	16.85671	2.24585	1483	19.44352	13.98830	28.65966
1444	30.71466	17.66288	1.21916	1484	19.03355	12.90375	27.82920
1445	30.00976	17.85111	0.00391	1485	19.39710	12.81797	26.45982
1446	28.75815	17.21278	−0.18142	1486	20.19242	13.85224	25.91011
1447	32.03893	18.27460	1.39841	1487	20.64292	13.75772	24.43169
1448	32.27617	19.59251	0.66082	1488	18.10654	11.80369	28.42894
1449	33.53181	20.37023	1.07047	1489	18.84939	10.51748	28.87965
1450	−0.32254	21.44378	0.24100	1490	19.84221	9.75248	27.99631
1451	0.87228	22.12171	0.58855	1491	18.48961	9.93322	30.00926
1452	1.62361	21.81891	1.76220	1492	20.96173	10.49157	27.35651
1453	1.16675	20.78530	2.60687	1493	28.45784	15.62380	2.84016
1454	−0.00546	20.06303	2.26537	1494	28.06329	14.31034	32.89030
1455	30.73047	16.52605	3.56411	1495	31.36634	20.24526	0.81525
1456	−0.44556	19.02790	3.16052	1496	29.87536	15.26419	33.27274
1457	32.15444	16.09939	3.50204	1497	30.97406	17.60683	33.06828
1458	26.92108	15.70119	0.76648	1498	2.54159	22.40460	2.01712
1459	−0.95592	19.14756	33.45220	1499	1.71855	20.54863	3.54815
1460	−1.08202	18.82222	31.91036	1500	32.98335	18.61725	2.87032
1461	−0.23295	19.89006	31.16768	1501	32.58518	15.94176	4.53389
1462	−0.08160	19.55601	29.79564	1502	32.80666	16.85327	2.97627
1463	0.26177	20.89116	31.85837	1503	32.28678	15.13836	2.92023
1464	25.67837	13.16878	32.14847	1504	26.37755	15.53237	−0.00262
1465	24.93044	14.49963	31.88393	1505	2.51561	23.47060	−0.01914
1466	23.96724	15.00642	32.78669	1506	0.89945	24.24433	−0.04817
1467	23.10026	16.07825	32.47315	1507	−2.15126	18.84065	31.56943
1468	23.27146	16.67140	31.18160	1508	−0.70673	17.78803	31.67766

续表

原子序号	X坐标/Å	Y坐标/Å	Z坐标/Å	原子序号	X坐标/Å	Y坐标/Å	Z坐标/Å
1509	0.56219	20.03862	29.18028	1549	3.19718	22.21956	31.72306
1510	24.93598	12.32226	32.06596	1550	2.70353	23.11137	32.71573
1511	26.44244	13.01946	31.33331	1551	6.43719	−2.51775	4.02841
1512	24.44053	16.74056	29.29986	1552	1.40112	22.91571	33.26950
1513	25.87756	14.76219	29.90013	1553	7.28683	−2.25507	5.23373
1514	24.23412	19.38655	1.64664	1554	4.62929	1.93236	5.07691
1515	25.67188	20.46488	1.63872	1555	6.67568	23.75675	30.98464
1516	25.49612	17.62181	0.42366	1556	7.79700	23.35175	32.02320
1517	26.92366	18.48262	1.12465	1557	9.15825	23.52765	31.28252
1518	23.16250	18.62459	28.81714	1558	10.23323	23.54267	32.22672
1519	21.41711	18.97711	29.14323	1559	9.16932	23.63137	29.98357
1520	22.69985	16.26824	28.32386	1560	2.99306	1.95379	2.53787
1521	20.44517	17.88338	26.94683	1561	3.69102	3.23037	1.99843
1522	22.19631	18.14182	26.55823	1562	3.00626	3.91132	0.96758
1523	22.51898	15.69771	25.96045	1563	3.31222	5.22102	0.53623
1524	21.11999	16.28499	25.02472	1564	4.37368	5.89742	1.23026
1525	20.91315	15.85431	30.03909	1565	5.20059	5.16132	2.16184
1526	19.77254	16.92316	29.13715	1566	4.85397	3.86024	2.54848
1527	19.15066	14.02738	29.73321	1567	0.05272	1.54929	33.21955
1528	19.06607	11.95477	25.83929	1568	−0.69946	0.31502	32.75538
1529	20.19122	12.86421	23.91666	1569	1.77510	3.39168	0.17671
1530	21.76655	13.67692	24.35204	1570	4.60409	7.34624	0.95744
1531	20.33778	14.67920	23.85823	1571	5.51047	8.25587	1.91445
1532	17.34344	11.51404	27.65172	1572	6.68013	8.75067	1.08257
1533	17.54232	12.21590	29.31014	1573	4.08275	8.07985	0.00387
1534	19.27042	9.21430	27.17551	1574	7.69060	7.63487	0.93917
1535	20.27627	8.94326	28.66282	1575	8.81519	8.11328	−0.10085
1536	21.58593	11.07047	27.76069	1576	9.54313	9.29957	0.54303
1537	4.71306	0.85523	4.12836	1577	8.80287	10.22286	1.33960
1538	5.57936	−0.22646	4.42957	1578	7.28221	10.00504	1.71049
1539	5.61190	−1.38942	3.63157	1579	9.45342	11.34342	1.89355
1540	4.79599	−1.45631	2.45403	1580	10.85339	11.50216	1.65913
1541	3.98173	−0.35516	2.09572	1581	11.62305	10.57547	0.90327
1542	3.94905	0.79043	2.92766	1582	10.95440	9.46661	0.33800
1543	4.87002	−2.65696	1.64559	1583	9.37033	4.28465	33.25303
1544	3.82264	−2.78521	0.55673	1584	11.61998	12.72759	2.21214
1545	3.54662	24.18435	33.15412	1585	12.32678	13.37926	0.96500
1546	4.83444	24.40269	32.60904	1586	11.38202	14.35101	0.25070
1547	5.27803	23.50950	31.60374	1587	13.57270	13.05206	0.76857
1548	4.47579	22.41397	31.16187	1588	9.33725	10.58804	32.56756

原子序号	X坐标/Å	Y坐标/Å	Z坐标/Å	原子序号	X坐标/Å	Y坐标/Å	Z坐标/Å
1589	6.21255	−0.16351	5.34039	1629	10.92155	13.45023	2.71330
1590	3.35819	−0.38463	1.17494	1630	11.35320	15.30123	0.86703
1591	3.60316	−1.76072	0.13858	1631	10.33094	13.93509	0.28073
1592	2.84288	−3.14645	0.98179	1632	10.24553	10.91338	32.35805
1593	3.81043	−6.80875	32.96034	1633	−1.53889	14.97824	27.79169
1594	4.85131	21.71523	30.38213	1634	−1.28581	15.09360	29.17892
1595	2.57313	21.35849	31.38765	1635	−0.11578	15.71333	29.68887
1596	0.85452	22.16713	32.90772	1636	0.87956	16.18836	28.78991
1597	6.66150	−1.98320	6.13380	1637	0.64676	16.05787	27.39660
1598	7.98940	−1.38776	5.07032	1638	−0.54899	15.49766	26.90480
1599	7.91556	−3.15337	5.50127	1639	2.15502	16.83830	29.08310
1600	3.93253	2.59208	5.02908	1640	2.25088	17.30180	30.51423
1601	6.81181	24.84327	30.72403	1641	3.43001	18.19988	30.90604
1602	6.80806	23.16333	30.03978	1642	3.46441	18.51214	32.29041
1603	7.66420	22.29394	32.36989	1643	4.54301	19.29335	32.77273
1604	7.76007	23.98849	32.94721	1644	5.59647	19.74608	31.92248
1605	11.13710	23.81340	32.00499	1645	5.52757	19.46579	30.54282
1606	2.40814	2.24979	3.45849	1646	4.43548	18.72191	30.01816
1607	2.24407	1.59441	1.77955	1647	0.01493	15.84243	31.13900
1608	6.10482	5.63394	2.59706	1648	4.37933	18.51006	28.60174
1609	5.47610	3.32282	3.30332	1649	−1.13001	15.30480	31.94258
1610	−0.20738	−0.09408	31.82639	1650	31.51224	14.39044	27.32588
1611	−1.75590	0.55552	32.45438	1651	6.97720	23.76312	0.56200
1612	−0.46593	−1.79025	33.52189	1652	7.31967	22.41421	1.31128
1613	0.85215	3.38821	0.81736	1653	8.73934	21.90101	0.94316
1614	5.85096	7.68258	2.81791	1654	8.82641	20.55639	1.38982
1615	4.89501	9.12425	2.28314	1655	9.62431	22.65772	0.33772
1616	6.30142	9.01981	0.05539	1656	−0.77986	15.58560	25.37141
1617	8.16080	7.40546	1.93676	1657	−1.17911	17.05513	25.05189
1618	7.20225	6.69012	0.57028	1658	−1.52517	17.37100	23.72320
1619	5.94672	4.27197	32.64584	1659	−1.97884	18.63739	23.29687
1620	7.13600	3.14177	33.38334	1660	32.21799	19.64548	24.31843
1621	6.68594	10.91632	1.41367	1661	−1.66246	19.36960	25.67990
1622	7.19689	9.94839	2.83510	1662	−1.23748	18.08770	26.03895
1623	8.89416	12.07246	2.51942	1663	31.98641	18.71474	21.90475
1624	12.71636	10.73599	0.75393	1664	32.18520	17.30417	21.37555
1625	11.85638	7.45216	0.09634	1665	−1.51057	16.40022	22.50810
1626	10.41140	4.65167	33.03192	1666	31.73035	21.02567	24.07343
1627	8.86642	4.04687	32.27301	1667	31.05882	21.37176	22.67767
1628	12.39288	12.41866	2.96576	1668	32.20427	21.66637	21.71786

续表

原子序号	X坐标/Å	Y坐标/Å	Z坐标/Å	原子序号	X坐标/Å	Y坐标/Å	Z坐标/Å
1669	31.81060	22.00396	24.95429	1709	32.12270	15.49852	22.70189
1670	−1.45979	23.00925	22.04113	1710	30.36730	22.25718	22.77540
1671	−0.04383	23.00987	21.28753	1711	30.44606	20.49775	22.31591
1672	−0.30035	22.81573	19.78642	1712	−1.27651	20.88057	21.85760
1673	−1.42387	22.08923	19.29003	1713	32.17549	23.86087	21.67782
1674	31.72094	21.59044	20.27101	1714	−1.32479	23.14405	23.15231
1675	32.68979	21.87956	17.90344	1715	0.61895	22.18723	21.68054
1676	−0.63089	22.45817	17.01603	1716	0.50694	23.97044	21.47653
1677	0.46704	23.23428	17.47619	1717	31.41382	20.53657	20.00693
1678	0.64549	23.38440	18.87135	1718	30.80018	22.22841	20.13022
1679	1.83022	24.21589	19.42281	1719	31.81896	21.30828	17.50419
1680	−0.83468	22.32186	15.47806	1720	1.17285	23.71503	16.75959
1681	−0.54042	20.92569	14.86396	1721	1.46748	25.19884	19.84612
1682	−0.56099	21.04164	13.33895	1722	2.57137	24.45334	18.60852
1683	−0.15811	19.79713	15.42234	1723	2.36211	23.66801	20.25202
1684	0.37383	22.06933	12.75970	1724	−0.19186	23.07196	14.93631
1685	−2.04078	14.69215	29.88657	1725	32.37496	22.59046	15.23408
1686	1.39924	16.46028	26.68333	1726	32.67059	21.32174	13.00222
1687	2.23562	16.38437	31.17972	1727	−0.31223	20.02902	12.90424
1688	1.28518	17.83171	30.77628	1728	1.33171	21.88774	12.67435
1689	2.67445	18.14083	32.98141	1729	25.53910	3.85906	6.55310
1690	6.45611	20.31497	32.34053	1730	26.56088	3.76591	7.52944
1691	6.33130	19.82528	29.85902	1731	26.46433	2.89247	8.64036
1692	3.63207	17.98177	28.28747	1732	25.28311	2.12815	8.83969
1693	−1.30642	14.21049	31.73640	1733	24.27215	2.18447	7.84586
1694	−2.10063	15.82904	31.71273	1734	24.41602	2.99715	6.70542
1695	−0.93846	15.41470	33.04941	1735	24.94319	1.22929	9.93792
1696	31.25988	14.27874	26.40919	1736	26.12937	0.91654	10.82815
1697	5.98344	24.15307	0.91445	1737	25.95420	−0.21036	11.85026
1698	7.74367	24.55063	0.78839	1738	27.05622	−0.42729	12.72180
1699	6.56663	21.61908	1.06453	1739	26.97236	−1.51349	13.62691
1700	7.25624	22.56737	2.42202	1740	25.83529	−2.37045	13.70203
1701	9.55980	19.83320	1.40779	1741	24.75407	−2.11561	12.83822
1702	−1.59040	14.87918	25.03851	1742	24.78414	−1.04456	11.90751
1703	0.14881	15.30474	24.80132	1743	27.61125	2.81682	9.54680
1704	−1.72183	20.17959	26.43972	1744	23.63003	−0.89718	11.07012
1705	−0.95043	17.87363	27.09567	1745	28.91692	3.00947	8.84483
1706	−1.43284	17.30356	20.46320	1746	25.74876	4.81091	5.49695
1707	31.20280	16.88465	21.01801	1747	28.13616	−1.87534	14.58483
1708	−0.47558	16.02707	22.27542	1748	28.72040	−3.24375	14.05985

原子序号	X坐标/Å	Y坐标/Å	Z坐标/Å	原子序号	X坐标/Å	Y坐标/Å	Z坐标/Å
1749	29.86931	−3.68638	15.02107	1789	29.02414	4.05869	8.44575
1750	30.70748	−4.57904	14.28823	1790	29.00574	2.31421	7.95351
1751	29.93855	−3.25906	16.24896	1791	29.80955	2.81768	9.52004
1752	23.18477	2.86382	5.75407	1792	25.17664	5.00169	4.75566
1753	23.43625	3.34318	4.30614	1793	27.77857	−1.98849	15.64460
1754	22.38762	3.98502	3.61750	1794	28.92903	−1.08179	14.57815
1755	22.50540	4.48399	2.30244	1795	29.10470	−3.14732	13.01095
1756	23.81041	4.38547	1.69827	1796	27.91843	−4.02819	14.02833
1757	24.88400	3.68516	2.36964	1797	33.22359	27.07200	14.63964
1758	24.68448	3.13787	3.63787	1798	22.33093	3.46205	6.22469
1759	21.29555	5.05973	1.80799	1799	22.84674	1.78939	5.73651
1760	20.24175	4.78380	2.87331	1800	25.88233	3.58877	1.89107
1761	20.97354	4.31579	4.17036	1801	25.51534	2.60251	4.15574
1762	24.12059	5.01045	0.38927	1802	19.52734	3.98852	2.51552
1763	25.62153	4.99094	−0.15938	1803	19.59421	5.68043	3.06223
1764	23.43321	−0.34545	32.65990	1804	20.46909	3.44214	4.65928
1765	20.89701	1.48426	33.29537	1805	21.03362	5.12948	4.94631
1766	24.87309	−0.47086	32.22032	1806	26.35510	4.97299	0.70155
1767	25.05685	−1.94204	31.60657	1807	23.41411	1.80970	33.00033
1768	24.00217	−2.21183	30.52281	1808	23.15021	−1.27459	33.22950
1769	22.81378	−1.42754	30.43553	1809	25.12307	0.30325	31.44170
1770	22.53296	−0.23306	31.42477	1810	25.58529	−0.32187	33.08094
1771	21.82250	−1.67917	29.46281	1811	24.97310	−2.70829	32.42536
1772	22.02510	−2.76989	28.56841	1812	26.09097	−2.06606	31.18541
1773	23.19455	−3.57678	28.62122	1813	21.44235	−0.23346	31.71290
1774	24.16633	−3.31080	29.61338	1814	22.71099	0.74785	30.89479
1775	25.35636	−4.30235	29.66279	1815	20.90349	−1.05154	29.40943
1776	20.93298	−3.15445	27.52963	1816	23.32235	−4.43420	27.92213
1777	20.82641	−4.71035	27.60159	1817	24.99171	−5.36299	29.78475
1778	21.07271	−5.44525	26.27042	1818	26.05879	−4.07183	30.51140
1779	20.78932	−5.34053	28.74404	1819	25.94300	−4.27236	28.70138
1780	20.23346	−5.12180	25.09217	1820	21.21237	−2.82878	26.49103
1781	27.45321	4.41906	7.41343	1821	19.95259	−2.66943	27.78738
1782	23.35981	1.55873	7.97103	1822	22.70162	25.47093	26.47900
1783	26.45278	1.86421	11.34840	1823	22.14414	−5.26068	25.94501
1784	27.01519	0.68072	10.16218	1824	20.43768	−5.52708	24.25409
1785	27.95975	0.22421	12.68423	1825	5.32654	2.23772	31.43400
1786	25.80048	−3.20638	14.43519	1826	6.59328	2.38976	30.81932
1787	23.85606	−2.76169	12.87414	1827	7.64128	1.46481	31.05960
1788	23.69275	−0.17757	10.42259	1828	7.43530	0.41829	32.00788

原子序号	X坐标/Å	Y坐标/Å	Z坐标/Å	原子序号	X坐标/Å	Y坐标/Å	Z坐标/Å
1829	6.14726	0.19321	32.55715	1869	28.76155	−3.52654	29.35427
1830	5.10041	1.08514	32.24691	1870	29.33951	−4.58195	30.10011
1831	8.51307	−0.44751	32.48084	1871	28.62041	−5.95410	30.06051
1832	10.87250	3.50858	0.24912	1872	28.83789	−1.09065	28.49686
1833	12.00858	4.14580	1.06737	1873	29.22399	0.30450	29.11235
1834	12.03733	3.76581	2.43700	1874	28.99137	0.40697	30.61813
1835	13.08784	4.26118	3.24920	1875	29.50140	1.24689	28.25262
1836	14.06406	5.17475	2.74966	1876	30.14688	0.85986	31.48977
1837	13.98804	5.58537	1.40567	1877	6.76287	3.26563	30.15509
1838	12.97747	5.06918	0.54754	1878	5.95612	−0.67531	33.22913
1839	8.91313	1.60111	30.36257	1879	10.84260	2.40303	0.48161
1840	10.63165	1.41826	32.92359	1880	9.89552	3.91222	0.65475
1841	8.91328	2.66213	29.30685	1881	11.27193	3.07420	2.85488
1842	4.29735	3.21622	31.24548	1882	14.88890	5.53263	3.40504
1843	13.25753	3.79543	4.71894	1883	14.73469	6.30318	0.99504
1844	13.57251	2.24603	4.71491	1884	9.99876	1.10060	32.26571
1845	14.84578	1.90621	3.89151	1885	8.62550	3.69637	29.73138
1846	15.68277	2.99085	3.53685	1886	8.15608	2.44840	28.49707
1847	14.95148	0.62399	3.61134	1887	9.92329	2.76128	28.81344
1848	3.68590	0.83946	32.84486	1888	4.42480	4.08621	30.77869
1849	2.96496	−0.28647	32.06305	1889	12.32378	3.98984	5.31360
1850	2.56049	−0.07824	30.72568	1890	14.10016	4.34409	5.21914
1851	1.76992	−0.98396	29.98538	1891	12.69527	1.67925	4.30601
1852	1.33370	−2.16437	30.69658	1892	13.70952	1.87871	5.76820
1853	1.85865	−2.46707	32.01385	1893	16.41066	2.93485	2.80958
1854	2.64596	−1.53253	32.69052	1894	3.09446	1.79975	32.77624
1855	1.48855	−0.55754	28.65218	1895	6.15323	4.68588	0.20688
1856	2.21727	0.76899	28.47264	1896	1.61866	−3.43453	32.50190
1857	2.85958	1.16461	29.83912	1897	5.39175	2.38814	0.00285
1858	0.29334	−3.04437	30.12170	1898	1.51438	1.56186	28.09647
1859	−0.25026	−4.35200	30.85634	1899	3.00239	0.68155	27.67142
1860	−1.05427	−3.95561	32.08341	1900	2.40195	2.09128	30.28245
1861	−0.40395	−2.82982	29.02064	1901	3.96387	1.35705	29.75788
1862	−1.91979	−5.07360	32.60971	1902	0.60118	−5.03543	31.13147
1863	−3.01661	−5.55577	31.54083	1903	−0.90370	−4.90710	30.12615
1864	30.54487	−4.38155	30.85682	1904	−0.32063	−3.67471	32.89141
1865	−3.15411	−3.07676	30.87830	1905	−1.28258	−5.95155	32.91287
1866	−1.91436	−2.72327	31.78588	1906	−2.46808	−4.73160	33.53179
1867	30.57064	−2.01537	30.13286	1907	−3.77271	−6.21954	32.04076
1868	29.39225	−2.25164	29.36452	1908	−2.51931	−6.19662	30.76212

原子序号	X坐标/Å	Y坐标/Å	Z坐标/Å	原子序号	X坐标/Å	Y坐标/Å	Z坐标/Å
1909	−2.28767	−2.25948	32.74630	1949	10.93328	20.14081	17.10058
1910	−1.29526	−1.93628	31.26529	1950	10.14012	20.21975	15.95243
1911	−3.23727	−1.00374	30.15141	1951	10.39599	23.74547	18.39203
1912	27.84322	−3.69526	28.74998	1952	9.74860	24.73871	17.44329
1913	28.24661	−6.18821	29.02340	1953	9.01688	23.93855	16.31779
1914	27.72514	−5.96226	30.74586	1954	11.95723	21.09241	19.18848
1915	29.30238	−6.78825	30.38612	1955	12.88834	19.78704	19.30225
1916	27.72172	−1.17461	28.39499	1956	14.16430	19.99393	18.51312
1917	29.23539	−1.15542	27.44797	1957	12.21213	21.87711	20.19996
1918	28.62836	−0.59307	30.99565	1958	15.00169	18.73517	18.55464
1919	28.15360	1.14593	30.79831	1959	16.17230	18.91193	17.47201
1920	30.40629	1.77664	31.55481	1960	17.03400	20.12011	17.86386
1921	6.34785	20.86918	15.46249	1961	16.44380	21.21626	18.56056
1922	4.99355	21.17145	15.72871	1962	14.94881	21.18417	19.06603
1923	4.39572	22.38827	15.31293	1963	17.22033	22.34588	18.89229
1924	5.15540	23.36256	14.60654	1964	18.60144	22.36190	18.53190
1925	6.52505	23.07816	14.36144	1965	19.22167	21.28519	17.84428
1926	7.10202	21.84974	14.75560	1966	18.42623	20.16228	17.51490
1927	4.68317	24.62659	14.03988	1967	19.13455	18.97099	16.82405
1928	3.28320	24.53216	13.49890	1968	19.48446	23.59380	18.87901
1929	2.86317	25.59255	12.46729	1969	20.55134	23.30264	19.97514
1930	3.86292	26.50741	12.04275	1970	21.50252	24.51140	20.12596
1931	3.49082	27.53801	11.14488	1971	20.71413	22.25244	20.73088
1932	0.48754	−4.37440	10.67394	1972	21.18929	25.64147	19.23116
1933	1.18194	26.74618	11.08848	1973	4.38904	20.41709	16.27680
1934	1.52453	25.67001	11.95588	1974	7.14252	23.82402	13.81205
1935	2.99687	22.59188	15.66630	1975	2.55821	24.54974	14.36626
1936	0.47668	24.73622	12.23165	1976	3.13271	23.49349	13.05326
1937	2.34551	21.33480	16.15023	1977	4.91098	26.40695	12.40667
1938	6.84965	19.59938	15.91470	1978	0.21167	−3.54929	9.97765
1939	2.87000	−3.48215	10.64316	1979	0.13303	26.84352	10.72584
1940	3.21934	−3.79881	9.13842	1980	0.51356	23.84774	12.65254
1941	5.86567	27.04888	9.03273	1981	2.43029	20.50055	15.39242
1942	6.08086	26.83075	7.63332	1982	1.25137	21.48945	16.35736
1943	6.38514	26.44449	10.06075	1983	2.80989	20.95113	17.10394
1944	8.57781	21.53403	14.36775	1984	7.75028	19.29494	15.81669
1945	9.45660	21.43362	15.64040	1985	3.80632	−3.51764	11.26130
1946	9.63327	22.52798	16.50924	1986	2.45453	−2.43869	10.71296
1947	10.40194	22.49516	17.69476	1987	3.69286	−2.90349	8.65635
1948	11.07457	21.26456	17.99331	1988	2.29019	−3.99939	8.54129

续表

原子序号	X 坐标/Å	Y 坐标/Å	Z 坐标/Å	原子序号	X 坐标/Å	Y 坐标/Å	Z 坐标/Å
1989	6.63336	26.13607	7.25202	2029	12.83825	23.74130	4.44934
1990	8.96364	22.33747	13.68067	2030	13.98651	24.48607	4.82978
1991	8.63541	20.55813	13.80981	2031	16.72125	27.71218	7.00418
1992	11.45551	19.18630	17.32096	2032	14.70639	24.12146	6.01573
1993	10.05681	19.33786	15.27386	2033	15.26751	−3.52245	8.24015
1994	10.53728	25.40300	16.98689	2034	19.91847	−3.55431	6.56808
1995	9.06167	25.44448	17.98381	2035	11.79343	25.51695	1.19677
1996	9.21447	24.34778	15.28920	2036	10.25421	25.64682	1.50965
1997	7.90199	23.91279	16.46101	2037	9.85348	27.13639	1.74152
1998	12.33625	18.87291	18.93873	2038	8.46222	27.15589	2.07768
1999	13.12182	19.61716	20.38865	2039	10.68761	28.12121	1.57472
2000	13.89738	20.20922	17.44012	2040	21.85336	26.39313	4.58842
2001	15.43973	18.57446	19.57929	2041	22.50225	25.19097	5.32887
2002	14.38268	17.82574	18.31180	2042	23.27357	24.24833	4.61719
2003	15.72690	19.06107	16.44935	2043	23.97661	23.18642	5.23123
2004	16.80277	17.98523	17.40654	2044	23.88535	23.07094	6.66177
2005	14.43493	22.15245	18.79457	2045	23.06149	23.99729	7.40006
2006	14.94967	21.14857	20.19562	2046	22.40086	25.04349	6.74599
2007	16.76194	23.20452	19.43223	2047	24.68408	22.36439	4.29593
2008	20.30451	21.32299	17.58386	2048	24.21678	22.81780	2.92349
2009	19.50979	18.22446	17.58148	2049	23.53338	24.21403	3.08454
2010	20.02455	19.31982	16.22756	2050	24.61093	21.98180	7.37491
2011	18.43831	18.42573	16.12791	2051	24.42918	21.74490	8.95170
2012	18.83904	24.45623	19.20485	2052	23.55931	20.51526	9.10436
2013	20.02764	23.95842	17.96192	2053	25.40336	21.07564	6.85764
2014	22.57540	24.18789	19.96019	2054	22.13804	20.83903	8.69418
2015	21.51489	24.86707	21.20106	2055	21.44943	19.42004	8.41248
2016	21.69273	26.48087	19.24188	2056	21.53233	18.56689	9.68516
2017	20.40293	27.78655	6.15587	2057	22.56203	18.76492	10.65420
2018	19.13529	28.09459	6.69526	2058	23.58325	19.96296	10.52846
2019	17.95985	27.39820	6.29854	2059	22.62649	17.91650	11.77838
2020	18.02094	26.40505	5.28218	2060	21.67280	16.85759	11.88794
2021	19.30027	26.05951	4.76840	2061	20.62409	16.65207	10.95189
2022	20.46169	26.73525	5.19130	2062	20.54961	17.53345	9.84925
2023	16.93209	25.63842	4.67729	2063	19.40111	17.38623	8.82086
2024	15.66098	26.40763	4.45285	2064	21.75616	15.81299	13.03256
2025	14.41423	25.60025	4.03193	2065	20.43983	15.78129	13.87428
2026	13.68525	25.98571	2.87844	2066	20.55372	16.11095	15.38201
2027	12.56618	25.19814	2.50344	2067	19.26212	15.48908	13.39972
2028	12.13923	24.07356	3.27096	2068	21.84640	16.62355	15.86420

原子序号	X坐标/Å	Y坐标/Å	Z坐标/Å	原子序号	X坐标/Å	Y坐标/Å	Z坐标/Å
2069	17.39888	−3.13046	7.43192	2109	21.88017	14.79291	12.57559
2070	19.38127	25.25418	4.00460	2110	20.24933	15.20499	15.98867
2071	15.83326	27.22945	3.69711	2111	19.75324	16.89237	15.56016
2072	15.42208	26.95603	5.41352	2112	22.24852	17.43653	15.48002
2073	13.98599	26.87487	2.27909	2113	12.89577	8.35370	21.42209
2074	11.25740	23.46998	2.95627	2114	12.75091	8.56405	22.81266
2075	12.49358	22.89339	5.08596	2115	13.72217	8.09732	23.73674
2076	15.49690	24.62712	6.23428	2116	14.85663	7.38492	23.25867
2077	16.08530	−3.95040	8.89066	2117	15.00514	7.14860	21.87000
2078	14.33342	−3.46231	8.86522	2118	14.03026	7.62398	20.96220
2079	15.57326	−2.46553	7.98891	2119	15.92659	6.82745	24.09945
2080	19.92918	−2.82698	7.19172	2120	15.35872	5.99545	25.20882
2081	11.92855	24.66916	0.44444	2121	15.26885	6.60304	26.61974
2082	12.17803	26.45494	0.71046	2122	14.14558	6.14566	27.35291
2083	9.96448	25.02557	2.39665	2123	13.93461	6.64531	28.66141
2084	9.65779	25.23322	0.65577	2124	14.85248	7.55029	29.27494
2085	7.98869	27.99478	2.23771	2125	15.98096	7.97651	28.54264
2086	22.51035	27.30524	4.68920	2126	16.19551	7.53149	27.20967
2087	21.76375	26.16349	3.49038	2127	13.55240	8.40245	25.15110
2088	22.94637	23.88661	8.49828	2128	17.32831	7.98146	26.45111
2089	21.78876	25.76921	7.33203	2129	12.23927	9.03182	25.49103
2090	23.47534	22.07620	2.51066	2130	11.89069	8.90121	20.54646
2091	25.06039	22.82386	2.18043	2131	12.64220	6.18431	29.38282
2092	22.58859	24.31072	2.48421	2132	11.52691	7.27151	29.12565
2093	24.21058	25.05526	2.77482	2133	10.89861	7.15006	27.70771
2094	23.97419	22.63610	9.46505	2134	10.06703	8.31032	27.56018
2095	25.44128	21.57268	9.41103	2135	11.11437	6.16418	26.88117
2096	23.96364	19.72116	8.41401	2136	14.17100	7.36607	19.43424
2097	21.58844	21.39279	9.50543	2137	13.36975	6.09757	19.03725
2098	22.11093	21.48805	7.77462	2138	12.17093	6.22207	18.30263
2099	21.97363	18.89335	7.56718	2139	11.34288	5.14012	17.92053
2100	20.38086	19.54715	8.09116	2140	11.78381	3.82689	18.29053
2101	24.62272	19.62594	10.81320	2141	13.03641	3.66834	18.98479
2102	23.30472	20.76785	11.26906	2142	13.80529	4.77733	19.36095
2103	23.39648	18.07429	12.56854	2143	10.18810	5.54535	17.17387
2104	19.88288	15.83180	11.09869	2144	10.18060	7.06043	17.24477
2105	18.77207	16.47700	9.02666	2145	11.58850	7.54035	17.72513
2106	19.80005	17.30292	7.77086	2146	10.94710	2.61508	17.98266
2107	18.71503	18.28104	8.83870	2147	11.70798	1.23329	17.75152
2108	22.64682	16.01254	13.68829	2148	11.01706	0.12344	18.52418

原子序号	X 坐标/Å	Y 坐标/Å	Z 坐标/Å	原子序号	X 坐标/Å	Y 坐标/Å	Z 坐标/Å
2149	9.65158	2.55691	17.80442	2189	12.22531	7.91702	16.87861
2150	11.99030	−0.97528	18.88566	2190	12.78591	1.33213	18.05870
2151	11.25856	−1.79542	20.05279	2191	11.70902	0.99548	16.65055
2152	9.93057	−2.36265	19.53198	2192	10.61825	0.56460	19.48148
2153	9.23634	−1.71026	18.47012	2193	12.22162	−1.63880	18.00559
2154	9.84248	−0.45380	17.73314	2194	12.97783	−0.55166	19.24571
2155	8.03375	−2.25443	17.97149	2195	11.06587	−1.10994	20.91956
2156	7.53029	−3.45726	18.54867	2196	11.90861	−2.61928	20.44873
2157	8.18071	−4.11195	19.62830	2197	9.04351	0.32722	17.57877
2158	9.37818	−3.54478	20.12992	2198	10.17552	−0.75921	16.69785
2159	10.09963	−4.23552	21.31349	2199	7.51132	−1.77751	17.11166
2160	6.23512	−4.06509	17.92694	2200	7.76710	−5.05038	20.06383
2161	6.56907	−4.71728	16.56071	2201	9.38468	−4.86552	21.91402
2162	7.10048	26.65930	15.77867	2202	10.57697	−3.48800	22.00721
2163	7.76087	−4.75498	15.99625	2203	10.91957	−4.92043	20.95294
2164	5.87358	26.22305	16.49801	2204	5.45748	−3.26492	17.77115
2165	11.85855	9.11770	23.17668	2205	5.77440	−4.82760	18.61507
2166	15.89001	6.58269	21.49733	2206	7.52526	25.76901	15.22335
2167	15.98177	5.03290	25.30652	2207	5.11422	−4.70505	14.93744
2168	14.31718	5.66186	24.92007	2208	5.24416	25.71962	15.99299
2169	13.41347	5.44264	26.89861	2209	3.68564	7.61916	12.13691
2170	14.67611	7.92712	30.30718	2210	4.87045	8.27056	11.71121
2171	16.70456	8.68646	29.00356	2211	5.76028	7.66822	10.78897
2172	17.30059	7.67765	25.53590	2212	5.48489	6.35548	10.30773
2173	11.37268	8.40572	25.13010	2213	4.26322	5.72617	10.64308
2174	12.11556	10.04626	25.01228	2214	3.36542	6.37216	11.52467
2175	12.11777	9.16280	26.60497	2215	6.39054	5.55133	9.48365
2176	11.10151	9.35582	20.83821	2216	7.76673	5.50113	10.08386
2177	12.82041	6.07553	30.48689	2217	8.96151	5.69143	9.13232
2178	12.28735	5.19398	28.98844	2218	10.14082	4.98492	9.48135
2179	11.94637	8.30007	29.28028	2219	11.22143	5.02363	8.56548
2180	10.70734	7.17223	29.88566	2220	11.16514	5.74913	7.33809
2181	10.01161	8.95395	28.29568	2221	10.00892	6.50214	7.04272
2182	15.25581	7.25167	19.15134	2222	8.91475	6.50267	7.94725
2183	13.76802	8.25765	18.87698	2223	6.93855	8.38528	10.31764
2184	13.39698	2.65328	19.25364	2224	7.74935	7.29753	7.65655
2185	14.76308	4.62153	19.91086	2225	7.10560	9.75278	10.90275
2186	9.40119	7.39671	17.98624	2226	2.91335	8.29709	13.14536
2187	9.88206	7.51302	16.25903	2227	12.45751	4.13772	8.87742
2188	11.53873	8.35850	18.49688	2228	13.76953	5.00325	8.74018

原子序号	X 坐标/Å	Y 坐标/Å	Z 坐标/Å	原子序号	X 坐标/Å	Y 坐标/Å	Z 坐标/Å
2229	14.86749	4.13162	8.04951	2269	7.06713	9.72478	12.03119
2230	16.04711	4.88163	7.79735	2270	6.29092	10.45728	10.56326
2231	14.58523	2.89034	7.76686	2271	8.09171	10.21240	10.60382
2232	2.00290	5.65060	11.72832	2272	2.23622	7.94390	13.72503
2233	1.11247	6.05316	10.52293	2273	12.49239	3.27101	8.15557
2234	0.13311	7.05176	10.69074	2274	12.38252	3.68317	9.90287
2235	−0.70288	7.53064	9.65985	2275	14.12300	5.35939	9.74327
2236	−0.55482	6.93680	8.36046	2276	13.58197	5.93037	8.13838
2237	0.46073	5.93167	8.16096	2277	16.82961	4.38046	7.35135
2238	1.26288	5.49049	9.21917	2278	1.53437	5.97014	12.70111
2239	−1.58451	8.57290	10.10576	2279	2.14178	4.53342	11.75958
2240	−1.29527	8.78784	11.59504	2280	0.62753	5.50474	7.14966
2241	−0.19100	7.77831	12.02855	2281	2.03496	4.70858	9.03019
2242	−1.41601	7.33707	7.20509	2282	32.04411	8.66447	12.20351
2243	−1.10879	7.03873	5.65136	2283	−0.97892	9.85133	11.78071
2244	−0.92028	5.61474	5.16934	2284	−0.55084	7.05209	12.80944
2245	31.82252	8.13370	7.20710	2285	0.71558	8.29122	12.44838
2246	−1.38342	5.53851	3.72885	2286	−0.22178	7.65820	5.36472
2247	−1.05556	4.11864	3.06139	2287	32.30072	7.48704	5.09109
2248	−1.47315	2.96460	3.98487	2288	0.16913	5.33987	5.22140
2249	32.61725	3.18261	5.38334	2289	31.78188	5.71175	3.67762
2250	32.56301	4.62696	6.02226	2290	−0.89687	6.34990	3.11912
2251	32.37609	2.10087	6.25429	2291	0.04372	4.04695	2.83493
2252	32.22137	0.79352	5.70257	2292	32.69803	4.02828	2.06974
2253	32.36314	0.54614	4.31108	2293	−1.32357	4.59380	7.08038
2254	32.66672	1.63478	3.45979	2294	31.48647	4.95887	6.09514
2255	−1.47964	1.28946	1.95547	2295	32.25729	2.27902	7.34612
2256	31.82260	−0.39341	6.62371	2296	32.22146	−0.47819	3.89431
2257	30.62150	0.07111	7.51319	2297	−0.72384	0.46972	1.78978
2258	29.25248	−0.49344	7.17242	2298	−1.17895	2.18223	1.34046
2259	30.85612	0.88047	8.52388	2299	31.81793	0.90204	1.54695
2260	28.18987	0.44763	6.63034	2300	−1.59000	−0.70497	7.27232
2261	5.10731	9.26777	12.14217	2301	31.54255	−1.28975	6.00699
2262	4.01919	4.71971	10.23341	2302	28.80261	−0.94981	8.10661
2263	7.90083	4.51477	10.62661	2303	29.35250	−1.33549	6.42188
2264	7.82856	6.27534	10.91026	2304	27.29613	0.03541	6.60915
2265	10.19560	4.37572	10.41294	2305	8.91419	5.01196	20.87937
2266	12.02031	5.73182	6.62683	2306	9.15194	5.71663	22.08431
2267	9.95353	7.10023	6.10174	2307	8.74109	7.06181	22.25774
2268	7.10267	7.33196	8.37640	2308	8.07819	7.73150	21.18860

续表

原子序号	X 坐标/Å	Y 坐标/Å	Z 坐标/Å	原子序号	X 坐标/Å	Y 坐标/Å	Z 坐标/Å
2309	7.80543	7.01245	19.99538	2349	31.63451	5.90037	14.63941
2310	8.19430	5.66730	19.83799	2350	31.99496	6.61664	15.80512
2311	7.57520	9.10005	21.15197	2351	31.55960	8.09673	15.94927
2312	8.13565	9.96811	22.24542	2352	31.77451	3.74269	13.23908
2313	7.81786	11.47083	22.16083	2353	−1.28012	3.90972	12.27294
2314	6.64356	11.91028	21.50550	2354	−1.25743	3.13904	10.94041
2315	6.35922	13.29960	21.54798	2355	−0.27451	4.66400	12.61920
2316	7.23511	14.25483	22.14751	2356	31.71343	2.66585	10.40979
2317	8.41446	13.79229	22.77001	2357	9.69201	5.19317	22.90268
2318	8.70438	12.40144	22.79723	2358	7.26664	7.53277	19.17259
2319	8.98940	7.72682	23.53143	2359	9.25052	9.80985	22.33841
2320	9.88660	11.92090	23.45347	2360	7.74412	9.57394	23.23211
2321	9.43331	6.81230	24.62944	2361	5.95337	11.18483	21.01778
2322	9.39056	3.65949	20.76816	2362	6.98499	15.33981	22.13508
2323	4.98956	13.74854	20.98321	2363	9.12091	14.51216	23.24635
2324	5.12899	14.46980	19.58373	2364	10.42430	12.56975	23.92877
2325	3.70502	14.67543	18.97854	2365	10.44630	6.36243	24.41781
2326	2.70882	14.09282	19.81749	2366	8.72430	5.94408	24.76901
2327	3.58933	15.30022	17.84178	2367	9.50963	7.35488	25.62023
2328	7.77216	4.92972	18.53268	2368	9.35929	3.15543	19.95638
2329	6.31287	4.44432	18.73766	2369	4.48098	14.46035	21.68679
2330	5.94271	3.08985	18.58999	2370	4.31870	12.85112	20.87899
2331	4.62142	2.60175	18.73003	2371	5.78311	13.84696	18.89633
2332	3.60080	3.55536	19.06406	2372	5.65203	15.45599	19.69576
2333	3.95122	4.94407	19.21286	2373	1.73347	14.04408	19.73994
2334	5.27425	5.37150	19.05808	2374	8.47723	4.05932	18.28628
2335	4.50415	1.19028	18.51768	2375	7.82830	5.64232	17.66104
2336	5.91076	0.68373	18.25291	2376	3.16542	5.69456	19.44004
2337	6.88667	1.90375	18.24578	2377	5.50709	6.45463	19.17640
2338	2.17843	3.14275	19.27086	2378	5.94789	0.11199	17.28404
2339	1.13097	4.20561	19.86336	2379	6.20816	−0.06424	19.04143
2340	0.41724	4.91194	18.73039	2380	7.38212	2.05283	17.24754
2341	1.59142	1.98983	19.09208	2381	7.70802	1.79626	19.00600
2342	−0.59914	5.89537	19.26365	2382	1.66029	4.93709	20.53379
2343	−1.03106	6.83364	18.03639	2383	0.39586	3.64792	20.50684
2344	−1.50986	5.99287	16.84442	2384	1.17697	5.47591	18.11816
2345	−1.12374	4.62601	16.70936	2385	−1.49446	5.36386	19.69067
2346	−0.26866	3.89447	17.81451	2386	−0.17274	6.51631	20.09940
2347	−1.50369	3.88164	15.57409	2387	−0.15655	7.46558	17.71504
2348	32.04713	4.54288	14.53709	2388	−1.83379	7.55476	18.34767

原子序号	X坐标/Å	Y坐标/Å	Z坐标/Å	原子序号	X坐标/Å	Y坐标/Å	Z坐标/Å
2389	0.49939	3.22622	17.32726	2429	26.40054	17.84991	14.04226
2390	−0.93917	3.20828	18.40705	2430	26.38458	18.22831	15.38790
2391	−1.21921	2.80972	15.47453	2431	27.48524	21.26199	12.58439
2392	31.05843	6.38477	13.81791	2432	27.59668	22.44977	13.52837
2393	30.81080	8.22025	16.78389	2433	27.69571	21.89259	14.98338
2394	31.08822	8.48009	15.00144	2434	26.74252	18.47227	11.57626
2395	−1.83685	8.75824	16.19490	2435	26.48302	16.95345	11.16462
2396	30.83489	4.09541	12.73270	2436	25.40520	16.83160	10.10370
2397	31.62803	2.65110	13.47256	2437	26.99956	19.26631	10.55698
2398	−0.57959	2.23626	11.04496	2438	24.87143	15.41649	10.06462
2399	−0.73906	3.78002	10.16501	2439	23.48691	15.46476	9.25736
2400	31.54150	1.97498	9.74010	2440	23.56993	16.36133	8.01153
2401	27.73229	18.73436	19.20574	2441	24.67394	17.22696	7.76382
2402	27.57997	17.72174	20.18460	2442	25.93058	17.20221	8.71560
2403	26.45063	16.86567	20.20517	2443	24.65790	18.12493	6.67681
2404	25.42228	17.02310	19.23720	2444	23.50395	18.19462	5.84367
2405	25.50948	18.10372	18.32334	2445	22.39714	17.32779	6.04166
2406	26.65442	18.92879	18.29175	2446	22.45036	16.40368	7.11539
2407	24.22462	16.19616	19.03917	2447	21.28952	15.41376	7.37704
2408	24.55842	14.73771	19.00116	2448	23.57322	19.23853	4.68012
2409	23.44871	13.74124	19.41784	2449	22.18140	19.74570	4.21726
2410	22.33212	13.50764	18.57561	2450	21.66528	20.81450	5.18517
2411	21.44746	12.45666	18.93338	2451	21.61737	19.21138	3.15182
2412	21.66792	11.64294	20.08473	2452	20.46817	21.59547	4.80029
2413	22.76057	11.92297	20.93045	2453	28.39192	17.58414	20.93163
2414	23.63904	12.99923	20.63072	2454	24.67799	18.27781	17.60314
2415	26.37326	15.83165	21.24016	2455	25.48037	14.55544	19.62678
2416	24.71655	13.29138	21.53379	2456	24.88955	14.47961	17.94628
2417	27.23159	16.10179	22.43792	2457	22.17921	14.10431	17.64812
2418	28.94633	19.50136	19.18020	2458	20.99385	10.78477	20.30659
2419	20.22537	12.11926	18.04079	2459	22.94676	11.29078	21.83069
2420	20.72284	11.08521	16.95729	2460	25.27556	14.07492	21.49952
2421	21.05070	9.72223	17.64902	2461	28.33048	16.05744	22.18469
2422	22.22862	9.18802	17.03256	2462	27.04835	15.35094	23.26040
2423	20.29948	9.23672	18.59325	2463	27.04489	17.13343	22.86034
2424	26.70246	20.08295	17.25045	2464	29.25630	20.00677	18.39226
2425	26.74723	19.55003	15.79154	2465	19.82254	13.04348	17.54441
2426	27.13710	20.45575	14.78530	2466	19.39579	11.66172	18.64515
2427	27.11905	20.15132	13.40618	2467	21.63079	11.46919	16.42331
2428	26.74868	18.81376	13.02083	2468	19.92198	10.93585	16.18641

原子序号	X坐标/Å	Y坐标/Å	Z坐标/Å	原子序号	X坐标/Å	Y坐标/Å	Z坐标/Å
2469	22.73404	8.44619	17.39751	2509	15.50556	0.29891	7.45071
2470	27.60653	20.72822	17.43052	2510	16.01170	−0.51027	6.39840
2471	25.80311	20.75549	17.38242	2511	19.50728	−1.27782	2.75475
2472	26.13612	16.78365	13.78428	2512	17.38075	−0.34705	6.02198
2473	26.10243	17.46892	16.15444	2513	20.07568	−1.52145	4.10718
2474	26.69537	23.11539	13.42633	2514	18.00355	23.47314	32.88016
2475	28.46351	23.10966	13.25593	2515	11.93942	−1.02138	7.84964
2476	27.12340	22.49848	15.73621	2516	12.20579	−1.92692	9.12577
2477	28.76598	21.84754	15.33202	2517	10.95437	−1.99698	10.03147
2478	26.19853	16.33614	12.06722	2518	9.74552	−1.50570	9.46262
2479	27.44477	16.51785	10.77310	2519	11.15884	−2.53016	11.21965
2480	24.56073	17.52512	10.36995	2520	18.06830	26.32012	0.58370
2481	25.60079	14.72436	9.55839	2521	15.02889	22.65991	32.98252
2482	24.71080	15.01547	11.10497	2522	14.19459	23.79485	32.96175
2483	22.67422	15.84980	9.93235	2523	13.58837	24.31092	31.79600
2484	23.16490	14.43243	8.96132	2524	13.82139	23.59510	30.56594
2485	26.45171	18.20470	8.71385	2525	14.65125	22.40875	30.57466
2486	26.68352	16.44013	8.36347	2526	15.25938	21.96930	31.75253
2487	25.53727	18.77839	6.48976	2527	11.14809	−6.56834	32.03756
2488	21.51077	17.36626	5.36840	2528	11.37076	−6.21860	33.50300
2489	21.62324	14.34665	7.23756	2529	16.19477	28.80093	0.46646
2490	20.42758	15.59905	6.67691	2530	13.26891	24.05608	29.27023
2491	20.91472	15.50601	8.43639	2531	13.50270	23.18039	27.95621
2492	24.09535	18.78292	3.79686	2532	12.45585	22.09300	27.78106
2493	24.20390	20.11288	5.00987	2533	12.62026	25.16914	28.98658
2494	22.50791	21.53375	5.43396	2534	12.77481	21.26236	26.55767
2495	21.43248	20.26815	6.15239	2535	11.85331	19.95151	26.61391
2496	19.62733	21.22723	4.47150	2536	10.37183	20.32410	26.76954
2497	19.96450	28.06607	0.44883	2537	9.98341	21.59782	27.28092
2498	19.01540	−2.91224	1.03261	2538	11.06241	22.69941	27.62797
2499	18.65130	−2.38503	2.29061	2539	8.61852	21.91895	27.43497
2500	17.51509	−2.89650	2.97167	2540	7.63958	20.95129	27.05246
2501	18.47207	28.05991	2.42323	2541	7.99712	19.65865	26.58113
2502	18.87314	27.51476	1.17775	2542	9.36967	19.34319	26.45836
2503	17.10585	−2.25751	4.22695	2543	9.72720	17.91715	25.96886
2504	15.61692	−2.32213	4.56098	2544	6.12027	21.25863	27.09420
2505	15.15176	−1.45496	5.73405	2545	5.58796	21.20651	25.62005
2506	13.80828	−1.62012	6.16097	2546	6.31407	22.14274	24.63647
2507	13.34475	−0.82235	7.23772	2547	4.55031	20.47548	25.32828
2508	14.17030	0.15654	7.87100	2548	6.99247	21.46914	23.50134

原子序号	X坐标/Å	Y坐标/Å	Z坐标/Å	原子序号	X坐标/Å	Y坐标/Å	Z坐标/Å
2549	19.88070	−2.47381	0.48712	2589	5.56756	20.49985	27.71595
2550	17.61644	27.61525	2.97609	2590	7.07495	22.76429	25.19988
2551	15.33093	−3.39500	4.74824	2591	5.57259	22.88973	24.21460
2552	15.02317	−2.06005	3.63488	2592	7.62825	21.74517	22.85463
2553	13.14296	−2.36388	5.66795	2593	28.25018	12.86797	24.82622
2554	13.77360	0.80708	8.68266	2594	28.85988	14.14636	24.96428
2555	16.15242	1.07234	7.93068	2595	29.53863	14.75882	23.88949
2556	17.64118	−0.88391	5.23883	2596	29.64420	14.07101	22.63982
2557	19.33488	−2.01949	4.80139	2597	29.10197	12.77476	22.50120
2558	20.43020	−0.56496	4.59307	2598	28.40261	12.18780	23.58581
2559	20.96665	−2.21882	4.07189	2599	30.20853	14.73720	21.46778
2560	17.59956	22.79318	32.34476	2600	31.25156	13.94746	20.72990
2561	11.22809	−1.52193	7.13993	2601	31.99831	14.81307	19.68928
2562	11.48163	−0.04713	8.17025	2602	31.20886	15.81642	19.06903
2563	13.07120	−1.53139	9.72056	2603	31.85723	16.71738	18.18996
2564	12.50692	−2.95835	8.80498	2604	−1.02809	16.61137	17.89194
2565	8.93207	−1.52646	9.99972	2605	−0.27130	15.59310	18.51270
2566	17.27886	25.98456	1.31384	2606	−0.88119	14.70176	19.43262
2567	18.74079	25.43974	0.38578	2607	30.12896	16.08333	24.02036
2568	14.82372	21.84071	29.63713	2608	−0.02186	13.76046	20.12223
2569	15.90640	21.06092	31.73325	2609	29.89396	16.75038	25.33817
2570	12.78910	−1.86104	0.29428	2610	27.52574	12.42437	25.98245
2571	14.35896	−1.13017	−0.13804	2611	31.00511	17.90892	17.67504
2572	15.54398	28.23025	1.18396	2612	31.20466	18.15578	16.12843
2573	15.43135	−2.90797	1.04740	2613	30.45318	19.47281	15.78333
2574	14.52971	22.72488	27.99437	2614	30.63358	19.72106	14.39640
2575	13.48846	23.86858	27.06662	2615	29.83955	20.18202	16.70106
2576	12.46329	21.42888	28.68929	2616	27.74446	10.82717	23.19240
2577	12.56950	21.84224	25.61453	2617	27.41256	9.90817	24.38859
2578	13.85975	20.95943	26.52983	2618	28.12024	8.71460	24.65751
2579	12.17540	19.30432	27.47563	2619	27.75970	7.80264	25.67506
2580	12.00804	19.32403	25.69538	2620	26.60860	8.16115	26.45333
2581	10.75868	23.25471	28.56612	2621	25.87807	9.38121	26.21125
2582	11.08176	23.46640	26.80274	2622	26.27678	10.24394	25.18870
2583	8.31304	22.90819	27.84555	2623	28.60660	6.65147	25.75256
2584	7.21070	18.91708	26.31243	2624	29.57558	6.78247	24.59017
2585	10.76145	17.61744	26.29679	2625	29.37008	8.17683	23.91119
2586	9.68926	17.84919	24.84469	2626	26.07022	7.29666	27.54495
2587	8.99984	17.15743	26.37351	2627	24.92028	7.93391	28.46976
2588	5.94101	22.27286	27.54152	2628	23.60360	7.24272	28.20161

原子序号	X 坐标/Å	Y 坐标/Å	Z 坐标/Å	原子序号	X 坐标/Å	Y 坐标/Å	Z 坐标/Å
2629	26.38832	6.08629	27.91455	2669	30.25086	8.86045	24.05337
2630	22.82702	7.85159	27.06191	2670	24.83041	9.04678	28.31580
2631	21.54101	6.95359	26.71220	2671	25.22412	7.76816	29.54080
2632	20.92648	6.26797	27.93918	2672	23.81444	6.16086	27.96922
2633	21.55985	6.32508	29.21989	2673	22.47510	8.88705	27.33556
2634	22.75285	7.31519	29.48110	2674	23.46954	7.96659	26.14399
2635	21.18264	5.47343	30.27871	2675	21.82302	6.17176	25.95436
2636	20.12056	4.55450	30.03704	2676	20.77008	7.58421	26.19293
2637	19.36481	4.55364	28.83227	2677	23.33492	7.00674	30.39778
2638	19.76166	5.43347	27.79896	2678	22.38312	8.36570	29.66632
2639	18.89127	5.40426	26.51903	2679	21.72238	5.48955	31.25323
2640	19.77987	3.51434	31.13873	2680	18.50647	3.85565	28.69590
2641	19.50709	2.14625	30.43755	2681	19.14569	4.52075	25.86684
2642	18.37121	1.43571	31.20423	2682	19.02831	6.34446	25.91661
2643	20.07696	1.65963	29.37201	2683	17.79685	5.30822	26.77312
2644	18.34726	1.69592	32.65715	2684	18.87957	3.83669	31.73201
2645	28.76575	14.67739	25.93795	2685	20.62836	3.41344	31.87190
2646	29.16570	12.24401	21.52466	2686	18.47503	0.32696	31.00532
2647	30.74908	13.07489	20.21723	2687	17.37293	1.74468	30.76624
2648	31.98304	13.46184	21.43949	2688	19.15104	1.58242	33.21581
2649	30.12852	15.92255	19.31676	2689	5.10175	24.18090	3.26937
2650	−0.53609	17.33685	17.20724	2690	5.74050	23.12279	3.95070
2651	0.82119	15.51025	18.30378	2691	6.77015	23.33618	4.90530
2652	−0.11861	13.16817	20.87516	2692	7.18729	24.66489	5.20022
2653	28.79339	16.87438	25.55725	2693	6.56697	25.74595	4.52197
2654	30.36780	17.77572	25.35439	2694	5.53538	25.50165	3.58985
2655	30.32673	16.15839	26.19643	2695	8.19726	24.96104	6.20737
2656	27.53438	12.95201	26.82835	2696	8.91329	26.27220	6.00303
2657	31.28006	18.85252	18.22278	2697	9.90853	26.64089	7.11932
2658	29.91870	17.73049	17.89091	2698	9.55429	26.40700	8.47087
2659	30.82237	17.29616	15.51467	2699	10.50906	26.74667	9.46263
2660	32.29303	18.26303	15.86726	2700	11.79697	27.26073	9.12597
2661	30.35384	20.63627	14.01871	2701	12.12502	27.47978	7.77096
2662	28.40380	10.28546	22.45675	2702	11.17826	27.19854	6.75122
2663	26.78138	11.06104	22.65184	2703	7.31372	22.11169	5.48304
2664	24.98427	9.63401	26.82579	2704	11.49528	27.44635	5.37551
2665	25.71727	11.18977	24.99590	2705	8.14254	22.35547	6.70423
2666	29.41022	5.94889	23.85176	2706	4.05121	23.91259	2.32057
2667	30.63541	6.63901	24.93339	2707	10.16519	26.56752	10.96236
2668	29.19630	8.10245	22.80384	2708	10.79550	25.20922	11.47404

原子序号	X 坐标/Å	Y 坐标/Å	Z 坐标/Å	原子序号	X 坐标/Å	Y 坐标/Å	Z 坐标/Å
2709	10.52641	25.05526	13.00000	2749	7.59219	22.99647	7.45446
2710	10.03635	26.25083	13.58507	2750	9.09854	22.90876	6.46589
2711	10.79432	23.88694	13.53312	2751	8.42632	21.38895	7.21288
2712	4.82986	26.77395	3.03736	2752	3.59581	24.59920	1.83070
2713	3.76936	27.12748	4.11456	2753	9.05450	26.54262	11.12465
2714	3.73754	28.35792	4.81001	2754	10.57338	27.42297	11.56913
2715	1.15811	−3.37930	5.84422	2755	11.89855	25.19539	11.26421
2716	1.87538	27.65349	6.19428	2756	10.37414	24.33728	10.91087
2717	1.89192	26.38793	5.50559	2757	9.84088	26.56935	14.53847
2718	2.81498	26.13291	4.48618	2758	4.36258	26.56185	2.03707
2719	1.34409	−2.07102	6.40199	2759	5.56010	27.61751	2.90641
2720	2.61433	−1.52435	5.75655	2760	1.17347	25.58387	5.79430
2721	3.00662	−2.47294	4.58026	2761	2.82545	25.13458	3.98909
2722	0.85586	27.80391	7.28263	2762	3.44479	−1.47220	6.51531
2723	0.09983	26.46620	7.73952	2763	2.47794	−0.46039	5.42010
2724	32.94237	26.75391	8.12701	2764	4.09751	−2.75208	4.59097
2725	−1.11637	−3.19922	7.99139	2765	2.80561	−2.00169	3.57999
2726	32.36420	25.60744	8.92882	2766	0.66396	26.03866	8.61556
2727	31.03627	26.16297	9.63200	2767	0.14297	25.67610	6.93359
2728	30.10079	26.78801	8.58713	2768	32.92635	27.68146	8.76617
2729	30.56183	27.16318	7.29064	2769	32.11731	24.73415	8.26308
2730	32.07732	26.99664	6.88759	2770	33.08499	25.23760	9.71043
2731	29.64545	27.65855	6.33928	2771	31.30359	26.92272	10.41698
2732	28.27506	27.80104	6.71313	2772	30.49592	25.33923	10.16965
2733	27.79989	27.49539	8.01715	2773	32.42718	27.91216	6.32893
2734	28.73130	27.00073	8.96072	2774	32.17578	26.13572	6.16559
2735	28.27932	26.62597	10.39305	2775	29.98665	27.93800	5.31652
2736	25.60113	−3.71066	5.66344	2776	26.73071	27.64928	8.28935
2737	25.74724	−2.16036	5.59106	2777	29.04742	26.92876	11.15892
2738	25.15667	−1.47260	4.35450	2778	28.14195	25.48583	10.47931
2739	26.45459	−1.51795	6.49282	2779	27.30482	27.11827	10.66248
2740	23.99077	−0.56521	4.51125	2780	26.21103	28.06676	5.94814
2741	5.41151	22.07876	3.75154	2781	27.45729	27.88450	4.65248
2742	6.85421	26.79761	4.74364	2782	24.87285	−2.25601	3.58505
2743	8.14085	27.09103	5.91231	2783	25.97824	−0.85538	3.86976
2744	9.43618	26.27578	5.00052	2784	23.53334	−0.14103	3.76355
2745	8.55999	25.98412	8.74083	2785	16.84690	2.37190	26.69343
2746	12.53191	27.50338	9.92681	2786	16.12079	2.81066	27.82780
2747	13.12819	27.87827	7.49565	2787	15.90402	1.97752	28.94980
2748	12.33269	27.73415	5.00641	2788	16.42508	0.64785	28.96203

原子序号	X 坐标/Å	Y 坐标/Å	Z 坐标/Å	原子序号	X 坐标/Å	Y 坐标/Å	Z 坐标/Å
2789	17.14444	0.18538	27.83889	2829	29.68567	2.44862	22.68494
2790	17.35101	1.04352	26.72425	2830	29.17437	2.64929	23.98827
2791	16.27358	−0.17644	30.16419	2831	30.13420	2.59331	25.20377
2792	15.78796	−1.57892	29.94871	2832	29.37314	2.39978	20.13516
2793	15.82430	−2.44783	31.22486	2833	29.44362	3.76504	19.37784
2794	16.87984	−2.27825	32.15242	2834	30.42057	3.75347	18.18461
2795	16.87099	−3.08085	33.32270	2835	28.77610	4.85862	19.62034
2796	18.21679	0.12200	−0.14070	2836	31.10407	2.46884	17.85078
2797	14.77804	−4.16109	32.64740	2837	15.71446	3.84552	27.81758
2798	14.76342	−3.38324	31.45917	2838	17.56861	−0.84420	27.84036
2799	15.11683	2.48155	30.06696	2839	16.40741	−2.05919	29.13270
2800	13.69656	−3.50327	30.50966	2840	14.73913	−1.57920	29.52209
2801	14.39691	3.75298	29.74342	2841	17.69076	−1.53945	31.96655
2802	16.98748	3.33675	25.63110	2842	18.22218	−0.48272	0.79538
2803	20.42409	1.13181	0.62048	2843	13.95641	−4.88724	32.84325
2804	21.56841	0.18303	0.07131	2844	12.85584	−3.96801	30.53981
2805	22.58038	−0.16070	1.19581	2845	13.60045	3.98932	30.50516
2806	23.48378	−1.14285	0.68401	2846	13.90181	3.70066	28.73055
2807	22.50634	0.38986	2.38296	2847	15.10045	4.63454	29.69920
2808	18.14095	0.47074	25.51099	2848	17.41607	3.31945	24.74959
2809	19.25033	1.45629	25.05701	2849	20.09403	0.76927	1.63258
2810	19.58552	1.51035	23.68874	2850	20.80744	2.18100	0.74392
2811	20.66331	2.26990	23.18011	2851	19.69750	−3.47818	32.92304
2812	21.42009	3.03537	24.12511	2852	18.72988	−4.90076	33.39144
2813	21.06656	3.02889	25.52221	2853	21.09802	−5.68636	33.52382
2814	19.99625	2.25162	25.97995	2854	17.44672	0.27086	24.64750
2815	20.82946	2.12449	21.76318	2855	18.59543	−0.52331	25.78862
2816	19.56227	1.43854	21.29256	2856	21.63479	3.64245	26.25251
2817	18.89410	0.74797	22.52578	2857	19.73289	2.24580	27.06453
2818	22.56867	3.87196	23.64400	2858	19.76041	0.72724	20.44411
2819	23.65426	4.40325	24.69251	2859	18.85421	2.21358	20.87928
2820	24.91568	3.56166	24.62389	2860	19.11945	−0.35126	22.57297
2821	22.87897	4.16254	22.40960	2861	17.77543	0.85723	22.53411
2822	25.96285	4.15962	25.53542	2862	23.23522	4.39396	25.73442
2823	27.23971	3.19044	25.59239	2863	23.89293	5.47483	24.44522
2824	27.78664	2.96416	24.17601	2864	24.68089	2.52301	24.99186
2825	26.92420	3.04747	23.04430	2865	26.28053	5.18141	25.18209
2826	25.40639	3.45700	23.18009	2866	25.54289	4.28847	26.57151
2827	27.42204	2.85751	21.73763	2867	26.95793	2.20496	26.05786
2828	28.80911	2.57076	21.57178	2868	28.03795	3.62779	26.25053

原子序号	X 坐标/Å	Y 坐标/Å	Z 坐标/Å	原子序号	X 坐标/Å	Y 坐标/Å	Z 坐标/Å
2869	24.77924	2.71093	22.60985	2909	24.50975	−1.24153	15.92759
2870	25.24845	4.44690	22.65799	2910	25.68450	−0.56899	16.27451
2871	26.75638	2.96652	20.85164	2911	24.26813	−3.47056	19.07177
2872	30.76214	2.21548	22.53144	2912	25.12000	−3.01261	20.24897
2873	29.65248	2.11053	26.10410	2913	26.38869	−2.30245	19.68536
2874	30.45334	3.63021	25.51188	2914	22.60800	−2.83667	16.45625
2875	31.07204	2.02264	24.95630	2915	22.03111	−2.68384	14.97657
2876	28.71651	1.71028	19.53801	2916	22.42207	−3.88588	14.13439
2877	30.39326	1.92718	20.15889	2917	21.78349	−3.53720	17.21128
2878	31.20009	4.55162	18.36758	2918	21.90050	−3.73680	12.72175
2879	29.84124	4.09228	17.27388	2919	24.41636	27.31613	11.80100
2880	30.66753	1.75533	17.40521	2920	24.39134	25.89733	12.38918
2881	27.54372	1.73152	16.32168	2921	24.03094	25.66480	13.74924
2882	27.99108	2.25900	15.08635	2922	23.58023	26.84253	14.70207
2883	29.15282	1.75534	14.45328	2923	24.02775	24.35598	14.27208
2884	29.99323	0.79525	15.11031	2924	24.40906	23.27864	13.41877
2885	29.51627	0.19727	16.30158	2925	24.80445	23.47598	12.06887
2886	28.28283	0.63203	16.85383	2926	24.78685	24.79561	11.55712
2887	31.28475	0.45796	14.53484	2927	25.18666	25.02416	10.07807
2888	−2.24470	−0.67292	15.22145	2928	24.44842	21.84532	14.02281
2889	−0.91144	−1.10907	14.60413	2929	23.06447	21.45292	14.61552
2890	−0.33278	−2.28512	15.15459	2930	23.15289	20.10412	15.31844
2891	0.85114	−2.80365	14.57088	2931	21.96090	22.17409	14.59159
2892	1.52946	−2.12770	13.51233	2932	22.48029	18.93464	14.62801
2893	0.97965	−0.93709	12.99754	2933	27.39079	3.06018	14.60212
2894	−0.24499	−0.43932	13.51867	2934	30.08090	−0.63165	16.78551
2895	29.43758	2.16921	13.08865	2935	31.34439	−1.56657	15.28579
2896	−0.77970	0.74176	12.90895	2936	−2.08650	−0.39623	16.30540
2897	28.53432	3.24093	12.56137	2937	−0.82342	−2.80329	16.00810
2898	26.33841	2.25162	16.90351	2938	2.47062	−2.54163	13.08698
2899	1.49213	−4.17382	14.93023	2939	1.48417	−0.39696	12.16188
2900	1.11216	−4.72102	16.36163	2940	−1.66263	0.99660	13.21560
2901	1.33722	26.75621	16.37939	2941	28.73873	3.44962	11.47254
2902	1.13923	26.14473	17.65337	2942	28.66146	4.21722	13.11617
2903	0.48901	26.96113	15.39800	2943	27.44513	2.96859	12.65910
2904	27.63571	−0.14244	18.03079	2944	25.91397	1.99139	17.72807
2905	26.35913	−0.85910	17.50029	2945	2.60912	−4.09009	14.84509
2906	25.78931	−1.83897	18.32896	2946	2.84526	27.11399	14.16762
2907	24.59979	−2.54721	18.03300	2947	1.20183	−3.90527	17.12837
2908	23.92168	−2.23486	16.80270	2948	3.49092	26.53321	16.69050

原子序号	X 坐标/Å	Y 坐标/Å	Z 坐标/Å	原子序号	X 坐标/Å	Y 坐标/Å	Z 坐标/Å
2949	0.31652	25.84603	18.07226	2989	16.27238	13.57186	31.74863
2950	27.34057	0.56141	18.85948	2990	16.04902	12.24174	32.19272
2951	28.35298	−0.88983	18.46955	2991	17.09788	8.22351	33.33302
2952	24.01746	−0.97862	14.96862	2992	16.63529	11.10613	31.55317
2953	26.09229	0.21201	15.58803	2993	17.86797	7.71653	32.15082
2954	25.35754	−3.84488	20.96320	2994	23.77814	14.47465	0.87090
2955	24.53660	−2.25781	20.85104	2995	16.55576	19.74710	0.52841
2956	27.25076	−3.00437	19.53008	2996	16.68332	19.67136	2.10126
2957	26.75247	−1.45609	20.32828	2997	18.12411	19.92821	2.63639
2958	22.41972	−1.73921	14.50480	2998	19.20908	19.34012	1.94745
2959	20.91216	−2.58235	15.02717	2999	18.12803	20.67122	3.72141
2960	23.54583	−3.93048	14.11353	3000	22.34741	16.44993	2.70668
2961	20.80820	−3.99851	12.66643	3001	23.65977	15.98242	3.38070
2962	22.01036	−2.67718	12.35701	3002	23.67468	14.85964	4.23251
2963	23.81347	−4.37647	11.71313	3003	24.82228	14.38939	4.90808
2964	24.02246	27.30421	10.75074	3004	26.04999	15.10986	4.68218
2965	23.96362	26.67466	15.74935	3005	26.04959	16.29088	3.84753
2966	22.45675	26.85218	14.77027	3006	24.88410	16.69676	3.19325
2967	23.71634	24.16020	15.32173	3007	24.56087	13.23879	5.71634
2968	25.13879	22.61893	11.44027	3008	23.12289	12.84014	5.42212
2969	24.27970	25.18012	9.42810	3009	22.45244	13.95922	4.56359
2970	25.75710	24.14330	9.66860	3010	27.36011	14.59943	5.17686
2971	25.83167	25.93885	9.96460	3011	28.66500	15.49888	5.32944
2972	25.22151	21.78625	14.83948	3012	28.89564	15.96135	6.75842
2973	24.77163	21.09877	13.24485	3013	27.56870	13.34512	5.52815
2974	22.65076	20.20970	16.32806	3014	30.17500	16.75771	6.88466
2975	24.23056	19.82574	15.51494	3015	30.00301	17.64086	8.21382
2976	21.57288	19.03349	14.26587	3016	29.65248	16.73666	9.40462
2977	22.34110	14.43875	1.02761	3017	29.20615	15.39458	9.20489
2978	21.60522	13.49895	0.26879	3018	28.96148	14.80748	7.75905
2979	20.19393	13.39329	0.36895	3019	28.99365	14.53864	10.30548
2980	19.51274	14.28599	1.23768	3020	29.18176	15.05737	11.62223
2981	20.23324	15.23511	2.00508	3021	29.53146	16.41493	11.85404
2982	21.64032	15.31339	1.90230	3022	29.76757	17.25410	10.74048
2983	18.05333	14.38573	1.39550	3023	30.09910	18.72770	11.08620
2984	17.38103	14.69772	0.09492	3024	28.94432	14.14575	12.85762
2985	15.19899	12.01413	33.32618	3025	30.12044	14.25726	13.87833
2986	16.98852	17.21502	0.30793	3026	30.37491	12.95938	14.67531
2987	17.23174	18.53241	−0.16034	3027	30.84357	15.30439	14.16078
2988	15.65306	14.64722	32.42039	3028	30.02102	11.66171	14.04679

原子序号	X坐标/Å	Y坐标/Å	Z坐标/Å	原子序号	X坐标/Å	Y坐标/Å	Z坐标/Å
3029	19.77114	8.68575	33.31014	3069	28.00190	14.46020	13.39200
3030	19.68101	15.95295	2.65619	3070	29.81502	13.02583	15.65909
3031	16.27165	14.49682	0.20374	3071	31.46205	12.92810	14.99019
3032	15.38442	9.86505	33.02048	3072	30.09466	10.83228	14.49630
3033	16.35472	17.02156	1.20138	3073	6.29583	11.41014	17.71906
3034	15.78613	15.68306	32.04203	3074	4.89502	11.40371	17.94156
3035	16.90961	13.76510	30.85566	3075	4.13038	10.22362	17.80529
3036	17.31536	10.84174	30.87674	3076	4.79009	8.99557	17.47587
3037	18.82980	7.21611	32.45812	3077	6.18240	8.99097	17.23764
3038	18.16303	8.56191	31.43909	3078	6.92898	10.19328	17.35256
3039	17.27401	6.96753	31.55290	3079	3.98729	7.78103	17.42000
3040	24.41952	14.99468	1.35795	3080	4.51381	6.71113	16.49739
3041	15.46394	19.78543	0.25592	3081	3.49488	5.67498	15.98606
3042	17.00854	20.70561	0.15749	3082	3.95622	4.34631	15.79533
3043	16.33108	18.66519	2.45028	3083	3.05679	3.39180	15.25567
3044	16.00306	20.42069	2.58288	3084	1.73196	3.74565	14.86145
3045	20.17229	19.37030	2.33466	3085	1.28535	5.06325	15.08354
3046	21.62127	16.82939	3.47956	3086	2.14047	6.03449	15.67065
3047	22.57111	17.32008	2.02728	3087	2.68263	10.23538	17.94379
3048	26.98916	16.85430	3.66979	3088	1.59640	7.34542	15.88314
3049	24.92136	17.57923	2.51543	3089	2.12903	11.51411	18.48996
3050	22.55191	12.63112	6.36730	3090	6.98649	12.67458	17.85698
3051	23.10094	11.86251	4.86250	3091	3.52257	1.92398	15.07007
3052	21.66554	14.53131	5.12473	3092	2.63783	0.97489	15.97117
3053	21.95805	13.55452	3.63752	3093	3.22359	−0.47007	15.90487
3054	28.59026	16.39694	4.65599	3094	2.40764	−1.34425	16.69248
3055	29.55588	14.90613	4.97561	3095	4.29652	−0.72952	15.21503
3056	28.03213	16.62924	7.03243	3096	8.44442	10.10547	16.97606
3057	31.07061	16.08061	6.98586	3097	9.33426	11.04717	17.82070
3058	30.36431	17.40572	5.98394	3098	9.98159	12.14998	17.22421
3059	29.20067	18.41600	8.07607	3099	10.75508	13.08743	17.94382
3060	30.94896	18.21018	8.42442	3100	10.87694	12.90615	19.36610
3061	28.01376	14.19598	7.73889	3101	10.26605	11.75338	19.98549
3062	29.79418	14.09136	7.49649	3102	9.51524	10.85146	19.22422
3063	28.69096	13.47830	10.14619	3103	11.33084	14.09506	17.10473
3064	29.61860	16.80857	12.89399	3104	11.05016	13.64068	15.68482
3065	30.91631	18.79579	11.85993	3105	9.92456	12.55792	15.72699
3066	29.20101	19.24989	11.52813	3106	11.61499	13.87475	20.23285
3067	30.42009	19.31498	10.18166	3107	12.29107	13.35019	21.57636
3068	28.79212	13.07513	12.54678	3108	13.27070	12.20141	21.38146

续表

原子序号	X坐标/Å	Y坐标/Å	Z坐标/Å	原子序号	X坐标/Å	Y坐标/Å	Z坐标/Å
3109	11.86881	15.15737	20.07292	3149	8.91692	12.98013	15.46055
3110	14.37469	12.31247	22.41003	3150	11.47976	13.04226	22.29362
3111	15.18410	10.92869	22.42056	3151	12.81862	14.22708	22.05453
3112	15.69775	10.61113	21.00886	3152	12.72473	11.22831	21.53238
3113	15.04006	11.13065	19.85429	3153	15.07878	13.15712	22.16218
3114	13.86595	12.18227	19.97648	3154	13.96071	12.52435	23.43594
3115	15.47485	10.75937	18.56531	3155	14.51996	10.09794	22.78419
3116	16.58489	9.86884	18.44340	3156	16.04009	10.97610	23.14564
3117	17.26693	9.34770	19.57702	3157	13.07106	11.94825	19.21041
3118	16.82370	9.73129	20.86348	3158	14.25606	13.20787	19.71234
3119	17.57360	9.19287	22.10821	3159	14.96737	11.15917	17.65830
3120	17.10987	9.45700	17.04402	3160	18.13530	8.66131	19.45366
3121	16.27899	8.25417	16.48061	3161	17.97223	10.03697	22.73991
3122	17.09788	7.33126	15.55606	3162	18.44490	8.54288	21.81619
3123	15.05434	8.03645	16.86709	3163	16.88862	8.58217	22.76395
3124	16.40492	6.77514	14.36968	3164	18.20022	9.18362	17.09478
3125	4.39153	12.35773	18.20958	3165	17.02079	10.32111	16.32819
3126	6.69470	8.04656	16.94692	3166	17.43429	6.45013	16.18815
3127	5.37436	6.17501	16.99030	3167	18.03855	7.86980	15.23065
3128	4.98734	7.22894	15.60718	3168	15.65290	6.20416	14.42089
3129	4.99493	4.05768	16.07523	3169	3.36029	6.50638	23.38531
3130	1.05517	2.99676	14.39168	3170	2.67141	5.28540	23.52820
3131	0.24341	5.34868	14.80503	3171	3.15841	4.05667	23.01476
3132	2.15894	7.99291	16.32896	3172	4.43979	4.04420	22.39388
3133	2.44290	12.40995	17.88116	3173	5.11234	5.27312	22.16941
3134	2.48980	11.70536	19.54440	3174	4.55137	6.49720	22.61154
3135	1.00032	11.49537	18.51934	3175	5.06841	2.79341	21.97576
3136	7.93516	12.78047	17.79419	3176	6.57295	2.81234	22.02148
3137	4.60263	1.81089	15.35685	3177	7.30611	1.46252	22.07267
3138	3.42812	1.60451	13.99625	3178	8.66591	1.52638	22.48511
3139	1.56672	0.97739	15.63625	3179	9.42586	0.33366	22.55330
3140	2.62510	1.33746	17.03372	3180	8.84971	−0.92650	22.20969
3141	2.59707	−2.28938	16.73817	3181	7.50571	−0.98864	21.80031
3142	8.57460	10.35324	15.88454	3182	6.71974	0.19534	21.73406
3143	8.77065	9.03808	17.10269	3183	2.22892	2.95014	23.21580
3144	10.35769	11.60362	21.08343	3184	5.36365	0.02756	21.29650
3145	9.02050	9.98692	19.72292	3185	2.64499	1.72554	22.46737
3146	11.98968	13.18246	15.25243	3186	2.74851	7.66058	24.01744
3147	10.80124	14.50866	15.01401	3187	10.91595	0.34152	22.98896
3148	10.12119	11.69746	15.03100	3188	11.05005	0.46004	24.55850

原子序号	X坐标/Å	Y坐标/Å	Z坐标/Å	原子序号	X坐标/Å	Y坐标/Å	Z坐标/Å
3189	10.20534	−0.63782	25.27659	3229	3.59193	1.28935	22.90449
3190	10.14731	−1.86829	24.55789	3230	2.87962	1.96445	21.38721
3191	9.65721	−0.28618	26.40912	3231	1.84808	0.92643	22.48817
3192	5.31351	7.80051	22.19172	3232	3.08086	8.55495	24.05454
3193	4.47207	9.07864	22.39897	3233	11.46477	1.19492	22.50553
3194	3.27638	9.32058	21.68142	3234	11.41942	−0.61032	22.67002
3195	2.39368	10.39380	21.94854	3235	10.75690	1.47991	24.91757
3196	2.76275	11.29168	23.00591	3236	12.12747	0.33007	24.84237
3197	4.01918	11.11205	23.69283	3237	9.57557	−2.62158	24.79645
3198	4.84645	10.02260	23.40725	3238	5.60812	7.71712	21.10675
3199	1.22020	10.38898	21.12556	3239	6.27500	7.87738	22.77326
3200	1.26230	9.06589	20.38159	3240	4.33095	11.82819	24.48176
3201	2.69367	8.45532	20.53152	3241	5.78974	9.88270	23.98378
3202	1.85334	12.38328	23.47117	3242	0.97533	9.19900	19.30151
3203	2.40324	13.33603	24.64107	3243	0.49256	8.36717	20.81745
3204	3.35945	14.34472	24.04113	3244	3.29528	8.57568	19.58702
3205	0.64221	12.71588	23.11540	3245	2.68484	7.36171	20.78806
3206	3.94963	15.25177	25.09498	3246	2.91526	12.71616	25.42584
3207	5.17007	16.04772	24.42119	3247	1.53542	13.84651	25.13950
3208	4.71049	16.77537	23.14967	3248	4.20097	13.78514	23.54457
3209	3.55425	16.33329	22.43991	3249	3.18037	15.97959	25.47463
3210	2.62620	15.18192	22.98845	3250	4.31400	14.66605	25.98461
3211	3.15481	16.95700	21.24031	3251	5.99921	15.32791	24.17670
3212	3.91722	18.06031	20.75373	3252	5.60846	16.78419	25.14698
3213	5.06898	18.53944	21.43631	3253	2.26683	14.53120	22.13871
3214	5.45467	17.89128	22.63366	3254	1.69736	15.64084	23.43475
3215	6.64829	18.50244	23.40934	3255	2.25190	16.60379	20.69215
3216	3.39966	18.75474	19.46670	3256	5.64389	19.41220	21.05053
3217	2.22767	19.71286	19.86166	3257	7.36076	19.03391	22.71656
3218	1.05116	19.80204	18.86830	3258	7.22256	17.71821	23.97765
3219	2.12109	20.44709	20.93392	3259	6.28578	19.27095	24.15553
3220	1.14878	19.01127	17.61895	3260	3.03403	17.99877	18.71640
3221	1.69662	5.28512	24.06461	3261	4.22855	19.33781	18.97774
3222	6.07686	5.28341	21.61355	3262	0.87751	20.88850	18.60270
3223	6.91188	3.45225	22.89102	3263	0.09303	19.52483	19.40442
3224	6.93363	3.38583	21.11447	3264	0.49643	19.16850	16.89387
3225	9.13225	2.50173	22.74798	3265	23.48846	24.33760	32.20847
3226	9.45052	−1.85984	22.26594	3266	24.89115	24.16975	32.10239
3227	7.05614	−1.96953	21.52175	3267	25.57656	23.24106	32.92102
3228	4.87706	0.84773	21.15230	3268	27.25180	26.56271	0.13358

续表

原子序号	X 坐标/Å	Y 坐标/Å	Z 坐标/Å	原子序号	X 坐标/Å	Y 坐标/Å	Z 坐标/Å
3269	25.84719	26.67969	0.21335	3309	15.34960	24.10795	0.34891
3270	22.79354	23.49756	33.12497	3310	16.49686	23.52156	0.93607
3271	28.02814	25.63573	0.94534	3311	16.60077	23.51821	2.48165
3272	27.36415	25.09694	2.19686	3312	11.72855	20.73294	31.89998
3273	28.29747	24.71263	3.35476	3313	11.11371	19.70547	30.89057
3274	27.71421	24.04572	4.46653	3314	9.85885	18.97894	31.40600
3275	28.55010	23.68976	5.55463	3315	11.63354	19.43606	29.72665
3276	29.95531	23.93779	5.54684	3316	9.60286	19.10639	32.86630
3277	30.51873	24.60464	4.44270	3317	25.45508	24.79286	31.37431
3278	29.70451	25.00454	3.34754	3318	25.26387	26.02574	0.89951
3279	27.02164	23.09385	32.85583	3319	26.74616	24.19716	1.90753
3280	30.39208	25.68348	2.28943	3320	26.60020	25.84323	2.56311
3281	27.67958	23.90278	31.78199	3321	26.62842	23.79180	4.47616
3282	21.08869	−6.74684	31.44186	3322	30.59966	23.60906	6.39159
3283	27.93483	22.98003	6.79159	3323	31.61278	24.81455	4.41608
3284	28.44047	23.68069	8.11360	3324	29.90799	25.96861	1.49928
3285	28.02410	22.87364	9.38273	3325	27.52856	25.01061	31.93530
3286	27.83001	21.48039	9.19096	3326	27.26078	23.66167	30.76171
3287	27.96637	23.60216	10.46928	3327	28.79068	23.70267	31.75637
3288	21.24582	23.65423	33.17028	3328	21.29087	−6.16331	30.70817
3289	20.64219	22.48925	32.34610	3329	28.21970	21.89388	6.81447
3290	20.37981	22.55844	30.95899	3330	26.81389	23.01332	6.74230
3291	19.80114	21.50165	30.21398	3331	28.06020	24.73403	8.17487
3292	19.48803	20.30115	30.93274	3332	29.55888	23.76628	8.09070
3293	19.79069	20.20364	32.33924	3333	27.53291	20.79687	9.87603
3294	20.34767	21.27690	33.03939	3334	20.94275	24.64395	32.72623
3295	19.61801	21.80788	28.82573	3335	23.26918	27.75481	0.50969
3296	19.90749	23.29307	28.71020	3336	19.61396	19.25243	32.88354
3297	20.68247	23.73720	29.99444	3337	22.96451	25.31642	0.40334
3298	18.85240	19.11227	30.28229	3338	18.93747	23.85864	28.62067
3299	18.56560	17.88038	31.26696	3339	20.46153	23.53303	27.76175
3300	17.47863	18.34887	32.21120	3340	20.34851	24.72783	30.40312
3301	18.46083	18.92071	29.05277	3341	21.78740	23.83045	29.80619
3302	17.38846	17.54343	33.48340	3342	19.50822	17.60592	31.81925
3303	18.85896	22.50313	0.78514	3343	18.24405	16.97338	30.68702
3304	17.56137	22.99432	0.12749	3344	17.69785	19.41598	32.50204
3305	15.03484	18.89559	32.43114	3345	16.94856	16.52547	33.30167
3306	16.14025	18.32992	31.46133	3346	20.79719	21.50918	0.21420
3307	13.90461	19.47443	31.82141	3347	19.43438	23.38243	1.18435
3308	12.88800	20.02658	32.65401	3348	18.62479	21.87579	1.68723

原子序号	X坐标/Å	Y坐标/Å	Z坐标/Å	原子序号	X坐标/Å	Y坐标/Å	Z坐标/Å
3349	16.19911	18.95525	30.52389	3389	25.82375	11.84685	15.73997
3350	15.87537	17.28790	31.12449	3390	26.31629	11.35662	16.95522
3351	13.82080	19.53460	30.71304	3391	27.31600	15.40542	15.92782
3352	14.53507	24.53317	0.97886	3392	28.25978	15.73667	17.07202
3353	16.80465	22.48429	2.87818	3393	28.23238	14.56614	18.10542
3354	15.65472	23.89721	2.96008	3394	25.59227	13.68180	13.99051
3355	17.44422	24.17559	2.83800	3395	24.94384	12.63010	12.97184
3356	12.11473	21.63043	31.33927	3396	23.44509	12.85541	12.93126
3357	10.94511	21.09256	32.61980	3397	25.63685	14.88513	13.47024
3358	9.90488	17.88611	31.12000	3398	22.70778	11.83769	13.76953
3359	8.95326	19.36000	30.84324	3399	21.17122	12.28568	13.87663
3360	8.79849	18.76152	33.30404	3400	20.55320	12.54322	12.49542
3361	28.01660	9.18117	19.50499	3401	21.37306	12.87988	11.37660
3362	27.62841	8.07291	20.29618	3402	22.94483	12.80721	11.48430
3363	26.58322	8.15964	21.25156	3403	20.78817	13.23727	10.14290
3364	25.82474	9.36305	21.35018	3404	19.36484	13.28301	10.03973
3365	26.23289	10.48222	20.57939	3405	18.52286	12.90765	11.11979
3366	27.34883	10.42596	19.71646	3406	19.12515	12.52959	12.34189
3367	24.66263	9.63237	22.19119	3407	18.14548	12.17518	13.48799
3368	24.01912	8.36959	22.69601	3408	18.64863	13.78808	8.75622
3369	22.60905	8.47876	23.29996	3409	17.82205	12.64878	8.07704
3370	21.78632	7.33055	23.16230	3410	18.64125	11.77182	7.11691
3371	20.46789	7.35981	23.68017	3411	16.53303	12.56998	8.28156
3372	19.95477	8.51667	24.34122	3412	19.71784	12.46475	6.37240
3373	20.79003	9.64189	24.49509	3413	28.17744	7.11442	20.16131
3374	22.11714	9.64085	23.98636	3414	25.66507	11.43444	20.68208
3375	26.33964	7.03674	22.14766	3415	24.71791	7.93470	23.47620
3376	22.92811	10.80708	24.18463	3416	24.02560	7.60336	21.86240
3377	27.35235	5.94100	22.03900	3417	22.16033	6.42805	22.63537
3378	29.10108	9.00423	18.57699	3418	18.91658	8.53397	24.73931
3379	19.57446	6.09644	23.56608	3419	20.41480	10.54545	25.02678
3380	19.41604	5.63589	22.06316	3420	23.80006	10.80309	23.77524
3381	18.27676	4.57651	22.02203	3421	27.19826	5.32915	21.10126
3382	17.86836	4.41306	20.67051	3422	27.29869	5.23268	22.91500
3383	17.84423	3.98753	23.10943	3423	28.40688	6.33467	21.98065
3384	27.84365	11.76161	19.09511	3424	29.47149	9.74127	18.09023
3385	27.12215	12.19104	17.78841	3425	18.55321	6.29441	23.99104
3386	27.37648	13.50821	17.35367	3426	20.01631	5.24122	24.14752
3387	26.89554	14.05451	16.14265	3427	20.37771	5.19621	21.68186
3388	26.10148	13.19577	15.30595	3428	19.17587	6.49760	21.38627

原子序号	X 坐标/Å	Y 坐标/Å	Z 坐标/Å	原子序号	X 坐标/Å	Y 坐标/Å	Z 坐标/Å
3429	17.14597	3.72591	20.46068	3469	3.02905	7.80384	28.27234
3430	28.96704	11.69117	18.86253	3470	3.46729	6.70566	27.48148
3431	27.73009	12.59800	19.84270	3471	7.51779	3.46409	26.10118
3432	25.21217	11.17212	15.10501	3472	4.57415	6.94015	26.60022
3433	26.08739	10.31004	17.26797	3473	8.92340	2.98589	25.90960
3434	27.98345	16.71964	17.54459	3474	6.48459	−1.13893	24.79851
3435	29.30325	15.88673	16.67478	3475	0.63790	6.07873	30.70453
3436	27.75616	14.87046	19.07781	3476	1.63531	6.35340	31.89698
3437	29.25774	14.17435	18.35051	3477	1.38612	7.73912	32.56591
3438	25.19613	11.57223	13.25995	3478	4.58577	11.95672	0.02239
3439	25.39805	12.79465	11.95470	3479	0.58270	8.61852	32.04166
3440	23.24745	13.87755	13.35691	3480	3.42909	−0.55891	24.85286
3441	22.77561	10.81402	13.30918	3481	3.73112	−1.99456	25.34197
3442	23.15770	11.76115	14.79887	3482	4.10197	−3.00666	24.43072
3443	21.09336	13.21697	14.50339	3483	4.33266	−4.35791	24.77820
3444	20.57612	11.50284	14.41450	3484	4.15335	−4.70363	26.15823
3445	23.39938	13.63574	10.87631	3485	3.83846	−3.67036	27.11569
3446	23.30547	11.85473	11.00375	3486	3.61549	−2.34862	26.72112
3447	21.42556	13.48141	9.26555	3487	4.71070	−5.16454	23.65642
3448	17.41539	12.92016	11.00726	3488	5.02282	−4.16630	22.55424
3449	17.81549	13.10256	14.03899	3489	4.30357	−2.82256	22.90361
3450	18.61739	11.47815	14.23451	3490	4.27842	−6.09767	26.68875
3451	17.22020	11.67008	13.08473	3491	4.06902	−6.26917	28.27160
3452	19.40424	14.17749	8.02329	3492	2.62860	−6.54046	28.64618
3453	17.94049	14.62588	9.00499	3493	6.19206	24.82027	26.09783
3454	17.95073	11.23317	6.37357	3494	3.92709	24.07667	28.33946
3455	19.12210	10.92199	7.69890	3495	2.56969	23.75573	29.13033
3456	20.15639	12.06588	5.59541	3496	1.48103	24.75642	28.72013
3457	5.93260	0.14657	25.13194	3497	0.16809	−6.05576	28.11121
3458	6.88119	1.17346	25.38006	3498	1.66508	−5.59882	27.91994
3459	6.50383	2.46738	25.79795	3499	−0.83680	−5.19796	27.62147
3460	5.10863	2.75898	25.93984	3500	−2.20279	−5.55631	27.82779
3461	4.14985	1.76433	25.62463	3501	−0.92803	25.29885	28.48837
3462	4.54999	0.46254	25.23413	3502	0.09796	24.42383	28.91480
3463	4.70135	4.07425	26.40029	3503	−0.28563	23.04246	29.50163
3464	3.25274	4.17119	26.81778	3504	−3.27648	−4.61267	27.23631
3465	2.83603	5.41958	27.61314	3505	30.58119	−5.13215	25.81357
3466	1.81088	5.22118	28.57633	3506	32.44501	25.44632	25.47942
3467	1.47806	6.31227	29.42320	3507	30.14528	−4.22794	24.97224
3468	2.02834	7.61863	29.24747	3508	31.23992	24.62447	25.08554

原子序号	X坐标/Å	Y坐标/Å	Z坐标/Å	原子序号	X坐标/Å	Y坐标/Å	Z坐标/Å
3509	7.95451	0.93018	25.23038	3551	−1.11598	25.37447	24.60312
3510	3.06610	2.01248	25.65787	3552	31.39329	23.63788	25.00783
3511	2.96704	3.24602	27.39751	3553	7.90360	−4.31339	26.09685
3512	2.63115	4.10580	25.87471	3554	7.71544	−3.15317	26.88022
3513	1.34447	4.22112	28.72136	3555	7.24062	−3.23053	28.21856
3514	1.71922	8.44814	29.92227	3556	6.94201	−4.50234	28.77613
3515	3.51955	8.79709	28.14888	3557	7.13511	−5.67060	27.99684
3516	4.88611	6.18385	26.09020	3558	7.60385	−5.58084	26.67237
3517	9.13820	2.05415	26.50973	3559	6.37242	−4.81513	30.09289
3518	9.67460	3.77005	26.21548	3560	7.04058	−4.08884	31.22478
3519	9.12476	2.71658	24.83315	3561	6.46053	−4.30712	32.63551
3520	6.04660	−1.96658	24.62584	3562	9.77951	−0.11451	−0.01792
3521	0.25034	5.02404	30.74487	3563	9.28792	−0.31597	1.29739
3522	−0.25261	6.76334	30.76661	3564	7.90794	−0.54059	1.57756
3523	2.69203	6.31373	31.52010	3565	7.00362	−0.56392	0.49802
3524	1.57603	5.51148	32.66994	3566	5.06568	−4.54200	32.88497
3525	4.56138	12.71356	0.62942	3567	7.05194	−2.01366	28.99992
3526	3.30984	−0.58928	23.73335	3568	4.07550	−4.61889	31.84914
3527	2.44800	−0.19922	25.27579	3569	7.18964	−0.74795	28.21582
3528	3.75422	−3.91969	28.19500	3570	8.40046	−4.21271	24.74115
3529	3.33636	−1.58071	27.48125	3571	10.33436	−0.34101	2.43738
3530	4.74520	−4.55743	21.53842	3572	10.81138	−1.84463	2.55628
3531	6.13520	−3.99070	22.50818	3573	12.23029	−1.90062	3.20302
3532	3.31570	−2.72239	22.37804	3574	12.64063	−0.61298	3.65373
3533	4.90862	−1.90932	22.64567	3575	12.85776	−3.04210	3.22605
3534	4.43477	−5.33777	28.78345	3576	9.40538	25.13795	25.87578
3535	6.39040	24.94446	28.62232	3577	10.79253	25.14494	25.18665
3536	2.51582	−6.38507	29.75711	3578	10.87378	24.97894	23.78796
3537	3.78808	23.92819	27.23204	3579	12.06404	25.14519	23.04292
3538	4.73636	23.36980	28.67189	3580	13.25150	25.48086	23.76835
3539	2.74537	23.81334	30.23950	3581	13.20328	25.56664	25.20568
3540	2.24000	22.69236	28.91932	3582	11.99949	25.41181	25.90255
3541	1.77655	−4.53626	28.28396	3583	11.86525	24.94036	21.63694
3542	1.90416	−5.57524	26.81704	3584	10.49406	24.30289	21.52324
3543	−0.57076	−4.25331	27.09479	3585	9.70230	24.64044	22.82942
3544	−2.00278	25.03803	28.61676	3586	14.56110	25.75518	23.08135
3545	0.13473	22.21053	28.86393	3587	15.90578	25.52110	23.92276
3546	−1.40187	22.91099	29.53668	3588	16.51188	24.17974	23.56829
3547	0.12656	22.90199	30.54159	3589	14.79796	26.05623	21.83505
3548	−2.88065	−3.56207	27.15800	3590	16.98768	24.15753	22.13316
3549	30.09821	−4.56870	27.90768	3591	17.96554	22.89145	22.02302
3550	−1.31786	24.91540	26.33649	3592	17.22305	21.60752	22.41610

原子序号	X坐标/Å	Y坐标/Å	Z坐标/Å	原子序号	X坐标/Å	Y坐标/Å	Z坐标/Å
3593	16.08490	21.68246	23.27345	3635	18.84995	23.05222	22.69667
3594	15.50516	23.05042	23.80298	3636	18.38552	22.79369	20.98793
3595	15.37840	20.51681	23.63346	3637	15.24630	22.96060	24.89726
3596	15.85924	19.25722	23.16790	3638	14.53669	23.27641	23.26831
3597	17.00918	19.14043	22.34057	3639	14.45871	20.58123	24.25681
3598	17.67122	20.32557	21.94633	3640	17.36395	18.14280	21.99247
3599	18.87241	20.12243	20.98964	3641	18.81865	19.12365	20.47173
3600	15.08634	17.93515	23.42672	3642	19.85357	20.16436	21.54098
3601	14.20134	17.96700	24.71593	3643	18.90454	20.92393	20.19871
3602	13.08743	16.91752	24.59686	3644	15.81735	17.08304	23.48793
3603	14.34098	18.72118	25.77011	3645	14.43376	17.68857	22.54220
3604	13.35667	15.83007	23.57818	3646	12.10562	17.41484	24.34767
3605	7.94316	−2.16321	26.42327	3647	12.93143	16.44955	25.61118
3606	8.57680	25.38753	28.44528	3648	14.13923	15.29626	23.68791
3607	7.00751	−2.98056	30.99105	3649	30.37907	8.99870	32.35145
3608	8.14851	−4.32465	31.21928	3650	29.36370	8.14631	31.84752
3609	8.47227	−4.09252	33.52040	3651	28.03095	8.59779	31.67821
3610	7.55450	−0.71667	2.61810	3652	27.69149	9.94358	32.00696
3611	5.91811	−0.72354	0.68246	3653	28.67573	10.75316	32.63177
3612	4.40897	−4.50406	30.95470	3654	29.99278	10.29094	32.81785
3613	8.19517	−0.66421	27.67935	3655	26.44647	10.65451	31.75407
3614	7.07961	0.15972	28.87720	3656	25.51428	9.96252	30.79646
3615	6.40980	−0.68324	27.40036	3657	24.38469	10.82706	30.18304
3616	8.56858	−4.99012	24.20689	3658	24.60333	11.43096	28.91964
3617	9.90690	0.01262	3.41361	3659	23.58870	12.28920	28.42561
3618	11.20094	0.32989	2.18337	3660	22.40405	12.60356	29.15545
3619	10.82399	−2.33443	1.54596	3661	22.17984	11.94500	30.38259
3620	10.07570	−2.44634	3.15267	3662	23.15167	11.03759	30.87885
3621	13.56997	−0.34861	3.94202	3663	26.98618	7.71692	31.16884
3622	8.58193	25.05608	25.11114	3664	22.86214	10.34472	32.11131
3623	9.29402	24.26160	26.57020	3665	27.47572	6.44710	30.55216
3624	12.46208	−6.24846	25.77651	3666	−2.54824	8.50512	32.40307
3625	11.98282	25.51714	27.01957	3667	23.76353	12.93016	27.02925
3626	10.59967	23.18258	21.42274	3668	24.68291	14.20368	27.22343
3627	9.94789	24.61221	20.59076	3669	24.63297	15.01345	25.89607
3628	9.07324	23.78159	23.19128	3670	24.06019	14.25901	24.82795
3629	9.01385	25.51937	22.69648	3671	25.03597	16.25547	25.93317
3630	15.68868	25.57602	25.02343	3672	33.33029	15.36787	−0.10041
3631	14.97250	−5.71008	23.69268	3673	−2.07537	11.68643	32.84710
3632	17.40128	24.00361	24.23666	3674	1.31599	16.38926	−0.06191
3633	16.11506	24.07348	21.42578	3675	0.16683	12.72601	33.19012
3634	17.53815	25.10149	21.86327	3676	0.40104	12.65276	31.77013

原子序号	X 坐标/Å	Y 坐标/Å	Z 坐标/Å	原子序号	X 坐标/Å	Y 坐标/Å	Z 坐标/Å
3677	−0.62795	12.08811	30.91659	3719	32.75486	16.27243	0.25592
3678	−1.83373	11.61176	31.43989	3720	−0.46099	12.03373	29.81780
3679	3.38794	17.35994	0.51844	3721	−2.60175	11.16826	30.76213
3680	2.71986	16.88459	1.80094	3722	2.87157	17.60085	2.65397
3681	1.21406	16.64898	1.46610	3723	3.18487	15.90690	2.12541
3682	1.65650	13.14259	31.15652	3724	0.58951	17.56092	1.66779
3683	1.83194	12.87448	29.59683	3725	0.76351	15.79332	2.03872
3684	3.19748	12.24468	29.36714	3726	1.75175	13.85730	29.05034
3685	2.70880	13.75867	31.66548	3727	1.00589	12.21314	29.20752
3686	3.49158	12.11679	27.89159	3728	3.98118	12.90837	29.82717
3687	5.07393	11.86994	27.78885	3729	2.92325	11.26069	27.43169
3688	5.50951	10.70923	28.69443	3730	3.20159	13.04953	27.33203
3689	4.69746	10.24006	29.77013	3731	5.62437	12.79895	28.09752
3690	3.27931	10.87775	30.04619	3732	5.37814	11.67747	26.72568
3691	5.13256	9.18232	30.59453	3733	3.10438	10.96968	31.15769
3692	6.42366	8.62107	30.35408	3734	2.46905	10.19918	29.65722
3693	7.26550	9.07964	29.30451	3735	4.48303	8.79339	31.41117
3694	6.80759	10.13410	28.48127	3736	8.26199	8.61093	29.13555
3695	7.75193	10.69179	27.38683	3737	8.63174	10.00828	27.21490
3696	6.97274	7.44901	31.20694	3738	8.16223	11.70076	27.68225
3697	7.05109	6.18599	30.27950	3739	7.21683	10.82330	26.40506
3698	5.82899	5.98125	29.39554	3740	6.30166	7.24568	32.08556
3699	8.04962	5.35146	30.42858	3741	7.99514	7.68276	31.61323
3700	4.53165	5.67455	30.13366	3742	6.02116	5.15914	28.64546
3701	29.64113	7.10441	31.57395	3743	5.62392	6.91702	28.79051
3702	28.39151	11.77262	32.97350	3744	3.71512	5.64949	29.64959
3703	25.04075	9.09233	31.35676	3745	9.03019	11.07130	5.49231
3704	26.14021	9.50941	29.97170	3746	10.21006	10.47077	5.01273
3705	25.53067	11.24448	28.33527	3747	10.22145	9.18652	4.39637
3706	21.65645	13.31895	28.74781	3748	9.00998	8.44725	4.33035
3707	21.23784	12.12403	30.95163	3749	7.80392	9.04846	4.77426
3708	22.11539	10.37897	32.72095	3750	7.81483	10.34859	5.32693
3709	28.04863	6.63015	29.59577	3751	8.93721	7.05192	3.88845
3710	26.61864	5.76248	30.28850	3752	7.87348	6.29058	4.63014
3711	28.16675	5.88415	31.24169	3753	8.00883	4.75721	4.69882
3712	−1.73142	8.96501	32.61132	3754	7.83654	4.20587	5.99254
3713	22.77186	13.23676	26.59654	3755	7.97801	2.80277	6.14108
3714	24.23965	12.22276	26.29877	3756	8.20900	1.93818	5.02849
3715	25.73526	13.90608	27.47476	3757	8.34518	2.50173	3.74201
3716	24.32720	14.82706	28.08503	3758	8.28133	3.91139	3.56939
3717	23.81867	14.59427	23.94391	3759	11.52957	8.76295	3.91168
3718	−0.59269	14.83906	0.83181	3760	8.47231	4.49924	2.27284

续表

原子序号	X 坐标/Å	Y 坐标/Å	Z 坐标/Å	原子序号	X 坐标/Å	Y 坐标/Å	Z 坐标/Å
3761	11.46705	7.50942	3.09867	3801	7.64117	4.85602	6.87611
3762	9.06050	12.35564	6.16271	3802	8.29070	0.83850	5.17409
3763	7.94764	2.26336	7.59202	3803	8.51648	1.84502	2.85775
3764	9.43218	2.34850	8.12868	3804	8.51751	5.46029	2.26353
3765	9.42594	2.03444	9.65679	3805	10.66757	7.57936	2.30315
3766	10.76968	1.90289	10.13328	3806	11.19620	6.61327	3.73106
3767	8.30056	1.99440	10.31070	3807	12.44934	7.28107	2.59310
3768	6.48906	10.92375	5.91362	3808	9.87739	12.72777	6.57983
3769	5.43817	11.24210	4.82158	3809	7.57235	1.20468	7.63907
3770	5.52100	12.42684	4.04872	3810	7.28762	2.89427	8.24729
3771	4.48699	12.89852	3.20294	3811	9.84534	3.37837	7.95127
3772	3.31709	12.08039	3.11896	3812	10.10987	1.64591	7.57848
3773	3.25540	10.81640	3.80074	3813	10.91941	1.69039	11.06851
3774	4.29414	10.40471	4.64737	3814	6.74114	11.85633	6.49467
3775	4.78742	14.13973	2.54620	3815	6.04893	10.18424	6.64210
3776	6.22635	14.44802	2.90572	3816	2.34778	10.18035	3.70602
3777	6.69258	13.44170	4.01049	3817	4.19932	9.44831	5.21309
3778	2.10360	12.52701	2.32939	3818	6.34211	15.51998	3.22494
3779	1.43389	11.35113	1.47947	3819	6.87758	14.36455	1.99027
3780	0.11747	10.95726	2.12022	3820	6.83830	13.92655	5.02848
3781	1.55411	13.69127	2.13451	3821	7.66526	12.93916	3.76571
3782	−0.33917	9.61625	1.59029	3822	2.14204	10.47561	1.43733
3783	32.91030	9.15163	2.73169	3823	1.27201	11.69148	0.41710
3784	31.72686	10.12832	2.71618	3824	0.27545	10.85476	3.25244
3785	31.89128	11.47845	2.28458	3825	−0.83317	9.69472	0.57851
3786	−0.95881	12.01107	1.86591	3826	0.51278	8.88745	1.48771
3787	30.77710	12.33200	2.13975	3827	−0.84466	9.15387	3.73057
3788	29.48717	11.82928	2.49265	3828	32.56763	8.09799	2.56217
3789	29.30547	10.52758	3.03812	3829	−0.72203	12.96556	2.41752
3790	30.42460	9.66555	3.09861	3830	33.29735	12.28400	0.77141
3791	30.19560	8.20740	3.56777	3831	30.89613	13.36120	1.73061
3792	28.19483	12.64289	2.21676	3832	28.29631	10.17659	3.35619
3793	27.31791	11.76154	1.26158	3833	29.11173	7.91959	3.46197
3794	25.19812	7.76693	33.48523	3834	30.47187	8.08380	4.65289
3795	26.61977	10.79548	1.80338	3835	30.80862	7.47489	2.97363
3796	24.01188	7.75741	32.57694	3836	28.43130	13.63595	1.74791
3797	11.17540	11.01358	5.12176	3837	27.63322	12.83346	3.17439
3798	6.84276	8.49194	4.71795	3838	25.88375	6.92563	33.15789
3799	6.87567	6.54972	4.16922	3839	25.76735	8.73306	33.32220
3800	7.80682	6.70293	5.68843	3840	23.40279	8.48992	32.56106

附表 B-2　Given 煤聚合物模型原子坐标

原子序号	X 坐标/Å	Y 坐标/Å	Z 坐标/Å	原子序号	X 坐标/Å	Y 坐标/Å	Z 坐标/Å
1	1.78334	18.08837	5.19311	41	9.19384	17.97896	19.83348
2	3.14893	17.75328	5.45342	42	9.88140	19.29729	19.36920
3	3.99715	18.72775	6.08268	43	7.74865	17.26267	21.90644
4	5.45123	18.48323	6.33630	44	7.48010	15.84943	21.54751
5	5.96279	17.16839	6.07074	45	7.15567	15.55867	20.06272
6	5.05720	16.21297	5.57807	46	7.85727	16.14221	18.93556
7	3.70035	16.49250	5.19246	47	9.19266	16.79616	19.03620
8	2.97423	15.28758	4.55250	48	5.00491	14.31491	2.17930
9	3.73165	14.12488	5.30016	49	4.82341	11.38271	1.39708
10	5.20392	14.67931	5.39141	50	11.05912	19.12350	18.33041
11	6.21110	19.55874	6.91558	51	6.00379	14.76940	19.86886
12	5.53747	20.73949	7.26632	52	5.46428	14.66544	18.56169
13	4.11652	20.91930	7.09086	53	6.03854	15.37227	17.46082
14	3.34171	19.92876	6.48303	54	7.19173	16.16837	17.64612
15	3.40336	22.18806	7.64919	55	10.32720	16.40781	18.08904
16	3.89801	22.22919	9.12046	56	10.12974	14.91642	17.58633
17	3.07431	22.22264	10.26582	57	7.62619	17.17176	16.55979
18	3.73276	22.11921	11.54631	58	5.34985	15.28299	16.06581
19	5.20830	22.08303	11.66319	59	3.81675	15.35776	16.29228
20	5.96512	22.20098	10.46996	60	3.03579	16.20663	15.45110
21	5.32883	22.19578	9.22789	61	1.64874	16.39498	15.73970
22	6.19244	21.97726	7.95020	62	1.04239	15.62941	16.77714
23	1.64434	22.24991	10.24142	63	1.83314	14.78964	17.61429
24	5.84216	21.89900	12.82535	64	3.23428	14.66681	17.38998
25	5.07261	21.73656	13.89901	65	4.16143	13.84937	18.33784
26	3.64052	21.79491	13.93560	66	24.76544	14.07604	18.85212
27	2.95007	22.00824	12.74615	67	23.22317	13.92209	18.73690
28	5.54446	21.38477	15.26447	68	22.63937	12.95757	19.60422
29	4.40173	21.29096	16.16868	69	21.24623	12.77249	19.57967
30	4.59595	20.98819	17.51598	70	20.40627	13.54303	18.68313
31	5.94624	20.72311	17.94618	71	21.01067	14.53460	17.82741
32	7.11038	20.71648	16.98437	72	22.41409	14.70309	17.86116
33	6.88291	21.07149	15.62875	73	23.05139	15.79041	16.94350
34	3.09548	21.58840	15.37845	74	20.14428	15.37505	16.87547
35	8.43361	20.31099	17.39594	75	18.69172	15.54561	17.48604
36	8.60097	19.96435	18.73939	76	18.06912	14.11578	17.66820
37	7.51145	20.07038	19.67182	77	18.94995	13.29440	18.65961
38	6.19939	20.42207	19.32003	78	18.34076	12.35916	19.37929
39	7.90551	19.66305	21.12943	79	20.61028	11.81808	20.43123
40	8.29973	18.16481	20.95784	80	3.74400	16.96786	14.31602

原子序号	X坐标/Å	Y坐标/Å	Z坐标/Å	原子序号	X坐标/Å	Y坐标/Å	Z坐标/Å
81	2.66599	17.53959	13.28823	121	5.78373	14.43991	4.45850
82	1.66270	18.41320	14.13339	122	5.74292	14.20725	6.25329
83	0.79571	19.20633	13.07191	123	7.30160	19.44739	7.09735
84	0.11902	18.29008	12.10828	124	2.24906	20.06098	6.33036
85	0.58190	17.01714	11.92575	125	2.28455	22.11833	7.57239
86	1.81414	16.50671	12.55659	126	3.73342	23.10468	7.08502
87	0.77512	17.40084	14.95389	127	7.07651	22.19556	10.51618
88	2.23166	15.15900	12.49568	128	6.13558	22.87693	7.27603
89	1.47801	14.23496	11.73461	129	7.27344	21.79717	8.19665
90	0.34070	14.72321	11.01808	130	1.11119	22.29350	9.44441
91	23.46245	16.05362	11.08575	131	1.84008	22.06436	12.71048
92	23.04821	13.72781	10.15291	132	3.73994	20.94676	18.23094
93	5.94488	17.68851	2.60913	133	7.70099	21.07000	14.87678
94	7.04005	17.56254	1.73037	134	2.35298	20.74817	15.44149
95	8.31378	18.14165	1.98367	135	2.55716	22.49711	15.76434
96	11.73268	21.40965	22.07346	136	9.26966	20.23514	16.66716
97	11.57829	20.62635	20.89476	137	5.38563	20.43523	20.07712
98	10.30506	20.11825	20.60020	138	7.09240	19.83744	21.88330
99	9.25021	20.33382	21.50656	139	5.20046	15.22799	2.44476
100	10.72937	18.52905	1.40962	140	11.91342	18.54209	18.76888
101	10.82724	19.39135	2.59889	141	11.47756	20.11608	18.02634
102	9.74259	19.59671	3.45071	142	10.72149	18.59632	17.39214
103	8.43401	18.97493	3.21102	143	5.48793	14.29951	20.73771
104	9.79956	20.44062	4.73511	144	11.32892	16.51675	18.59312
105	10.96058	21.50992	4.58122	145	10.36415	17.10070	17.19526
106	12.30345	20.79786	4.21403	146	9.11129	14.77206	17.13459
107	12.17666	20.10304	2.79511	147	10.25584	14.16638	18.45507
108	12.61018	19.71483	5.30706	148	10.88304	14.64642	16.79860
109	12.89461	20.49343	6.64402	149	8.72970	17.38031	16.61017
110	11.59118	21.26256	7.06729	150	7.09782	18.16393	16.68507
111	11.19386	22.27610	5.93152	151	7.39188	16.79281	15.52575
112	12.70349	20.40128	20.07633	152	5.63410	14.32175	15.55338
113	7.40344	19.14866	4.05517	153	5.69232	16.11694	15.39818
114	14.12033	21.83520	21.59801	154	3.65256	13.63406	19.31627
115	1.19061	17.47766	4.75276	155	4.42383	12.85635	17.87838
116	7.02566	16.90939	6.26431	156	1.47420	14.67126	19.77685
117	1.86327	15.29250	4.72860	157	1.70007	13.06821	19.00250
118	3.14676	15.24088	3.44140	158	23.26928	12.35829	20.30144
119	3.68041	13.14813	4.75028	159	22.54924	15.78655	15.93835
120	3.30222	13.95726	6.32304	160	22.82968	16.80782	17.35999

原子序号	X坐标/Å	Y坐标/Å	Z坐标/Å	原子序号	X坐标/Å	Y坐标/Å	Z坐标/Å
161	20.61690	16.37751	16.70446	201	−0.60114	17.67451	3.47547
162	20.07564	14.89712	15.86017	202	−0.06081	16.60168	2.58660
163	18.05208	16.17259	16.80832	203	0.76486	16.93425	1.46745
164	18.73624	16.07601	18.47321	204	1.02285	18.29725	1.29108
165	18.00861	13.59511	16.67438	205	0.52613	19.33265	2.15878
166	17.01561	14.18832	18.05276	206	1.09412	20.71017	1.74663
167	19.58911	11.79747	20.24124	207	3.75519	23.91422	21.21383
168	4.48771	16.30674	13.79474	208	4.18493	22.40160	21.12415
169	4.34544	17.81881	14.73837	209	−0.43463	15.23446	2.78484
170	3.20089	18.20819	12.55893	210	22.22558	14.96208	3.83613
171	2.21472	19.10518	14.81495	211	21.75450	15.98854	4.73496
172	1.44995	19.91932	12.50305	212	22.09640	17.33749	4.57017
173	23.57323	19.84688	13.58154	213	20.80686	15.63279	5.91715
174	22.82845	18.59365	11.61595	214	19.80989	14.53342	5.44834
175	23.62788	17.94996	15.65636	215	18.51896	14.45740	6.00725
176	23.66064	16.83847	14.23961	216	17.70710	13.32254	5.64223
177	3.14155	14.82310	13.04542	217	18.14159	12.29428	4.66525
178	1.76352	13.16080	11.69280	218	19.43208	12.46829	4.11083
179	22.56180	16.36125	10.51536	219	20.23937	13.53404	4.51215
180	21.95321	13.78723	10.40259	220	21.70469	13.50421	3.98830
181	23.38972	12.66722	10.30658	221	17.94970	15.38726	6.93676
182	23.15387	13.96312	9.05742	222	17.38975	11.23769	4.33533
183	6.28141	18.28635	3.43599	223	16.20000	11.16123	4.92936
184	8.80196	20.93190	4.90831	224	15.65490	12.10084	5.87367
185	9.97903	19.78424	5.62938	225	16.42284	13.18934	6.27372
186	10.66621	22.22336	3.76474	226	15.15876	10.10726	4.76800
187	13.14350	21.53981	4.18292	227	13.93933	10.49474	5.47688
188	13.01385	19.36811	2.63495	228	12.72179	9.84617	5.28104
189	12.30460	20.87777	1.98693	229	12.71484	8.70769	4.40045
190	11.75165	19.00251	5.41700	230	14.01503	8.22287	3.80186
191	13.50007	19.10249	5.00930	231	15.23767	8.93019	3.98113
192	13.74178	21.21546	6.49728	232	14.20967	11.75486	6.33910
193	13.21136	19.77959	7.45067	233	14.02878	7.13631	2.86033
194	11.76015	21.80953	8.03258	234	12.75950	6.69636	2.43736
195	10.75559	20.53934	7.25709	235	11.51881	7.09039	3.05583
196	12.00757	23.04050	5.81077	236	11.47314	8.10493	4.02619
197	10.26843	22.84264	6.21972	237	10.26090	6.50353	2.34582
198	13.54230	20.89497	20.53263	238	12.71020	10.84055	22.00690
199	−0.98290	20.02526	4.07387	239	14.01636	10.69941	21.40361
200	−0.33991	19.06744	3.23213	240	14.86259	9.53494	22.01561

原子序号	X坐标/Å	Y坐标/Å	Z坐标/Å	原子序号	X坐标/Å	Y坐标/Å	Z坐标/Å
241	11.60238	11.63195	21.69694	281	14.97170	16.23327	6.62190
242	11.56572	12.64278	20.57980	282	15.22194	17.62633	6.15666
243	12.74583	13.62351	20.63983	283	15.34255	17.89164	4.82293
244	14.10837	13.19246	20.88987	284	15.24623	16.86866	3.75985
245	14.53988	11.78423	20.64149	285	12.92832	15.99361	5.08277
246	8.15878	8.07359	1.58672	286	15.17864	17.16872	2.37957
247	10.53316	12.95459	19.81547	287	15.33726	18.50966	1.95857
248	16.29504	9.29162	21.39199	288	15.59707	19.49515	2.96211
249	12.41025	14.99335	20.56689	289	15.61172	19.21862	4.33092
250	13.42816	15.92777	20.87021	290	15.83862	20.97988	2.54995
251	14.74933	15.54280	21.26277	291	8.23237	4.32622	2.70755
252	15.08978	14.17290	21.30589	292	9.46857	4.06240	2.08065
253	15.63135	11.79996	19.57868	293	9.73575	2.74880	1.60404
254	14.94886	11.76410	18.14154	294	13.35021	5.93132	22.02399
255	16.46051	13.69272	21.82747	295	14.31187	6.96606	21.84788
256	15.73999	16.68458	21.64815	296	11.67006	4.78969	1.22346
257	12.66900	14.13140	1.65026	297	10.44928	5.04630	1.87982
258	13.23615	14.63428	2.85938	298	13.69628	4.54959	21.64276
259	12.40777	15.37185	3.76590	299	10.58590	25.77310	21.59181
260	11.03334	15.56540	3.46241	300	9.31099	26.10718	22.07274
261	10.44997	14.98510	2.29508	301	8.67240	1.73391	1.72807
262	11.30645	14.39685	1.31797	302	8.08247	25.19259	21.93145
263	13.10775	17.44880	20.90269	303	8.54904	23.71670	21.59290
264	8.90020	14.89793	2.24482	304	9.65726	23.62868	20.49311
265	8.48945	14.44799	3.67575	305	10.93487	24.36672	21.06804
266	7.63033	13.33912	3.89873	306	9.17673	24.32866	19.17451
267	7.30576	13.00350	5.23034	307	7.94688	23.50709	18.63741
268	7.85016	13.75770	6.34634	308	6.78475	23.60392	19.68758
269	8.71591	14.88464	6.10823	309	7.26799	22.99188	21.05683
270	9.03077	15.19073	4.76792	310	15.56836	6.58474	21.31835
271	10.03935	16.31595	4.38819	311	7.46466	1.92673	2.31565
272	9.25708	15.76694	7.24684	312	14.93822	4.08729	21.32625
273	8.21400	15.73253	8.43820	313	−1.01719	20.98295	4.01966
274	8.04910	14.23647	8.88151	314	3.48000	19.64739	21.75666
275	7.38856	13.43834	7.71299	315	0.35598	21.54794	1.88818
276	6.49548	12.51488	8.03950	316	2.01304	20.97158	2.34289
277	6.36883	11.98296	5.55163	317	4.54261	24.60791	20.82134
278	14.70847	14.34020	3.19424	318	2.83752	24.07661	20.59193
279	15.25604	15.42126	4.23475	319	5.28653	22.24580	21.30995
280	14.30549	15.34677	5.49238	320	3.95017	21.94869	20.12393

原子序号	X 坐标/Å	Y 坐标/Å	Z 坐标/Å	原子序号	X 坐标/Å	Y 坐标/Å	Z 坐标/Å
321	−0.07430	14.43311	2.10236	361	7.23053	16.15044	8.10042
322	21.69941	18.12501	5.25127	362	8.56644	16.36314	9.29758
323	20.25964	16.54631	6.28233	363	7.42765	14.14795	9.81425
324	21.41238	15.25983	6.79360	364	9.05471	13.79856	9.13204
325	19.82489	11.72393	3.38486	365	6.20524	11.86653	6.56416
326	22.33002	12.91800	4.75013	366	15.33149	14.32737	2.26073
327	21.77286	12.94795	3.01405	367	14.80384	13.31159	3.64028
328	18.25555	16.36025	6.98046	368	16.29678	15.12622	4.54686
329	16.06453	13.91266	7.03869	369	14.17283	14.29020	5.82838
330	11.78266	10.23850	5.73357	370	15.98308	15.81117	6.90260
331	16.17660	8.62651	3.47172	371	14.35708	16.24540	7.55856
332	13.46618	12.57035	6.12472	372	15.37307	18.37381	6.83498
333	14.16253	11.55165	7.44499	373	12.17431	15.87975	5.90891
334	14.97052	6.79036	2.38354	374	13.07024	17.09965	4.93847
335	10.49979	8.49778	4.39271	375	15.00600	16.36046	1.62911
336	9.29909	6.66005	2.90794	376	17.59795	22.27676	21.86511
337	7.29651	8.55162	1.83243	377	15.79149	20.04188	5.05370
338	16.19236	9.07110	20.27374	378	15.78465	21.67504	3.43284
339	16.82067	8.42182	21.87129	379	15.06783	21.30836	1.79889
340	16.95185	10.19709	21.49303	380	16.85122	21.11580	2.07759
341	11.36455	15.31500	20.35383	381	7.67953	3.43419	2.75188
342	16.35782	10.94962	19.68668	382	5.15066	21.72817	1.89467
343	16.21206	12.76258	19.65674	383	7.40947	25.58775	21.12146
344	15.71511	11.83741	17.32379	384	6.60263	19.74392	1.55150
345	14.22190	12.61157	18.01821	385	9.89960	22.55488	20.27957
346	14.38480	10.80626	17.99146	386	11.74516	24.43942	20.29140
347	14.44099	10.76063	1.78025	387	11.37208	23.75786	21.90735
348	17.27506	13.84893	21.06084	388	8.89402	25.39575	19.37535
349	14.10996	9.10382	1.09723	389	10.00512	24.34573	18.41642
350	16.03656	17.26420	20.73102	390	8.23118	22.43431	18.47149
351	14.36057	12.78662	1.12279	391	7.60297	23.91165	17.64890
352	12.01271	17.66467	20.76783	392	5.88313	23.05361	19.30753
353	13.66852	17.98774	20.08545	393	6.47083	24.67252	19.81065
354	8.53750	14.17961	1.45978	394	7.49067	21.90216	20.92155
355	8.46322	15.90644	2.00833	395	6.45501	23.06506	21.83720
356	7.19193	12.76375	3.04899	396	15.61984	5.55062	21.26825
357	9.51675	17.13713	3.82446	397	5.45090	8.83573	12.53477
358	10.54177	16.77344	5.28120	398	5.57024	7.49511	13.01759
359	10.25943	15.40105	7.59966	399	5.71603	6.35585	12.15232
360	9.41504	16.82343	6.89320	400	5.91154	4.97929	12.71610

续表

原子序号	X 坐标/Å	Y 坐标/Å	Z 坐标/Å	原子序号	X 坐标/Å	Y 坐标/Å	Z 坐标/Å
401	5.89645	4.75477	14.12898	441	19.06961	24.58542	11.81250
402	5.74209	5.89203	14.92470	442	17.83548	23.84404	11.88741
403	5.59086	7.21111	14.39261	443	17.60058	22.81045	10.84224
404	5.47429	8.21554	15.55638	444	22.60134	2.92866	8.34430
405	4.84130	7.24279	16.62566	445	21.35631	24.24765	11.08315
406	5.72341	5.95084	16.47196	446	15.50703	21.44575	9.20471
407	6.16071	3.86751	11.84562	447	21.37977	3.31695	12.85386
408	6.22741	4.13250	10.47169	448	20.49630	3.47700	13.95811
409	6.00320	5.44351	9.91120	449	17.28985	24.88476	14.03210
410	5.72795	6.54532	10.73477	450	16.92816	23.98940	13.00325
411	6.05786	5.60344	8.35818	451	17.58953	21.35490	11.27746
412	7.30478	4.80166	7.90534	452	18.83515	21.18803	12.25295
413	8.17019	5.39099	6.95063	453	15.64829	23.13230	13.05068
414	9.50398	4.86339	6.87387	454	16.30554	24.97307	15.23799
415	9.89721	3.66391	7.65331	455	18.73799	3.85499	16.30004
416	8.90018	2.99192	8.40529	456	17.76577	4.10515	17.32034
417	7.63258	3.55948	8.53994	457	17.89515	5.28930	18.11942
418	6.57274	2.95839	9.50613	458	19.16825	5.94553	18.18973
419	7.71174	6.54415	6.24283	459	20.16736	5.61359	17.23131
420	11.15992	3.23304	7.70117	460	19.92628	4.62758	16.22557
421	12.05404	3.99073	7.06478	461	20.95054	4.47073	15.06410
422	11.81456	5.17840	6.29389	462	21.53045	6.35931	17.16863
423	10.49661	5.58789	6.12023	463	21.88218	6.99287	18.54399
424	13.53435	3.80708	7.05680	464	23.25889	7.28262	18.74890
425	14.22753	4.92815	6.41523	465	23.67120	7.87799	19.95632
426	15.62312	5.00847	6.39795	466	22.67967	8.24640	20.95266
427	16.36081	3.87867	6.91449	467	21.28444	7.97282	20.71556
428	15.61421	2.73807	7.56332	468	20.90097	7.30659	19.53014
429	14.19859	2.71169	7.66566	469	19.39443	6.94186	19.35732
430	13.13403	5.84035	5.79505	470	20.19457	8.35130	21.73454
431	14.27433	23.74382	8.11507	471	18.36275	6.11765	1.58423
432	15.66056	23.72008	7.97521	472	19.71860	5.76253	2.28906
433	18.39666	2.61520	7.33295	473	20.80388	5.39949	1.22525
434	17.78369	3.76859	6.80996	474	22.06043	5.65069	1.56807
435	19.91718	2.27387	7.31648	475	25.03444	8.14200	20.26439
436	18.38941	24.12177	8.78488	476	14.45773	25.49943	17.49221
437	17.51048	23.20398	9.46178	477	15.45868	4.42032	16.83123
438	16.47574	22.51008	8.53900	478	15.37145	5.69094	17.75696
439	21.65132	2.35989	9.25100	479	14.05788	5.79619	18.63314
440	20.10658	24.38058	10.67172	480	12.82970	5.16418	18.07647

原子序号	X坐标/Å	Y坐标/Å	Z坐标/Å	原子序号	X坐标/Å	Y坐标/Å	Z坐标/Å
481	12.89452	4.18867	17.12679	521	6.14689	6.68539	8.05838
482	14.14907	3.73257	16.50206	522	5.13116	5.20252	7.86117
483	16.58173	5.73509	18.78302	523	9.15982	2.07852	8.98266
484	12.24317	24.86211	15.53454	524	5.66248	2.61700	8.94045
485	11.06843	24.18959	15.13642	525	4.97643	24.22644	10.06507
486	9.82910	24.60315	15.71915	526	8.07010	7.14158	5.58849
487	11.72854	3.49398	16.63721	527	10.23142	6.45810	5.48271
488	8.54286	23.81542	15.31323	528	16.14390	5.87843	5.93934
489	21.39069	1.65156	4.75517	529	11.65243	24.04834	8.17304
490	18.78479	22.78346	5.50813	530	13.23071	6.91007	6.13102
491	18.90716	21.41951	5.12008	531	13.18835	5.85964	4.67162
492	18.33986	20.36327	5.91669	532	13.70802	22.92516	8.61083
493	17.50145	20.65684	7.02873	533	18.38579	4.56855	6.32518
494	17.34710	22.00476	7.35986	534	20.54980	3.04623	6.80784
495	18.03420	23.03000	6.67034	535	23.43915	3.18874	8.74584
496	18.60094	18.93984	5.60663	536	16.07005	20.54935	9.57572
497	19.08579	18.68977	4.25305	537	14.75557	21.06978	8.46117
498	19.57048	19.69917	3.41641	538	14.94896	21.88559	10.07458
499	19.63486	21.09472	3.87115	539	22.34956	3.87587	12.82461
500	20.03816	19.45754	1.97492	540	17.70703	20.64834	10.37006
501	19.55031	18.05363	1.41384	541	16.63260	21.08329	11.81442
502	18.39767	17.42545	2.26146	542	19.79710	21.42044	11.72191
503	18.90148	17.24597	3.75502	543	18.88930	20.13433	12.63439
504	18.01710	16.00708	1.71023	544	18.75406	21.88131	13.13265
505	19.27217	15.06356	1.79836	545	15.86010	22.10797	13.47733
506	22.72965	19.20644	21.91377	546	15.22720	22.98395	12.01479
507	20.78998	17.10427	1.56220	547	14.85216	23.60983	13.68884
508	16.87575	19.59957	7.73884	548	16.20835	23.95939	15.72341
509	20.22136	22.05164	3.12844	549	17.26742	3.07359	14.86621
510	18.29865	17.92533	6.45400	550	21.15993	5.48398	14.62143
511	5.33436	9.57434	13.13886	551	21.94916	4.14241	15.46234
512	6.02525	3.74193	14.56860	552	21.50060	7.15124	16.36747
513	6.47922	8.60334	15.88054	553	22.34816	5.65628	16.84728
514	4.82904	9.10351	15.31189	554	24.00850	7.02811	17.96622
515	3.77643	7.02154	16.36277	555	18.99886	6.48782	20.31160
516	4.85966	7.65561	17.66678	556	18.78386	7.88366	19.21035
517	5.28307	5.03028	16.94386	557	19.22435	8.57797	21.21242
518	6.75471	6.08898	16.89730	558	17.65709	4.00702	1.44554
519	6.32392	2.84158	12.24465	559	17.59087	6.41875	2.34145
520	5.56268	7.55718	10.30218	560	20.80306	10.48105	21.85302

续表

原子序号	X 坐标/Å	Y 坐标/Å	Z 坐标/Å	原子序号	X 坐标/Å	Y 坐标/Å	Z 坐标/Å
561	19.56511	4.90432	2.99782	601	3.73994	2.14047	2.55164
562	20.08468	6.62400	2.90687	602	4.66148	2.69222	1.44479
563	25.10137	8.58639	21.19710	603	5.85734	6.55020	21.38564
564	14.19581	25.31579	18.56823	604	2.47488	3.79278	1.30319
565	14.44931	24.51151	16.95046	605	−1.14887	23.56390	5.52698
566	15.98907	4.74161	15.87567	606	−0.94329	22.47386	6.38470
567	15.42585	6.58741	17.08787	607	0.09291	21.49235	6.15674
568	13.84096	6.87733	18.85866	608	1.08427	21.73019	5.18437
569	14.24972	5.32180	19.63292	609	0.08377	20.15304	6.95421
570	11.92550	5.41729	18.46916	610	22.28236	19.82115	7.66077
571	16.69016	6.76585	19.21601	611	21.91407	18.49932	8.00794
572	16.35610	5.04141	19.63621	612	20.70770	18.27574	8.76782
573	13.22566	24.58920	15.08181	613	19.89248	19.42894	9.19941
574	11.10055	23.37725	14.37968	614	20.28590	20.72668	8.80422
575	10.72923	3.77624	17.02873	615	21.42953	20.91286	8.02852
576	8.51928	23.60376	14.20861	616	21.65181	22.39752	7.61544
577	7.61399	24.38439	15.58362	617	22.69906	17.36019	7.63887
578	8.49983	22.82387	15.84292	618	18.75150	19.28952	9.92336
579	19.89778	23.29108	3.95447	619	18.36653	18.01898	10.19766
580	19.67472	20.30177	1.32693	620	19.05963	16.81091	9.81558
581	21.16063	19.52559	1.93086	621	20.25860	16.94930	9.10954
582	21.57214	21.63213	21.31919	622	17.12261	17.59915	10.90898
583	17.50246	18.09827	2.25036	623	16.97587	16.15013	10.97121
584	19.86186	16.66576	3.79378	624	15.86056	15.57933	11.58918
585	18.15637	16.69213	4.39274	625	14.87622	16.44827	12.19233
586	17.16770	15.57846	2.30519	626	15.04697	17.93957	12.06704
587	19.98493	19.57629	21.62912	627	16.17291	18.51041	11.42786
588	19.02522	14.03649	1.42091	628	18.22745	15.56519	10.25618
589	19.60903	14.93381	2.86127	629	14.13222	18.90046	12.62091
590	22.38461	19.36423	20.86032	630	13.10332	18.37379	13.39522
591	23.62731	18.53221	21.87680	631	12.95519	16.96335	13.61923
592	24.01655	21.02731	22.04067	632	13.76649	16.00271	12.98415
593	21.04096	16.97312	2.64551	633	11.88394	16.74846	14.74316
594	17.33361	18.70953	7.44620	634	12.57762	17.62534	15.85066
595	3.38267	22.72728	3.36501	635	12.57869	19.03765	15.60830
596	4.06415	1.11158	3.45830	636	12.10850	19.32626	14.15456
597	0.99776	22.89097	4.35001	637	13.24295	16.86036	16.82003
598	1.75344	1.58361	4.42862	638	14.28756	17.32818	17.75610
599	1.47570	2.58952	3.44730	639	14.85206	18.70277	17.83708
600	2.48111	2.81388	2.50413	640	14.39379	19.92993	17.17602

原子序号	X坐标/Å	Y坐标/Å	Z坐标/Å	原子序号	X坐标/Å	Y坐标/Å	Z坐标/Å
641	13.13517	20.08253	16.43587	681	22.33547	22.12184	15.95678
642	13.13279	15.45304	16.98917	682	23.09030	3.40643	17.21402
643	14.81857	16.32884	18.47960	683	23.85843	4.38830	17.87848
644	12.26936	20.80991	13.62628	684	25.15723	4.68998	17.36443
645	16.03908	18.66495	18.61029	685	2.12633	4.08847	16.21295
646	16.84530	19.81638	18.70995	686	2.47325	5.69281	18.19828
647	16.52781	21.00354	17.97721	687	9.14637	15.41672	14.63209
648	15.36121	21.01454	17.17569	688	9.36504	16.68623	14.06306
649	12.42486	21.43824	16.38023	689	8.35150	17.24722	13.24360
650	12.43808	22.25154	17.74410	690	8.57927	18.54046	12.67989
651	15.22979	22.12857	16.12083	691	9.73962	19.30223	13.00773
652	17.57191	22.15680	18.06959	692	10.73568	18.71281	13.80136
653	18.98594	21.54224	17.87338	693	10.58117	17.38097	14.23429
654	19.95682	22.10643	16.99033	694	7.60128	19.07686	11.69894
655	21.24271	21.49042	16.85139	695	6.38629	18.30859	11.40511
656	21.52836	20.28910	17.55939	696	6.18164	17.03820	11.95272
657	20.52508	19.67607	18.36641	697	7.11541	16.46941	12.93622
658	19.27917	20.33961	18.57485	698	5.02590	16.21191	11.36943
659	18.17421	19.79289	19.52339	699	5.14472	16.50073	9.81144
660	20.73182	18.23937	18.92403	700	4.63573	17.94682	9.51109
661	22.23777	17.94352	19.17029	701	5.35985	18.97845	10.47591
662	22.51267	16.96539	20.16610	702	3.08501	18.08895	9.71283
663	23.84600	16.75212	20.56618	703	2.36467	17.09304	8.73191
664	1.39179	17.41865	19.87516	704	2.80648	15.63649	9.11965
665	1.08757	18.35097	18.81922	705	4.35801	15.49909	8.89776
666	23.28515	18.64655	18.50459	706	9.90248	20.59559	12.47087
667	22.94486	19.67032	17.38255	707	6.88746	15.26948	13.49628
668	2.23650	19.05903	18.08529	708	7.84324	20.24137	11.06684
669	3.46153	18.05754	17.98661	709	6.14016	1.04987	2.87873
670	3.96447	17.74161	19.43732	710	0.52294	3.16302	3.44311
671	2.78791	17.12886	20.26443	711	5.23728	3.59536	1.78686
672	3.16275	16.37947	21.29315	712	7.72424	5.42126	22.05803
673	24.19323	15.90726	21.65705	713	5.41876	5.59543	20.91500
674	19.53084	23.28451	16.09723	714	6.23350	7.19407	20.54946
675	20.75805	23.93635	15.30981	715	3.78492	7.38271	21.80170
676	21.65502	22.79268	14.70260	716	2.81263	4.82153	1.60454
677	22.70020	23.48615	13.73564	717	23.54804	2.11174	5.69529
678	−0.09483	24.59372	14.39305	718	1.92147	21.01174	5.03046
679	22.95513	25.22135	15.50040	719	0.90287	20.16727	7.73002
680	21.63157	24.92093	16.07727	720	0.35162	19.31492	6.24862

续表

原子序号	X坐标/Å	Y坐标/Å	Z坐标/Å	原子序号	X坐标/Å	Y坐标/Å	Z坐标/Å
721	19.65754	21.60172	9.08409	761	1.67477	15.94366	21.76377
722	20.66536	22.88643	7.37617	762	18.97890	24.06327	16.68671
723	22.07244	22.98313	8.48151	763	18.78280	22.90734	15.34593
724	−0.06784	17.41954	7.07411	764	20.32646	24.47925	14.43653
725	20.83966	16.05827	8.78879	765	21.03729	22.04539	14.14337
726	15.75730	14.47390	11.65621	766	22.18215	23.87881	12.78818
727	16.31007	19.61055	11.36308	767	−0.11545	22.72120	13.35691
728	18.80775	14.88582	10.93948	768	0.81595	24.86190	14.03057
729	17.93374	14.94963	9.36061	769	23.08935	21.35329	15.63466
730	14.27941	19.99535	12.49159	770	22.90029	22.91169	16.52951
731	13.58361	14.91843	13.13485	771	20.06779	25.31941	17.57172
732	11.75570	15.67379	15.03637	772	23.47492	4.88649	18.79667
733	13.83741	15.32080	17.77847	773	3.13858	4.38067	15.86488
734	11.47371	21.47773	14.05029	774	2.50399	6.71305	17.73432
735	12.17040	20.84601	12.50697	775	3.53372	5.32942	18.28955
736	13.27229	21.23736	13.89332	776	2.05883	5.81347	19.23721
737	16.36763	17.71400	19.09054	777	8.20350	15.04840	14.27447
738	11.36162	21.29781	16.03824	778	5.14059	15.11967	11.61409
739	12.91373	22.08743	15.60575	779	4.02543	16.54247	11.74948
740	13.44267	22.18748	18.24204	780	6.23558	16.43079	9.56942
741	11.67770	21.86280	18.47271	781	4.87120	18.20460	8.44927
742	12.20537	23.33785	17.56983	782	4.58557	19.51645	11.09135
743	14.64481	21.76230	15.23195	783	5.87295	19.78204	9.87835
744	16.25315	22.44661	15.74962	784	2.79045	17.85985	10.76827
745	14.70105	23.03933	16.53938	785	2.76389	19.14607	9.50802
746	17.50490	22.65287	19.08140	786	2.63398	17.31997	7.66648
747	17.36399	22.95363	17.30768	787	1.24927	17.19798	8.82106
748	18.40521	18.75557	19.88377	788	2.24651	14.87722	8.49608
749	18.08156	20.45041	20.43456	789	2.54472	15.43088	10.19086
750	20.30625	17.48321	18.20500	790	4.59533	15.70522	7.81997
751	20.15191	18.09706	19.87702	791	4.70137	14.44945	9.10063
752	21.68668	16.40183	20.65624	792	9.07921	20.74579	11.79657
753	23.72128	20.48596	17.36545	793	24.10679	4.93689	12.94013
754	23.01121	19.16644	16.37129	794	23.93762	5.13986	11.52566
755	1.90747	19.38135	17.06052	795	22.66515	5.53017	10.98112
756	2.54463	19.99568	18.63648	796	22.38529	5.54406	9.50705
757	4.28903	18.49759	17.36863	797	23.46663	5.40808	8.56921
758	3.14076	17.11040	17.47928	798	1.15114	5.05269	9.13318
759	4.34889	18.67375	19.92908	799	1.36412	4.87796	10.54908
760	4.82980	17.02370	19.41218	800	2.76425	4.27576	10.80462

原子序号	X 坐标/Å	Y 坐标/Å	Z 坐标/Å	原子序号	X 坐标/Å	Y 坐标/Å	Z 坐标/Å
801	3.47780	4.72335	9.47131	841	9.09239	13.87020	11.53882
802	2.40445	4.63206	8.32384	842	10.06121	9.15717	6.64488
803	21.03433	5.47792	9.03350	843	11.65353	12.63009	11.97970
804	20.00075	5.48199	9.98467	844	12.98666	12.13327	11.97603
805	20.27208	5.69779	11.38728	845	13.45341	11.30585	10.90792
806	21.57772	5.72869	11.89211	846	12.60142	10.96093	9.83471
807	19.17314	5.88215	12.47336	847	10.78997	12.13057	7.31107
808	17.79408	5.34853	11.99572	848	11.69099	13.37687	7.72340
809	16.78718	5.22740	12.97582	849	12.95778	9.90152	8.77441
810	15.44613	4.97372	12.52922	850	14.88752	10.69758	10.97996
811	15.14554	4.78048	11.08801	851	15.86537	11.63246	11.74033
812	16.23213	4.77457	10.17913	852	17.25174	11.56001	11.39916
813	17.52230	5.06874	10.61531	853	18.19335	12.42059	12.04465
814	18.57605	5.12873	9.46926	854	17.71176	13.30415	13.05169
815	17.03154	5.42281	14.38067	855	16.34464	13.30844	13.45843
816	13.90048	4.67926	10.62387	856	15.40318	12.46790	12.79449
817	12.93263	4.76285	11.54289	857	13.91068	12.30988	13.21284
818	13.08232	4.89401	12.96759	858	15.97455	14.19032	14.68604
819	14.36855	5.00158	13.48431	859	16.76572	15.52729	14.61026
820	11.48549	4.98355	11.27969	860	16.11102	16.74019	14.95910
821	10.76565	5.31020	12.50866	861	16.83455	17.94812	14.92246
822	9.55712	6.02416	12.46191	862	18.23999	17.95951	14.55285
823	9.22260	6.60814	11.18830	863	18.85649	16.74213	14.08012
824	10.01030	6.29935	9.93607	864	18.12437	15.53228	14.17548
825	11.06499	5.34406	9.95853	865	18.75034	14.14676	13.84599
826	11.70823	4.98422	13.69753	866	20.22936	16.85781	13.40488
827	9.92239	7.11765	8.75148	867	21.14669	17.80642	14.28666
828	9.02955	8.18742	8.81639	868	20.52972	19.24705	14.30233
829	8.13974	8.36281	9.93471	869	19.00625	19.21704	14.65607
830	8.22762	7.63427	11.13022	870	18.49941	20.39439	15.00025
831	7.16720	9.55381	9.69698	871	16.25386	19.20218	15.25495
832	8.24665	10.70439	9.76761	872	17.66339	10.54768	10.32049
833	9.19830	10.59902	8.70035	873	19.24559	10.28176	10.28016
834	8.98250	9.36756	7.77906	874	19.99762	11.66767	10.37256
835	8.19917	11.64262	10.80431	875	19.42928	12.64883	9.26419
836	9.27490	12.66333	11.04077	876	19.39981	12.01812	7.91658
837	10.78094	12.27754	10.93457	877	19.40072	10.66458	7.76700
838	11.26585	11.52686	9.79780	878	19.42428	9.70366	8.89138
839	10.39718	11.40577	8.59120	879	19.71594	12.29696	11.78617
840	7.11358	11.59421	11.73249	880	19.49859	8.30117	8.74019

原子序号	X坐标/Å	Y坐标/Å	Z坐标/Å	原子序号	X坐标/Å	Y坐标/Å	Z坐标/Å
881	19.49560	7.75129	7.43759	921	18.24587	5.86023	8.68040
882	19.40080	8.64228	6.32370	922	17.87555	5.60443	14.80222
883	19.36304	10.03020	6.47215	923	14.55288	5.17188	14.56771
884	19.37969	8.07827	4.86672	924	8.96726	6.26819	13.37270
885	4.31012	9.04472	9.05171	925	11.66725	5.10203	9.05864
886	5.25586	9.13063	8.00702	926	11.70379	5.78087	14.49254
887	4.86638	8.94735	6.65020	927	11.43379	4.01552	14.19832
888	5.82294	8.99285	5.57596	928	10.58724	6.95175	7.87521
889	7.20830	9.17221	5.85844	929	7.59702	7.88497	12.01219
890	7.54669	9.33208	7.21214	930	6.36074	9.63357	10.47028
891	6.61364	9.36158	8.27066	931	6.45486	10.89785	11.82923
892	5.38248	8.80884	4.17517	932	9.98797	9.97685	5.87895
893	3.94896	8.76443	3.92507	933	9.87983	8.18456	6.11884
894	3.02343	8.65814	4.96035	934	11.10172	9.13440	7.06530
895	3.44150	8.67599	6.36937	935	11.26642	13.23230	12.83423
896	1.50822	8.59314	4.73016	936	9.87026	12.46386	6.74893
897	1.18301	8.32084	3.18438	937	11.36509	11.45801	6.60850
898	2.02021	9.21971	2.31186	938	11.17399	14.00538	8.49583
899	3.51687	8.88795	2.42619	939	11.92274	14.02521	6.83702
900	1.81846	10.68552	2.66103	940	12.66270	13.03944	8.17328
901	0.29424	11.02603	2.35648	941	12.39998	8.93622	8.96598
902	22.89722	10.15966	3.25935	942	14.05742	9.66040	8.76862
903	23.19004	8.64435	2.96844	943	12.66625	10.24701	7.74298
904	8.12045	9.12179	4.76981	944	15.27384	10.48735	9.94547
905	2.52304	8.51823	7.34288	945	14.84447	9.69791	11.50317
906	6.22962	8.69737	3.12088	946	13.81387	11.38954	13.86036
907	24.78126	4.40547	13.37512	947	13.56787	13.16824	13.84907
908	23.30818	5.44523	7.46913	948	16.22626	13.64497	15.64098
909	3.25753	4.67896	11.73167	949	14.87030	14.39101	14.72736
910	2.71791	3.15620	10.90280	950	15.03608	16.74784	15.25394
911	4.37123	4.08561	9.25463	951	19.70589	14.26066	13.27081
912	3.83178	5.78276	9.57458	952	19.01779	13.60917	14.80314
913	2.30529	3.58877	7.91663	953	20.70291	15.84898	13.26867
914	2.61436	5.31705	7.45724	954	20.12122	17.30336	12.37491
915	20.82080	5.32210	7.95457	955	22.18308	17.84416	13.86285
916	21.76809	5.80072	12.98356	956	21.23145	17.41253	15.33069
917	19.09568	6.98212	12.73351	957	20.68802	19.73429	13.30273
918	19.46512	5.36906	13.42871	958	21.06450	19.89575	15.04635
919	16.03950	4.61606	9.09581	959	16.95020	19.96594	15.26429
920	18.61021	4.13272	8.94131	960	17.34861	10.92950	9.31137

原子序号	X坐标/Å	Y坐标/Å	Z坐标/Å	原子序号	X坐标/Å	Y坐标/Å	Z坐标/Å
961	17.11581	9.57758	10.46075	999	13.73296	3.30943	3.42745
962	19.56507	9.57640	11.09339	1000	15.11057	3.52974	4.15762
963	21.09589	11.51361	10.21760	1001	19.60331	2.13453	2.24855
964	20.01651	13.60390	9.22087	1002	20.25511	1.42335	1.23091
965	18.38647	12.95018	9.55314	1003	19.88898	26.16919	21.31183
966	19.35480	12.60684	7.08958	1004	18.48108	26.16077	21.26310
967	20.18530	11.65463	12.58305	1005	20.65701	25.10138	20.48139
968	20.21496	13.30036	11.86614	1006	22.20022	25.31978	20.46391
969	19.53057	7.63052	9.63364	1007	23.00531	24.50923	19.63318
970	19.54262	6.65272	7.27991	1008	0.84366	24.88126	19.45866
971	19.31515	10.66275	5.56356	1009	1.47807	25.97333	20.23237
972	18.65154	8.64866	4.22628	1010	2.64534	4.49473	21.15900
973	19.09012	6.99176	4.85048	1011	24.82113	4.21105	21.21587
974	20.39188	8.17515	4.38512	1012	24.07851	5.28249	22.06766
975	3.36622	8.84687	8.61157	1013	22.53294	23.40165	18.85995
976	1.04761	7.80546	5.38467	1014	4.76245	4.20542	20.04761
977	1.04604	9.55881	5.06983	1015	3.43168	25.71315	19.05950
978	1.38991	7.24271	2.94509	1016	2.89965	24.67002	18.22285
979	1.71023	9.07215	1.23876	1017	1.60328	24.21659	18.43703
980	4.13217	9.75648	1.96285	1018	6.80362	3.81252	18.56216
981	3.78960	7.94781	1.86487	1019	5.01780	25.28015	17.28830
982	2.06361	10.87889	3.74300	1020	7.96423	3.55457	16.36746
983	2.49859	11.34965	2.05140	1021	8.70842	4.73045	16.76164
984	0.06761	10.82703	1.27523	1022	8.66302	5.26580	18.17279
985	0.10929	12.11864	2.53080	1023	7.70035	4.78149	19.09612
986	21.82082	10.39785	3.04356	1024	3.90417	24.21179	17.12666
987	23.06886	10.40705	4.33990	1025	9.40401	6.44390	18.56712
988	22.89025	8.39621	1.91611	1026	9.94178	7.18710	17.51527
989	22.56082	7.99300	3.62985	1027	9.86042	6.75950	16.14128
990	7.61780	8.95129	3.86478	1028	9.34781	5.50900	15.75041
991	15.61230	26.03071	21.32735	1029	10.38138	7.84046	15.15352
992	15.98833	1.17450	1.29800	1030	9.78060	9.24563	15.50182
993	17.42976	1.26560	1.25619	1031	9.57534	9.49085	16.93754
994	18.17546	2.04223	2.29877	1032	10.58051	8.60197	17.72981
995	17.49759	2.80495	3.30606	1033	9.80989	10.19969	14.49949
996	16.10198	2.72953	3.27109	1034	9.37602	11.60178	14.89745
997	15.38291	1.86578	2.36917	1035	7.89670	11.63151	15.37616
998	13.93684	1.83156	2.90851	1036	7.52194	10.93124	16.58089

原子序号	X 坐标/Å	Y 坐标/Å	Z 坐标/Å	原子序号	X 坐标/Å	Y 坐标/Å	Z 坐标/Å
1037	8.60185	10.35765	17.44369	1075	22.78905	10.48418	13.93921
1038	10.32202	9.96087	13.19154	1076	23.33050	10.27313	15.29894
1039	10.13773	12.66163	14.78441	1077	1.37569	7.59936	13.91281
1040	10.78687	8.94123	19.26088	1078	23.59581	11.33087	16.19952
1041	6.94861	12.30360	14.57914	1079	23.43333	12.66458	15.76669
1042	5.58289	12.18797	14.95194	1080	22.99911	12.89982	14.42521
1043	5.17262	11.52299	16.14787	1081	22.68826	11.86717	13.54231
1044	6.12889	10.88157	16.96491	1082	22.83658	14.37435	13.93773
1045	8.54128	10.85102	18.89611	1083	12.71162	7.86601	13.30299
1046	7.94037	12.31830	18.88992	1084	12.90460	8.12906	14.67610
1047	5.66823	10.09232	18.20808	1085	14.19379	8.39291	15.20773
1048	3.62876	11.46854	16.37401	1086	14.30363	8.62991	16.62129
1049	3.12627	10.79962	15.07141	1087	13.19222	8.70089	17.50936
1050	2.37044	9.58983	15.06141	1088	11.92295	8.50329	16.96514
1051	2.08387	8.96208	13.80641	1089	11.83733	8.15698	15.59624
1052	2.44620	9.60026	12.58873	1090	15.66278	8.79297	17.17733
1053	3.22590	10.79504	12.61513	1091	16.80224	8.82709	16.26642
1054	3.55324	11.40573	13.85582	1092	16.67340	8.71059	14.88283
1055	4.43978	12.67515	14.01949	1093	15.36446	8.41296	14.29157
1056	3.76664	11.30055	11.24785	1094	17.89566	8.81261	13.95787
1057	2.57120	11.28018	10.25787	1095	19.13263	9.48257	14.69383
1058	2.43506	12.37208	9.35697	1096	19.35410	8.77395	16.06795
1059	1.43575	12.31423	8.36934	1097	18.12260	9.04396	17.02725
1060	0.57233	11.14653	8.30341	1098	20.62636	9.41211	16.72845
1061	0.62036	10.12371	9.33069	1099	20.43520	10.95175	16.98786
1062	1.68841	10.15922	10.25542	1100	20.10510	11.65134	15.62093
1063	2.01167	8.98594	11.23151	1101	18.82421	10.99257	14.98769
1064	23.09826	9.02126	9.33169	1102	13.39959	8.95322	18.88919
1065	23.12722	8.52346	7.82883	1103	15.19601	8.18730	12.97489
1066	22.43414	9.65600	6.99306	1104	15.88947	8.91318	18.50340
1067	23.22426	10.99133	7.14333	1105	14.59399	26.02131	21.27361
1068	23.04267	11.91683	6.20453	1106	18.04119	3.42639	4.05139
1069	1.25502	13.35275	7.40868	1107	13.18574	1.52023	2.13531
1070	1.67378	8.93197	16.25427	1108	11.85758	23.26251	3.76550
1071	23.67508	8.88072	15.79956	1109	12.84916	3.42270	4.11018
1072	23.55353	7.76451	14.69295	1110	13.59315	4.01900	2.57006
1073	22.49567	8.05499	13.55310	1111	15.09743	3.12238	5.20518
1074	22.41353	9.47532	13.10802	1112	15.38738	4.61587	4.22376

原子序号	X坐标/Å	Y坐标/Å	Z坐标/Å	原子序号	X坐标/Å	Y坐标/Å	Z坐标/Å
1113	20.17163	2.76517	2.96787	1151	23.34356	8.19080	10.04755
1114	17.93576	25.53039	20.52615	1152	22.07740	9.41377	9.59793
1115	20.25667	25.09247	19.43156	1153	22.60602	7.53929	7.70446
1116	20.42758	24.06683	20.87030	1154	0.68131	8.39787	7.53246
1117	3.06538	5.32238	21.76995	1155	21.38301	9.78881	7.35819
1118	22.24521	1.90837	2.09327	1156	22.34705	9.36598	5.91227
1119	24.18518	6.29846	21.58427	1157	0.52019	13.08324	6.73920
1120	21.62835	23.08832	18.80447	1158	1.81744	9.51317	17.20285
1121	1.15222	23.41201	17.81510	1159	2.04428	7.89044	16.43336
1122	8.03346	3.12083	15.34483	1160	23.06136	8.61606	16.70102
1123	7.55532	5.23975	20.09483	1161	23.31000	6.78340	15.17435
1124	3.45967	24.20679	16.09323	1162	21.47804	7.71359	13.88764
1125	4.29735	23.17933	17.32515	1163	22.74757	7.44755	12.64688
1126	9.43331	6.79784	19.62096	1164	22.03607	9.69598	12.18925
1127	9.36208	5.16752	14.69294	1165	2.02663	6.87039	14.47286
1128	10.29813	7.55861	14.07122	1166	1.20824	7.16122	12.89323
1129	10.81057	9.17055	12.92111	1167	23.95797	11.12142	17.23439
1130	11.28500	9.94158	19.39254	1168	23.65392	13.51224	16.44975
1131	11.44547	8.17717	19.75973	1169	22.34224	12.11769	12.51849
1132	9.81248	8.95968	19.81924	1170	22.63764	14.42306	12.83296
1133	7.25748	12.85383	13.65631	1171	23.77490	14.95935	14.14503
1134	9.56906	10.87605	19.35069	1172	21.98634	14.88468	14.46616
1135	7.91706	10.17014	19.53903	1173	13.68778	7.89151	12.86291
1136	7.96452	12.78212	19.91319	1174	18.16095	7.77042	13.60629
1137	6.87857	12.33023	18.52107	1175	17.62367	9.38766	13.02920
1138	8.53475	12.97975	18.20615	1176	20.05007	9.40096	14.05563
1139	4.64339	9.64913	18.05528	1177	19.48248	7.67089	15.91745
1140	5.61420	10.75432	19.12030	1178	18.15249	10.08956	17.43843
1141	6.38476	9.25266	18.43963	1179	18.15544	8.36432	17.92950
1142	3.19269	12.50342	16.45876	1180	20.86340	8.89274	17.69478
1143	3.34181	10.89065	17.29272	1181	21.50169	9.26120	16.04481
1144	4.83627	13.05951	13.04186	1182	21.37033	11.39112	17.42823
1145	3.85210	13.50223	14.50969	1183	19.62226	11.14004	17.73776
1146	4.56634	10.60192	10.86470	1184	20.97630	11.54672	14.92305
1147	4.22536	12.32334	11.32401	1185	19.95328	12.75436	15.78156
1148	3.13331	13.23686	9.40570	1186	18.54558	11.50450	14.03466
1149	1.12471	8.31027	11.35971	1187	17.94100	11.08987	15.67111
1150	2.84656	8.35084	10.81612	1188	14.44004	8.99052	19.08086

附表 B-3　Tromp 煤聚合物模型原子坐标

原子序号	X 坐标/Å	Y 坐标/Å	Z 坐标/Å	原子序号	X 坐标/Å	Y 坐标/Å	Z 坐标/Å
1	10.62297	18.79039	24.25596	41	15.09659	21.85927	19.66603
2	11.98168	18.62264	23.65888	42	15.36891	20.85965	20.62799
3	13.10456	18.91123	24.50621	43	14.73546	21.10392	21.99534
4	14.49726	18.74962	24.11541	44	14.31141	22.51580	22.34405
5	14.73650	18.34829	22.78847	45	15.41852	23.44575	22.26862
6	13.63518	18.08501	21.86789	46	14.17681	0.03082	22.04844
7	12.22108	18.16118	22.31266	47	15.21324	0.98885	21.93936
8	10.30946	18.26772	25.56544	48	16.56398	0.58146	22.06481
9	8.98454	18.29603	25.98812	49	17.84276	24.00856	22.28415
10	7.94076	18.78270	25.12099	50	16.78407	23.07241	22.36920
11	8.27620	19.41731	23.87720	51	20.61129	16.72092	20.64768
12	9.61869	19.48321	23.49079	52	21.25990	16.11615	21.97888
13	6.58491	18.54008	25.64772	53	22.58388	16.81921	22.25272
14	6.61966	17.97747	26.86564	54	23.46409	17.28482	21.23082
15	8.41268	17.63736	27.60247	55	22.98163	17.20741	19.82316
16	15.42014	19.05764	25.18370	56	21.63380	16.76592	19.52554
17	14.49622	19.47406	26.18077	57	21.19708	16.49392	18.20498
18	13.16338	19.41004	25.87103	58	22.08775	16.69729	17.12663
19	11.21524	17.69845	21.39992	59	23.37332	17.23625	17.40344
20	11.55775	17.30724	20.06990	60	23.81550	17.52129	18.71344
21	12.97089	17.35123	19.60828	61	24.77793	17.75795	21.59608
22	13.97644	17.69887	20.55283	62	25.21914	17.75843	22.92380
23	13.31107	17.02292	18.24977	63	24.33591	17.36636	23.98728
24	12.30667	16.66084	17.33763	64	22.94862	16.94434	23.63502
25	10.94644	16.58595	17.75895	65	21.96700	16.64690	24.62047
26	10.59048	16.86153	19.09610	66	22.29515	16.75925	25.98743
27	9.73813	17.59185	21.76105	67	23.68242	17.11318	26.37996
28	8.84617	16.63887	21.02422	68	24.68609	17.35009	25.37395
29	9.14527	16.65760	19.55681	69	24.12574	16.86145	−0.75923
30	16.12061	18.02553	22.30633	70	23.14913	16.60269	0.22352
31	16.70071	16.86103	22.89860	71	21.81049	16.29175	−0.14341
32	17.73831	16.17467	22.24280	72	21.30468	16.53284	27.02836
33	18.19337	16.63901	20.96608	73	19.88995	16.18074	26.62944
34	17.69803	17.83796	20.42422	74	19.66550	14.95405	25.89782
35	16.68768	18.58733	21.08766	75	18.37943	14.56572	25.59988
36	16.29721	19.79730	20.31143	76	17.30803	15.40170	26.01660
37	17.00920	19.86555	19.06868	77	17.48232	16.64053	26.68270
38	18.29830	18.54413	18.78657	78	18.79506	17.02798	26.97940
39	16.74814	20.85071	18.11548	79	15.99816	14.79984	25.70320
40	15.74839	21.84848	18.40695	80	16.35993	13.63408	25.09222

原子序号	X坐标/Å	Y坐标/Å	Z坐标/Å	原子序号	X坐标/Å	Y坐标/Å	Z坐标/Å
81	17.76798	13.38095	24.92688	121	20.22592	24.42588	20.18811
82	−0.05044	17.58231	25.92572	122	20.14441	0.09601	21.15473
83	0.83938	16.51285	26.19779	123	21.69130	23.97105	22.08784
84	1.96213	16.75108	27.03782	124	21.32504	22.61892	22.08109
85	2.18537	18.00786	27.61485	125	20.41551	22.15782	21.12519
86	1.37158	19.16208	27.37304	126	20.02581	20.64704	21.14629
87	0.25233	18.90112	26.44062	127	20.07765	20.04053	22.58351
88	25.55551	19.99588	26.04699	128	21.02159	20.54552	23.48425
89	25.87945	21.26160	26.54494	129	21.94505	21.70530	23.14339
90	0.84682	21.36178	27.45979	130	21.09067	19.98010	24.76151
91	1.71724	20.04777	−0.65836	131	20.22225	18.92463	25.15337
92	24.41582	17.43132	16.26004	132	19.27359	18.41362	24.23758
93	24.05329	18.37841	15.09302	133	19.20124	18.97771	22.94407
94	23.17180	19.53911	15.19995	134	18.64325	0.64932	19.18617
95	23.19149	20.52040	14.10141	135	17.24262	0.95194	19.17401
96	23.88590	20.18903	12.90062	136	16.77697	1.92435	18.27504
97	24.64166	18.95627	12.77705	137	17.68418	2.55513	17.37994
98	24.77799	18.11011	13.93448	138	19.13508	2.23789	17.33115
99	22.49333	21.78616	14.21025	139	19.53591	1.27061	18.30875
100	21.71417	22.05304	15.41273	140	19.97204	2.79376	16.48012
101	21.61145	20.98825	16.44234	141	19.57982	3.68539	15.61920
102	22.36518	19.78459	16.34105	142	18.17181	4.11537	15.52242
103	20.73083	21.16989	17.57036	143	17.20117	3.54917	16.44008
104	20.01412	22.36521	17.69812	144	17.71545	5.04873	14.55791
105	20.16686	23.42034	16.74887	145	18.66332	5.65694	13.63078
106	21.00113	23.26502	15.62162	146	20.07299	5.31667	13.77787
107	23.82874	21.11116	11.76334	147	20.47269	4.37106	14.69731
108	23.14307	22.39523	11.88381	148	15.82270	3.98991	16.40393
109	22.52115	22.69857	13.09158	149	15.37526	4.89211	15.44372
110	25.25832	18.60746	11.50699	150	16.29713	5.40273	14.44633
111	25.13335	19.54727	10.36805	151	18.16649	6.49302	12.58323
112	24.44626	20.78335	10.53138	152	16.78181	6.71560	12.39723
113	25.72988	19.18094	9.10701	153	15.86342	6.20016	13.33795
114	0.28773	17.97105	8.93241	154	16.32706	7.48166	11.23703
115	0.38979	17.08421	10.05058	155	15.39084	22.82436	17.28760
116	25.96304	17.38999	11.30807	156	14.41179	22.36930	16.36330
117	23.16894	23.23487	10.71913	157	14.31239	22.97187	15.08544
118	0.87765	17.56780	7.66561	158	15.29757	24.02577	14.76038
119	19.06254	22.54684	18.93714	159	15.12834	−0.18203	15.78436
120	19.88809	23.04404	20.13565	160	16.17416	24.01167	17.04342

原子序号	X 坐标/Å	Y 坐标/Å	Z 坐标/Å	原子序号	X 坐标/Å	Y 坐标/Å	Z 坐标/Å
161	15.51641	24.34386	13.37767	201	4.90892	19.85896	19.07922
162	14.79366	23.70829	12.36562	202	5.58355	19.49499	17.89440
163	13.71261	22.80244	12.64615	203	11.59436	21.64398	15.76751
164	13.39658	22.50292	14.03993	204	11.67311	20.14810	16.33733
165	12.17904	21.79971	14.35175	205	10.95995	20.15374	17.69831
166	11.34464	21.33193	13.32805	206	11.59507	20.73407	18.83252
167	11.68139	21.52054	11.94646	207	10.86481	20.90423	20.03094
168	12.89692	22.25864	11.57001	208	9.51176	20.48258	20.10162
169	13.12047	22.47028	10.16809	209	8.89813	19.84773	18.99050
170	12.19782	21.99749	9.20464	210	9.61858	19.68633	17.78539
171	11.01341	21.31205	9.58320	211	19.32377	15.89687	20.22125
172	10.74841	21.06501	10.94271	212	11.05506	17.84688	26.16884
173	14.25381	23.25454	9.50595	213	7.52485	19.82716	23.27633
174	13.92727	24.40834	8.73517	214	9.89955	19.98954	22.61992
175	13.94765	0.34580	8.09370	215	5.70382	18.74276	25.11102
176	15.29691	−0.08349	8.18905	216	5.72627	17.73595	27.33355
177	16.62019	23.55279	8.93759	217	16.56931	19.25113	25.12760
178	15.60806	22.82551	9.60190	218	14.82434	19.82528	27.11129
179	9.36916	20.44531	11.26648	219	12.35565	19.69707	26.47740
180	9.31733	19.43309	12.44875	220	14.97661	17.66492	20.26073
181	10.14888	18.23781	12.44063	221	14.30865	17.05262	17.94316
182	9.94535	17.21440	13.47086	222	12.55632	16.42718	16.34587
183	8.96837	17.42558	14.47599	223	10.21106	16.31182	17.06879
184	8.22792	18.69222	14.53164	224	9.67708	17.45644	22.81804
185	8.41388	19.67697	13.47607	225	9.36197	18.57662	21.57578
186	10.68865	15.95523	13.42285	226	8.61501	17.45335	19.08064
187	11.67482	15.81051	12.38779	227	8.78908	15.77069	19.08360
188	11.87719	16.81782	11.41116	228	16.27492	16.45370	23.76613
189	11.12859	18.01398	11.42445	229	18.11927	15.28678	22.64698
190	8.67969	16.37098	15.45161	230	17.26931	20.86813	17.20426
191	9.39516	15.10283	15.35421	231	14.42312	22.63023	19.89589
192	10.37469	14.91541	14.38875	232	15.43473	20.72558	22.70305
193	7.33177	18.92067	15.61630	233	13.89791	20.44647	22.05845
194	7.11391	17.91129	16.59869	234	13.18225	0.34174	21.94530
195	7.74045	16.63360	16.49115	235	14.98077	1.99279	21.76051
196	12.58352	14.57003	12.27879	236	17.34435	1.27178	21.96443
197	6.27765	18.24983	17.81598	237	18.83554	23.68278	22.36193
198	6.25086	17.36548	18.93706	238	17.02294	22.06332	22.50668
199	5.60887	17.74835	20.13194	239	20.31729	17.71337	20.86710
200	4.93431	18.99511	20.20432	240	20.60815	16.24786	22.81238

原子序号	X 坐标/Å	Y 坐标/Å	Z 坐标/Å	原子序号	X 坐标/Å	Y 坐标/Å	Z 坐标/Å
241	21.42222	15.07803	21.84044	281	20.70990	20.11837	20.53801
242	20.21484	16.15034	18.03417	282	21.78847	20.34901	25.45258
243	21.79759	16.48428	16.14385	283	20.31506	18.51113	26.10753
244	24.76528	17.92562	18.86808	284	18.64924	17.61570	24.50799
245	25.42256	18.10861	20.85322	285	18.51288	18.60906	22.25109
246	0.06499	18.07943	23.15551	286	16.58960	0.47504	19.83960
247	20.99239	16.39407	24.32446	287	15.76332	2.18424	18.26783
248	25.10391	17.09431	−0.47697	288	20.54588	1.00249	18.36000
249	23.41646	16.62006	1.23826	289	20.78931	5.79376	13.18630
250	21.10621	16.08430	0.60352	290	21.49856	4.16940	14.77273
251	20.47740	14.33780	25.64626	291	15.15235	3.64674	17.12729
252	16.66133	17.21773	26.98118	292	14.37888	5.21358	15.44444
253	18.97106	17.91641	27.50424	293	18.84455	6.88891	11.89620
254	15.03031	15.15383	25.91333	294	14.84180	6.38994	13.22310
255	15.61315	12.97762	24.77766	295	15.44299	7.40578	11.11333
256	0.66583	15.56324	25.79871	296	13.84215	21.52408	16.58857
257	2.64609	15.97228	27.21239	297	15.75685	0.62400	15.55541
258	3.15155	17.79449	−0.30323	298	16.83773	24.36051	17.77181
259	24.76105	19.86118	25.37593	299	15.24273	0.25445	13.12462
260	25.35782	22.11738	26.24651	300	15.02589	23.93832	11.37514
261	1.21886	22.01615	−0.73753	301	10.44740	20.86043	13.57713
262	24.63132	16.47669	15.85400	302	12.38877	22.17071	8.18869
263	25.31646	17.78028	16.70072	303	10.31271	21.04185	8.85099
264	25.44327	17.30476	13.91070	304	11.92961	−0.10269	8.63338
265	22.31530	19.07617	17.10546	305	13.70771	1.20950	7.53489
266	20.63081	20.41121	18.28283	306	16.04792	0.44436	7.68938
267	19.64954	24.31951	16.89416	307	17.61439	23.22617	8.99229
268	21.09383	24.04816	14.93409	308	15.84558	21.95819	10.13610
269	22.04648	23.62450	13.18039	309	9.00847	19.95755	10.39589
270	24.41382	21.47703	9.75020	310	8.69407	21.23486	11.48300
271	25.65778	19.84183	8.30323	311	7.85018	20.55711	13.48142
272	0.89341	16.17500	9.92488	312	12.60301	16.67443	10.66643
273	−0.05078	16.71398	12.09914	313	11.30618	18.75303	10.70696
274	22.80020	24.03832	10.85522	314	9.17905	14.33753	16.03345
275	0.81160	18.20204	7.03931	315	10.88558	14.00461	14.35149
276	18.60990	21.62346	19.17455	316	6.85993	19.84360	15.70377
277	18.31817	23.25744	18.70031	317	7.51916	15.88643	17.18204
278	20.42405	1.10374	21.16703	318	13.59806	14.87411	12.27847
279	22.37840	24.30382	22.80725	319	12.39653	14.07043	11.36154
280	19.06000	20.51416	20.74332	320	12.40689	13.91526	13.08933

原子序号	X坐标/Å	Y坐标/Å	Z坐标/Å	原子序号	X坐标/Å	Y坐标/Å	Z坐标/Å
321	6.70725	16.42879	18.88790	361	22.81636	22.37061	−0.69349
322	5.58863	17.09068	20.94998	362	21.42045	22.56752	−0.65826
323	4.39487	19.24519	21.06569	363	18.51615	23.00938	−0.67554
324	4.36762	20.75489	19.12673	364	19.26197	24.34363	27.13950
325	5.55377	20.13000	17.06841	365	20.75660	23.94717	−0.78936
326	10.57215	21.91748	15.74865	366	18.81175	17.02713	1.72519
327	12.08708	22.30154	16.42876	367	18.73505	15.80562	0.98901
328	12.67923	19.85089	16.45298	368	19.58703	14.72233	1.26803
329	11.18611	19.48381	15.67499	369	20.49132	14.84343	2.36516
330	12.58545	21.06234	18.76902	370	20.43007	15.96615	3.20894
331	11.31521	21.36700	20.85592	371	19.59085	17.08351	2.95764
332	8.95565	20.65899	20.96920	372	19.62891	18.03582	4.10241
333	7.91084	19.50334	19.06200	373	20.46941	17.56587	5.16384
334	9.16915	19.23267	16.95792	374	21.42940	15.99898	4.79425
335	19.19156	15.95526	19.16588	375	20.55209	18.15855	6.42440
336	19.38983	14.88829	20.53110	376	19.82411	19.36973	6.65971
337	16.01758	21.94748	0.26321	377	19.11214	19.95385	5.57617
338	16.83954	20.68236	0.22217	378	18.95393	19.28987	4.34259
339	16.11999	19.49374	0.57711	379	18.06457	20.08925	3.39682
340	16.72349	18.22465	0.95281	380	18.05824	21.60711	3.52790
341	18.12812	18.19139	1.06149	381	19.32725	22.18251	3.10821
342	18.91244	19.28382	0.48910	382	20.47021	21.40659	2.79116
343	18.27135	20.56893	0.10055	383	21.68234	21.97703	2.33410
344	15.12570	22.36261	−0.79660	384	21.80752	23.38056	2.20162
345	14.22731	23.39672	−0.52761	385	20.69732	24.18353	2.55208
346	14.18156	24.02888	0.76414	386	19.48628	23.58454	2.98097
347	15.08470	23.63594	1.80584	387	20.93857	12.97101	3.99691
348	15.99558	22.60991	1.53753	388	19.80747	11.98035	3.44415
349	12.15293	0.28346	0.88780	389	20.44817	10.93105	2.54265
350	11.46231	0.42944	−0.25250	390	21.73253	10.43569	2.90756
351	12.86154	24.35413	26.79891	391	22.40381	10.91696	4.16499
352	15.74489	17.22069	1.29730	392	22.10195	12.24215	4.64822
353	14.55977	18.01681	1.21347	393	22.87583	12.83491	5.68098
354	14.69086	19.31031	0.79815	394	23.84119	12.05348	6.35421
355	19.10604	21.65336	−0.31819	395	23.94102	10.66142	6.04119
356	20.52266	21.47182	−0.39817	396	23.30521	10.10426	4.90497
357	21.13170	20.14493	−0.10708	397	22.47129	9.56892	2.03239
358	20.30392	19.08851	0.36813	398	21.93995	9.21247	0.78925
359	22.55457	19.96335	−0.22076	399	20.62543	9.64490	0.40495
360	23.37214	21.06935	−0.50036	400	19.81375	10.48596	1.33235

原子序号	X坐标/Å	Y坐标/Å	Z坐标/Å	原子序号	X坐标/Å	Y坐标/Å	Z坐标/Å
401	18.47810	10.85789	0.99316	441	18.01420	11.83989	9.63057
402	17.95021	10.52931	−0.27185	442	18.40021	10.50730	9.88109
403	18.69135	10.17019	27.25953	443	20.39188	5.81832	8.75414
404	20.00323	9.69602	27.62065	444	19.26926	6.22234	9.59653
405	18.19515	10.00635	25.93188	445	19.04101	7.58637	9.78327
406	16.92772	10.50950	25.56883	446	22.70660	4.97812	7.23658
407	16.05786	11.08940	26.52964	447	21.65483	4.01293	7.63716
408	16.58406	10.89936	−0.65204	448	20.54666	4.44861	8.41679
409	15.54186	11.27769	0.35517	449	21.84114	2.61439	7.31331
410	14.52876	12.28921	0.12610	450	23.03544	2.14292	6.76230
411	13.54807	12.50565	1.06808	451	24.05768	3.09292	6.44961
412	13.51993	11.69507	2.23518	452	23.89288	4.47766	6.63428
413	14.48723	10.69388	2.49506	453	18.42257	5.20284	10.14498
414	15.50629	10.50394	1.55677	454	23.34070	0.74371	6.47732
415	12.40032	12.01409	3.13877	455	18.17781	13.96253	8.20372
416	11.81287	13.05394	2.47418	456	17.03486	13.57305	7.23327
417	12.40492	13.45751	1.22854	457	15.99647	14.52619	6.99757
418	20.94138	9.06914	26.62080	458	14.92350	14.13968	6.14858
419	21.28552	9.82282	25.47431	459	14.88663	12.87773	5.52253
420	22.23340	9.29757	24.55435	460	15.94062	11.93811	5.66005
421	22.86785	8.07029	24.78449	461	16.97879	12.33186	6.53761
422	22.64071	7.24571	25.93265	462	18.12047	11.28370	6.69722
423	21.60172	7.79900	26.83336	463	18.24043	10.22604	5.56612
424	21.38216	6.69687	−0.55343	464	17.14135	10.03767	4.69238
425	22.07085	5.49949	−0.33329	465	15.85382	10.72060	4.84484
426	22.94138	5.42983	27.24768	466	17.38386	9.15482	3.61311
427	23.26598	6.10012	26.17582	467	18.62532	8.49785	3.41734
428	24.51517	9.68785	7.11280	468	19.68119	8.67757	4.34531
429	23.39096	8.69901	7.50699	469	19.48221	9.54738	5.44097
430	22.13693	9.16460	8.09908	470	15.94244	16.00668	7.36134
431	21.13906	8.18589	8.56347	471	17.11791	16.83595	7.29410
432	21.36177	6.81171	8.27103	472	16.94994	18.22378	7.18182
433	22.55230	6.38816	7.55444	473	15.65259	18.81011	7.13743
434	23.57919	7.34796	7.23289	474	14.41500	18.01481	7.31146
435	19.93057	8.59464	9.26191	475	14.67137	16.61607	7.44019
436	19.62054	10.01338	9.33411	476	13.19739	18.53972	7.24813
437	20.56123	10.97518	8.70473	477	13.01320	19.78185	6.91152
438	21.81275	10.54250	8.17273	478	14.13007	20.70058	6.61966
439	20.15896	12.34353	8.49885	479	15.48359	20.21347	6.80330
440	18.84851	12.71673	8.86344	480	13.94461	22.00800	6.09986

原子序号	X 坐标/Å	Y 坐标/Å	Z 坐标/Å	原子序号	X 坐标/Å	Y 坐标/Å	Z 坐标/Å
481	12.59839	22.52338	5.87206	521	23.91953	0.93214	9.76275
482	11.48314	21.69030	6.30309	522	25.30464	24.13312	13.80650
483	11.70829	20.40332	6.74587	523	23.44755	−0.12772	14.82553
484	16.59889	21.10229	6.55334	524	22.54178	0.92116	14.52593
485	16.41408	22.36108	5.98859	525	22.45709	1.48053	13.23160
486	15.07801	22.84631	5.70117	526	0.59773	22.87269	11.62892
487	12.41966	23.75854	5.17498	527	0.81538	22.45963	13.01074
488	12.51746	−0.25525	4.75069	528	0.11971	23.05434	14.05352
489	14.82564	24.09434	5.04357	529	26.10611	23.68724	8.92734
490	12.30602	0.99685	4.04093	530	0.71230	22.49783	9.19157
491	19.64574	20.03267	8.02000	531	1.08099	22.12444	10.51460
492	19.97622	21.40412	8.11350	532	24.44408	24.04220	16.23455
493	19.65905	22.12082	9.29727	533	1.03202	21.58750	8.00865
494	18.78952	21.48856	10.31145	534	2.20886	20.78728	8.00652
495	18.52704	20.07617	10.21329	535	2.48683	19.95713	6.89893
496	18.98769	19.35375	9.11003	536	1.59285	19.91328	5.79713
497	18.22002	22.30001	11.35559	537	0.41047	20.69835	5.81030
498	18.52305	23.66072	11.43970	538	0.12261	21.53054	6.91321
499	19.48735	24.27300	10.56222	539	22.30392	23.02559	8.09732
500	20.16019	23.47393	9.54202	540	22.26241	23.39274	6.54647
501	21.37850	23.93891	8.92773	541	22.93223	22.35967	5.61941
502	20.90895	0.38919	9.28109	542	22.54632	20.99157	5.59016
503	20.23195	1.23393	10.22779	543	23.10064	20.12496	4.61907
504	18.93154	0.84494	10.78455	544	24.03306	20.61823	3.67023
505	18.23359	1.81811	11.59076	545	24.43549	21.97869	3.71130
506	18.84754	3.04360	11.95528	546	23.89566	22.84359	4.69154
507	20.17489	3.33503	11.55638	547	21.50463	13.74104	2.72892
508	20.86789	2.43422	10.72583	548	15.02020	22.21355	26.79663
509	16.77311	1.76571	11.95908	549	15.05837	24.10529	2.74112
510	15.82149	1.24677	11.02370	550	16.66098	22.29171	2.29439
511	14.44975	1.50093	11.22416	551	11.99775	0.84609	1.75818
512	14.02972	2.19763	12.38852	552	10.72610	1.15643	−0.30581
513	14.96604	2.64493	13.35696	553	15.88364	16.38494	2.09031
514	16.34303	2.43876	13.14606	554	13.63011	17.63425	1.51244
515	22.35318	2.75949	10.47233	555	13.92411	20.02154	0.71805
516	23.23880	1.52608	10.81520	556	20.73258	18.18016	0.65144
517	23.27731	0.98751	12.16902	557	22.97381	19.01557	−0.08008
518	24.18603	−0.12718	12.45115	558	24.40938	20.93733	−0.55544
519	25.88316	24.04761	11.38525	559	23.33227	23.50765	27.67007
520	24.67062	−0.29158	10.00690	560	17.48346	23.15305	27.32907

原子序号	X 坐标/Å	Y 坐标/Å	Z 坐标/Å	原子序号	X 坐标/Å	Y 坐标/Å	Z 坐标/Å
561	18.19744	23.41228	0.26439	601	22.46771	11.24339	7.77648
562	20.69893	24.29495	0.22080	602	20.75890	12.99138	7.94045
563	20.32092	0.12726	27.26521	603	17.05705	12.16681	9.89160
564	18.08484	15.73997	0.17040	604	17.75096	9.85803	10.38257
565	19.57715	13.86258	0.66824	605	18.15670	7.87383	10.28584
566	21.13364	17.72967	7.18643	606	19.85459	3.75617	8.78726
567	18.63476	20.88176	5.71505	607	21.08127	1.93412	7.53636
568	17.07767	19.70847	3.51909	608	24.97092	2.74319	6.08183
569	18.35523	19.79885	2.42649	609	24.67368	5.12808	6.38773
570	20.41332	20.36516	2.87296	610	17.65327	5.49536	10.51442
571	22.47881	21.35623	2.06139	611	24.17709	0.54973	6.22406
572	22.68181	23.81211	1.79940	612	18.91505	14.50167	7.67174
573	19.76322	0.42441	2.46142	613	17.78125	14.59286	8.95672
574	18.66364	24.19761	3.19483	614	14.20127	14.85492	5.88425
575	20.50422	13.65077	4.67732	615	14.10608	12.65882	4.85464
576	19.34327	11.51141	4.26472	616	19.03774	11.79787	6.76677
577	19.07400	12.52472	2.91112	617	17.98095	10.77235	7.61317
578	22.70339	13.82718	5.96736	618	16.60438	8.97753	2.92440
579	24.37639	12.44699	7.16089	619	18.76488	7.89526	2.57165
580	23.41538	9.09067	4.67871	620	20.61208	8.22341	4.19133
581	23.44247	9.28858	2.29600	621	20.25230	9.72279	6.12899
582	22.51516	8.65297	0.11514	622	18.06856	16.40762	7.22047
583	17.89486	11.39190	1.67675	623	17.78995	18.82980	7.05513
584	18.76894	9.48519	25.23161	624	13.84108	15.98909	7.50277
585	16.59229	10.38672	24.58406	625	10.50454	22.05199	6.22239
586	15.07989	11.34515	26.25433	626	10.86358	19.80784	6.94695
587	14.54722	12.86568	−0.74803	627	17.57432	20.78011	6.77875
588	14.45408	10.13394	3.38373	628	17.24140	22.95562	5.75246
589	16.23902	9.76263	1.71248	629	11.45080	24.07354	4.95264
590	12.11737	11.55442	4.04784	630	14.63303	−0.08734	4.77449
591	10.97128	13.51208	2.88819	631	11.50080	1.36715	4.08498
592	20.85898	10.76432	25.31331	632	20.42911	21.89152	7.30919
593	22.45058	9.83859	23.67946	633	18.00707	19.59070	10.98212
594	23.53879	7.72746	24.06251	634	18.80031	18.32612	9.04952
595	20.63030	7.01637	0.10212	635	17.57185	21.86394	12.05322
596	21.84728	4.89123	0.48916	636	18.08987	24.23678	12.19650
597	23.45619	4.51726	27.43222	637	21.84757	0.66792	8.91598
598	24.80229	10.24665	7.96254	638	18.30098	3.76037	12.48558
599	25.34380	9.15530	6.72859	639	20.62088	4.23700	11.84600
600	24.47122	7.02818	6.79154	640	16.14807	0.73161	10.17550

原子序号	X坐标/Å	Y坐标/Å	Z坐标/Å	原子序号	X坐标/Å	Y坐标/Å	Z坐标/Å
641	13.74253	1.16469	10.52717	681	4.37669	3.17750	11.35340
642	13.01609	2.35482	12.55733	682	3.57570	2.06557	11.79587
643	14.63367	3.14363	14.21562	683	2.41725	2.29363	12.61421
644	17.04170	2.79991	13.83540	684	2.10335	3.60918	12.96783
645	22.63834	3.57490	11.08696	685	4.09227	0.75534	11.35663
646	22.49023	3.01193	9.45486	686	5.20209	0.88938	10.61515
647	23.86158	1.32018	8.79185	687	5.80946	2.73052	10.29568
648	21.92121	1.29413	15.28679	688	3.68845	8.92740	14.92730
649	21.77529	2.24943	13.04134	689	4.76968	8.01000	14.84311
650	1.47465	21.67641	13.21039	690	4.55845	6.88752	14.09609
651	0.25059	22.69971	15.02865	691	0.24927	5.77849	11.53630
652	25.86269	23.95509	7.95122	692	24.98450	6.08095	11.43810
653	1.62062	21.24848	10.67697	693	24.36469	7.10592	12.32685
654	24.03509	23.06337	16.18201	694	25.21492	7.90306	13.14028
655	22.85725	−0.17031	16.89451	695	22.94445	7.33192	12.30801
656	25.43447	23.96777	16.60599	696	22.14950	6.61852	11.39616
657	2.87136	20.82982	8.81405	697	22.72830	5.64462	10.52882
658	3.37385	19.38759	6.88220	698	24.11033	5.36977	10.54268
659	1.81788	19.32031	4.96467	699	0.79978	4.68653	10.62272
660	25.87865	20.67129	4.99589	700	0.07827	4.38488	9.33934
661	25.36507	22.09219	6.92863	701	24.73882	4.30671	9.63034
662	22.02801	22.01713	8.24648	702	0.61084	9.72651	14.55517
663	23.29992	23.14605	8.43962	703	−0.21780	10.51502	13.70233
664	22.76623	24.32775	6.42367	704	25.23803	11.64575	14.20064
665	21.25203	23.51543	6.25677	705	25.43428	12.04521	15.56633
666	21.82589	20.63380	6.25744	706	0.13755	11.29236	16.41093
667	22.78972	19.12503	4.57583	707	0.71595	10.06237	15.96547
668	24.39469	19.98585	2.92018	708	1.28470	9.29570	17.09959
669	25.09350	22.35342	2.99057	709	1.29350	10.07845	18.30322
670	24.16309	23.85356	4.70685	710	0.49649	11.77445	18.17995
671	22.43712	14.17295	2.97326	711	1.81116	9.60192	19.50460
672	21.62710	13.06526	1.92623	712	2.32145	8.24848	19.52658
673	2.89905	4.71615	12.51112	713	2.15985	7.40252	18.38876
674	2.41801	6.10569	12.81193	714	1.61100	7.88173	17.18505
675	3.19666	7.01830	13.59924	715	1.15028	6.79011	16.22510
676	2.68033	8.26037	14.14618	716	1.03591	5.36559	16.72950
677	1.32112	8.55799	13.95186	717	0.40642	4.48149	15.77326
678	0.48378	7.67238	13.15604	718	0.40867	3.07894	16.00317
679	1.06962	6.49365	12.46930	719	−0.17183	2.13565	15.12465
680	4.07385	4.48785	11.71059	720	25.29561	2.58638	13.95531

原子序号	X坐标/Å	Y坐标/Å	Z坐标/Å	原子序号	X坐标/Å	Y坐标/Å	Z坐标/Å
721	25.23266	3.97729	13.70578	761	6.99600	15.33140	11.94087
722	−0.27113	4.88764	14.59546	762	7.86393	16.33211	11.40229
723	−0.02244	14.30397	15.57473	763	7.57120	17.14339	10.42106
724	25.69790	14.74641	14.08667	764	1.61552	19.10755	18.53490
725	0.85460	15.32704	13.51078	765	2.08363	18.68404	19.94579
726	1.57188	16.30205	14.26513	766	2.66395	17.36900	20.20372
727	1.12840	16.55929	15.67224	767	2.99508	16.98906	21.58720
728	0.36516	15.54403	16.36222	768	2.89874	17.98520	22.60354
729	0.05167	15.66270	17.73859	769	2.39227	19.30978	22.29180
730	0.43090	16.83885	18.42235	770	1.94101	19.62601	20.96002
731	1.10641	17.87785	17.72263	771	3.50541	15.66873	21.90316
732	1.49325	17.74058	16.37258	772	3.50251	14.66155	20.83966
733	2.74243	16.91476	13.69578	773	3.28106	15.09997	19.44167
734	3.20273	16.53582	12.43192	774	2.95477	16.45480	19.15283
735	2.54701	15.50923	11.67072	775	3.31673	14.16292	18.34163
736	1.34116	14.85300	12.24903	776	3.48046	12.80150	18.61936
737	0.66551	13.80344	11.56304	777	3.62444	12.36166	19.97130
738	1.11191	13.39358	10.29267	778	3.67501	13.26880	21.05194
739	2.29746	14.04879	9.68002	779	3.39166	17.66718	23.94881
740	2.97018	15.12797	10.35804	780	3.96253	16.35918	24.26269
741	2.78262	13.53853	8.43951	781	3.99437	15.41593	23.23494
742	2.14691	12.43270	7.83902	782	2.42761	20.33553	23.32091
743	1.00590	11.80391	8.40589	783	2.97519	20.00293	24.65652
744	0.45210	12.28045	9.61678	784	3.40108	18.67615	24.94657
745	25.35293	11.64712	10.20260	785	3.10122	21.06412	25.63013
746	24.31327	12.49914	10.74460	786	2.65788	22.36318	25.36442
747	23.13403	11.95871	11.19758	787	2.12282	22.64434	24.06796
748	22.96856	10.55002	11.12550	788	2.00807	21.66748	23.06277
749	23.96687	9.67317	10.62805	789	4.47669	16.15167	25.58632
750	25.16923	10.22855	10.17618	790	2.69579	23.47302	26.30772
751	21.61599	10.15716	11.56798	791	3.53157	11.76508	17.43882
752	21.03579	11.36059	11.86185	792	4.82204	11.88083	16.60042
753	21.86085	12.53390	11.73489	793	6.07255	11.77842	17.27329
754	4.05172	15.95680	9.70792	794	7.25836	12.09232	16.56529
755	3.70460	16.81292	8.63548	795	7.20963	12.38049	15.18289
756	4.66492	17.74914	8.16025	796	5.99170	12.39319	14.45782
757	5.92969	17.85052	8.75341	797	4.81237	12.16247	15.20722
758	6.38277	17.03631	9.84205	798	3.47117	12.28616	14.42673
759	5.37512	16.04514	10.28357	799	3.65027	11.81918	12.95492
760	5.73069	15.18755	11.36443	800	4.88802	12.08647	12.31350

原子序号	X坐标/Å	Y坐标/Å	Z坐标/Å	原子序号	X坐标/Å	Y坐标/Å	Z坐标/Å
801	6.06008	12.62050	13.00907	841	3.82735	0.87554	23.80533
802	4.94783	11.79019	10.93153	842	4.38501	24.32841	23.62819
803	3.87095	11.17875	10.24110	843	4.21993	23.78313	22.32970
804	2.68189	10.84636	10.93377	844	4.48524	24.56064	21.17760
805	2.56032	11.19569	12.29868	845	4.51314	1.27417	25.07631
806	6.17154	11.55948	18.79483	846	5.54417	2.26994	25.02591
807	5.77229	10.39101	19.52671	847	6.32280	2.54273	26.16670
808	5.76156	10.44395	20.93198	848	6.09872	1.81517	27.36698
809	6.12985	11.64200	21.60882	849	5.06633	0.84177	27.43363
810	6.62970	12.84053	20.88018	850	4.26461	0.58063	26.30354
811	6.61419	12.70869	19.45678	851	4.67613	23.84655	19.82661
812	7.01178	13.95025	21.47483	852	3.49975	23.16375	19.05605
813	6.99343	14.08393	22.76592	853	2.10635	23.08130	19.46583
814	6.49046	13.01284	23.64942	854	1.17275	22.33949	18.61109
815	6.01208	11.77901	23.05200	855	1.61676	21.77758	17.38735
816	6.46722	13.14178	25.05988	856	3.01708	21.90376	16.97563
817	7.01576	14.34605	25.67967	857	3.93395	22.60717	17.86044
818	7.48378	15.42474	24.82159	858	25.90478	22.16324	19.01610
819	7.45089	15.28208	23.45239	859	25.47886	22.75241	20.25410
820	5.42195	10.76928	23.90322	860	0.24333	23.54979	21.01701
821	5.36462	10.91538	25.28800	861	1.59551	23.71237	20.64345
822	5.93396	12.08714	25.92631	862	0.69071	21.03214	16.52919
823	7.10837	14.41205	27.10148	863	25.43541	20.87594	16.96395
824	6.78431	13.03375	−0.59266	864	24.99629	21.41641	18.16319
825	6.03960	12.23357	27.34946	865	3.43730	21.33226	15.73804
826	7.06095	13.21488	0.82195	866	2.51875	20.61729	14.91869
827	2.78363	7.57416	20.77445	867	1.15747	20.46254	15.30886
828	3.37011	6.28449	20.62674	868	24.03880	22.53995	20.76352
829	3.52371	5.43674	21.74640	869	2.99832	20.05744	13.58881
830	3.12136	5.96409	23.07149	870	2.05965	19.67738	12.58410
831	2.58921	7.29452	23.19737	871	2.51575	19.21866	11.32923
832	2.42304	8.09875	22.07038	872	3.90673	19.12055	11.06602
833	3.16285	5.11298	24.23032	873	4.84609	19.45496	12.07620
834	3.49133	3.76757	24.07995	874	4.39477	19.92451	13.32910
835	3.80079	3.20697	22.78515	875	4.49470	4.12582	19.00126
836	3.87956	4.03379	21.58792	876	3.27591	4.06976	17.96986
837	4.15359	3.39702	20.31394	877	3.20859	2.72095	17.23004
838	4.09162	2.00795	20.17930	878	2.47882	1.62918	17.77904
839	3.78627	1.16875	21.31406	879	2.26591	0.47182	16.99580
840	3.83811	1.76346	22.65187	880	2.82225	0.37202	15.69468

原子序号	X坐标/Å	Y坐标/Å	Z坐标/Å	原子序号	X坐标/Å	Y坐标/Å	Z坐标/Å
881	3.60664	1.43502	15.17773	921	2.52098	12.07564	6.93181
882	3.79080	2.61361	15.93742	922	0.56988	10.99101	7.91568
883	24.91566	13.39976	16.10239	923	24.42423	13.54209	10.71807
884	4.66744	5.29226	11.38379	924	23.79332	8.64139	10.57065
885	1.82775	1.49554	12.95237	925	−0.20007	9.60663	9.80453
886	1.27227	3.79441	13.58015	926	21.15436	9.21563	11.51098
887	3.64915	−0.16524	11.59533	927	20.02970	11.38962	12.13675
888	5.66854	0.03461	10.25427	928	2.72255	16.81052	8.25438
889	3.61127	9.88702	15.58090	929	4.40586	18.40384	7.37360
890	5.68993	8.19503	15.30825	930	6.59527	18.56273	8.37714
891	5.24243	6.11892	13.89682	931	5.05905	14.46573	11.72441
892	24.80655	8.66358	13.72389	932	7.29011	14.72807	12.74708
893	22.52203	8.05391	12.93538	933	8.83109	16.42003	11.83203
894	21.12422	6.82338	11.31705	934	0.83979	19.82230	18.62406
895	22.11052	5.15293	9.84097	935	2.41883	19.55973	18.01465
896	1.83037	4.89014	10.45696	936	1.54924	20.57225	20.74087
897	0.79747	3.81304	11.24212	937	2.86978	16.75473	18.15971
898	24.55224	3.38229	10.13616	938	3.18904	14.49595	17.35802
899	24.15868	4.25705	8.74065	939	3.77118	11.34243	20.15478
900	−0.32497	10.24831	12.69224	940	3.86784	12.91079	22.01591
901	24.60433	12.19743	13.57678	941	4.43142	14.48918	23.43478
902	1.77831	10.18563	20.37415	942	3.74411	18.43465	25.90275
903	2.33128	6.37750	18.48268	943	3.51877	20.84648	26.56195
904	1.82142	6.80576	15.40087	944	1.80539	23.62699	23.86498
905	0.23509	7.12946	15.80290	945	1.62194	21.92287	22.12464
906	0.89237	2.73035	16.85853	946	4.91944	15.38283	25.70331
907	−0.11846	1.11172	15.33761	947	2.78694	23.34445	27.18679
908	24.84645	1.90439	13.30249	948	2.69947	11.92043	16.80873
909	24.72031	4.33556	12.86634	949	3.47417	10.79354	17.85335
910	−0.34565	5.90768	14.37943	950	8.17334	12.09683	17.07084
911	0.83720	13.69233	15.50098	951	8.10378	12.55354	14.66092
912	25.37415	13.92130	13.51496	952	2.70529	11.72836	14.89057
913	24.92943	15.47094	14.11906	953	3.17841	13.30529	14.42113
914	25.68775	14.88979	18.24534	954	5.82361	12.02935	10.40853
915	0.28480	16.91387	19.45509	955	3.94669	10.99690	9.21337
916	2.05744	18.48485	15.90388	956	1.88039	10.40670	10.42715
917	3.25940	17.64913	14.23167	957	1.67354	11.00789	12.81818
918	4.04674	17.00810	12.03242	958	5.49554	9.51853	19.02063
919	−0.13185	13.31223	12.02150	959	5.48326	9.59600	21.48051
920	3.62554	13.97044	7.99343	960	6.89969	13.53256	18.88033

原子序号	X 坐标/Å	Y 坐标/Å	Z 坐标/Å	原子序号	X 坐标/Å	Y 坐标/Å	Z 坐标/Å
961	7.87818	16.29635	25.24509	1001	2.37341	4.22375	18.49746
962	7.83281	16.06247	22.85867	1002	2.06369	1.70257	18.73642
963	5.04220	9.89893	23.46725	1003	2.68754	24.48250	17.37494
964	4.93475	10.16519	25.87680	1004	3.64526	24.31565	15.11746
965	7.56064	15.23852	27.54566	1005	4.01585	1.36740	14.21625
966	5.80867	11.14430	−0.56391	1006	4.32554	3.41879	15.53750
967	6.82255	12.56455	1.37910	1007	24.86084	13.40069	17.15637
968	3.61042	5.92670	19.67057	1008	23.99048	13.67396	15.67057
969	2.19274	7.61368	24.11970	1009	21.38054	1.66309	25.51735
970	1.92445	9.01397	22.14691	1010	20.35334	2.47247	26.25397
971	2.86491	5.48044	25.16238	1011	19.09305	2.75165	25.60887
972	3.42979	3.13041	24.90702	1012	18.17625	3.77445	26.05802
973	4.26626	1.57953	19.24171	1013	18.51520	4.47857	27.22911
974	4.29726	23.70115	24.45975	1014	19.75722	3.70254	−0.47066
975	4.03222	22.75447	22.22618	1015	20.56057	2.96390	27.60052
976	5.71453	2.79476	24.13436	1016	21.17847	0.24648	25.30364
977	7.07047	3.27733	26.13157	1017	23.28248	24.31042	24.90088
978	6.80967	1.68750	−0.32018	1018	23.54090	0.11168	24.59556
979	5.03886	−0.01849	−0.20728	1019	23.69907	1.53603	24.70189
980	4.48515	24.68227	26.35234	1020	22.62915	2.29415	25.18749
981	5.38431	23.07652	20.00114	1021	25.58487	23.96341	24.11549
982	5.14364	24.52072	19.15402	1022	25.18788	22.69007	24.03638
983	4.93411	22.71603	17.58148	1023	23.28086	22.34762	24.69828
984	26.01140	24.02495	21.88111	1024	16.98896	3.85136	25.22506
985	2.23487	24.29258	21.23122	1025	17.24153	2.75163	24.34131
986	24.76959	20.34647	16.36278	1026	18.43865	2.10634	24.47385
987	23.99595	21.29759	18.44650	1027	21.62367	2.04743	−0.01177
988	4.42078	21.46162	15.42302	1028	21.57374	2.41342	1.36895
989	0.49319	19.92697	14.70766	1029	20.67605	3.51194	1.81281
990	23.35974	23.11415	20.18485	1030	19.85440	4.18453	0.85955
991	23.96148	22.83183	21.78028	1031	20.57781	3.83380	3.21078
992	23.77035	21.51783	20.67854	1032	21.30996	3.11440	4.16836
993	1.03107	19.71988	12.77349	1033	22.19117	2.07009	3.76466
994	1.82426	18.90798	10.60411	1034	22.34692	1.75767	2.39813
995	4.23760	18.74011	10.15042	1035	22.64394	0.98678	−0.39521
996	5.87097	19.31663	11.90196	1036	23.14202	0.00484	0.64364
997	5.08670	20.13996	14.07996	1037	23.37485	0.71754	1.95611
998	5.31991	3.64752	18.54076	1038	17.66747	5.17511	−0.80073
999	4.75994	5.13723	19.21078	1039	17.21573	4.93332	0.53046
1000	3.38428	4.84596	17.25754	1040	16.24281	5.74502	1.13888

原子序号	X坐标/Å	Y坐标/Å	Z坐标/Å	原子序号	X坐标/Å	Y坐标/Å	Z坐标/Å
1041	15.59857	6.75450	0.36166	1081	16.05537	1.51738	0.00021
1042	15.83900	7.24393	27.54229	1082	15.44563	1.41973	1.31139
1043	16.91672	6.53970	26.92991	1083	16.22732	1.44050	2.44352
1044	17.12148	6.96787	25.52095	1084	17.62380	1.65542	2.30725
1045	16.07869	7.85093	25.09243	1085	18.26374	1.72577	1.04747
1046	14.86796	8.39451	26.42302	1086	17.47578	1.61730	−0.10358
1047	15.95460	8.34079	23.79477	1087	18.31981	1.74815	3.60722
1048	16.95540	8.01062	22.81484	1088	17.29877	1.50912	4.48072
1049	18.05229	7.20484	23.23016	1089	15.99160	1.27858	3.91456
1050	18.17288	6.72137	24.55208	1090	10.85499	1.81553	24.60253
1051	19.55274	6.12156	24.79576	1091	9.82458	0.99334	25.12957
1052	20.66091	6.45015	23.79948	1092	9.12075	0.11421	24.25941
1053	21.25626	5.28543	23.18047	1093	9.42113	0.05889	22.89189
1054	20.70658	3.98691	23.32636	1094	10.39152	0.88717	22.24180
1055	21.30099	2.83121	22.76435	1095	11.10342	1.78891	23.17774
1056	22.49156	2.94446	22.00671	1096	12.09079	2.65483	22.62667
1057	23.05385	4.23137	21.81999	1097	12.32118	2.60819	21.24774
1058	22.43610	5.36880	22.39291	1098	11.55396	1.68570	20.46984
1059	13.11136	6.93076	0.34778	1099	10.65048	0.86831	20.94116
1060	12.72370	5.45954	0.85479	1100	8.85058	10.51918	−0.55760
1061	11.91172	4.96506	−0.33343	1101	9.74849	11.83410	27.35206
1062	10.84293	5.79579	−0.79891	1102	10.72958	11.42313	26.35097
1063	10.67474	7.14725	−0.17291	1103	11.60709	12.41171	25.69061
1064	11.81430	7.69756	0.52891	1104	11.61203	13.74042	26.18954
1065	11.79997	8.95894	1.18395	1105	10.74363	14.08751	27.30240
1066	10.69547	9.80856	0.96581	1106	9.90539	12.81891	−0.70746
1067	9.64321	9.35529	0.10778	1107	12.47118	12.07013	24.57418
1068	9.55413	8.00817	−0.35302	1108	12.53031	10.67489	24.16433
1069	9.90868	5.65255	26.63740	1109	11.86354	9.67208	25.03749
1070	10.19951	4.45176	25.97851	1110	10.93898	10.05593	26.04619
1071	11.35328	3.67519	26.33658	1111	12.09225	8.26162	24.82953
1072	12.19675	4.11028	27.48798	1112	12.73569	7.88129	23.64533
1073	13.52337	3.09550	−0.70276	1113	13.19614	8.83731	22.68906
1074	13.86072	2.36427	27.01383	1114	13.17005	10.21832	22.98073
1075	13.07278	1.95742	25.82104	1115	12.52127	14.71782	25.55868
1076	11.76327	2.52689	25.57884	1116	13.26398	14.41957	24.34024
1077	13.62574	0.99790	24.92385	1117	13.22995	13.09954	23.90284
1078	14.90835	0.45964	25.14080	1118	11.03652	15.07185	−0.62091
1079	15.65189	0.79764	26.30217	1119	11.94716	16.29776	27.34124
1080	15.12923	1.68390	27.27153	1120	12.68668	15.98520	26.16568

原子序号	X 坐标/Å	Y 坐标/Å	Z 坐标/Å	原子序号	X 坐标/Å	Y 坐标/Å	Z 坐标/Å
1121	12.31030	17.24093	−0.55589	1161	22.15428	4.98968	17.95738
1122	11.55775	17.65220	0.55505	1162	23.82472	5.53593	16.12566
1123	10.58719	16.75868	1.09745	1163	16.93306	8.61683	21.44092
1124	10.32504	15.49776	0.53323	1164	18.15063	8.71171	20.71964
1125	14.00999	15.46656	23.69087	1165	18.19733	9.30764	19.43828
1126	11.82605	18.96190	1.10947	1166	16.95168	9.85408	18.85823
1127	12.86302	6.36168	23.29345	1167	15.72650	9.73455	19.59907
1128	11.95301	6.05835	22.08420	1168	15.72378	9.14750	20.86453
1129	12.53841	5.59936	20.87255	1169	16.96758	10.53492	17.59071
1130	11.68617	5.30180	19.77707	1170	18.18055	10.73586	16.93284
1131	10.29298	5.49985	19.89044	1171	19.42065	10.22205	17.45786
1132	9.67473	6.04282	21.04616	1172	19.43093	9.39874	18.66481
1133	10.55344	6.31483	22.11796	1173	20.60486	8.63324	19.00286
1134	9.99957	7.01163	23.39397	1174	21.70669	8.62816	18.14358
1135	8.45760	7.19567	23.42013	1175	21.74434	9.46813	16.97513
1136	7.68500	6.79856	22.30241	1176	20.65707	10.41494	16.71132
1137	8.22315	6.27876	21.03552	1177	20.89954	11.45071	15.71867
1138	6.28911	6.96320	22.45414	1178	21.95917	11.27062	14.78186
1139	5.70087	7.50910	23.62397	1179	22.90624	10.23005	14.93388
1140	6.51551	7.94902	24.69595	1180	22.88076	9.40785	16.08530
1141	7.91609	7.79690	24.58781	1181	20.22149	12.77829	15.70365
1142	14.05292	5.50985	20.63805	1182	20.49956	13.72112	14.65808
1143	14.97063	4.79706	21.48056	1183	19.88604	14.98815	14.66893
1144	16.32434	4.76328	21.11007	1184	18.96863	15.33279	15.69811
1145	16.75844	5.42073	19.92417	1185	18.70475	14.41486	16.74976
1146	15.84706	6.20944	19.05199	1186	19.35346	13.16463	16.77624
1147	14.48785	6.19271	19.49549	1187	24.14474	8.59667	16.42837
1148	16.24141	6.85393	17.97228	1188	24.49271	8.65271	17.94850
1149	17.47928	6.82396	17.57462	1189	24.25808	9.84766	18.75067
1150	18.50932	6.04051	18.28349	1190	24.48591	9.78348	20.19567
1151	18.14369	5.33913	19.50022	1191	24.91851	8.56680	20.78191
1152	19.84429	5.93389	17.81953	1192	25.17342	7.38414	19.95392
1153	20.25428	6.66216	16.62311	1193	24.94384	7.47082	18.51845
1154	19.27296	7.51049	15.96310	1194	24.23279	10.95362	21.03626
1155	17.97488	7.56118	16.42296	1195	23.75506	12.15366	20.40976
1156	19.14383	4.58890	20.22893	1196	23.50417	12.18839	19.01534
1157	20.44634	4.47146	19.75445	1197	23.75277	11.06480	18.20432
1158	20.83883	5.11532	18.51648	1198	25.08727	8.47658	22.23394
1159	21.59245	6.51664	16.14306	1199	24.82130	9.65401	23.05101
1160	22.52363	5.66019	16.77546	1200	24.42255	10.85030	22.47303

原子序号	X 坐标/Å	Y 坐标/Å	Z 坐标/Å	原子序号	X 坐标/Å	Y 坐标/Å	Z 坐标/Å
1201	−0.52677	6.17230	20.57254	1241	19.81982	6.41988	25.78461
1202	−0.39081	6.09672	21.98733	1242	19.83904	3.87924	23.90666
1203	25.48471	7.23295	22.80628	1243	20.90467	1.88792	22.98144
1204	23.44997	13.40874	21.25253	1244	22.96930	2.09287	21.63177
1205	−0.00133	4.78767	22.65878	1245	23.95234	4.33888	21.29425
1206	0.59808	3.73518	21.90844	1246	22.89051	6.30343	22.26430
1207	0.95397	2.52488	22.54388	1247	13.28660	6.82431	−0.68803
1208	0.74832	2.35830	23.93834	1248	13.57889	4.86597	1.03398
1209	0.15533	3.40588	24.69120	1249	12.12377	5.53068	1.72423
1210	−0.23370	4.60410	24.05338	1250	12.63917	9.30213	1.70629
1211	20.74856	7.68809	20.21152	1251	10.72435	10.80460	1.28895
1212	21.42920	8.42238	21.45746	1252	8.62883	8.03755	27.58127
1213	20.80548	9.80209	21.73246	1253	9.09871	6.22590	26.31271
1214	21.06067	10.87883	20.84050	1254	9.61124	4.14268	25.16707
1215	20.52002	12.15755	21.10623	1255	14.10401	3.41436	0.10527
1216	19.74915	12.36725	22.27876	1256	13.06970	0.69383	24.09213
1217	19.48031	11.28915	23.16124	1257	16.31015	24.58060	24.44650
1218	19.99056	10.00055	22.88031	1258	16.59789	0.34976	26.47682
1219	14.42129	7.53653	0.99499	1259	14.41390	1.26269	1.39041
1220	21.25297	24.58209	25.49787	1260	19.30013	1.84063	0.97680
1221	24.58702	1.99908	24.39864	1261	17.80476	1.93394	27.47930
1222	22.71394	3.33655	25.26234	1262	19.33720	1.93310	3.81037
1223	0.43324	24.27860	23.85510	1263	17.49249	1.49865	5.50509
1224	25.84888	21.96168	23.70906	1264	9.62976	0.98603	26.15593
1225	15.94653	4.05766	25.68942	1265	9.38171	24.28064	24.65678
1226	16.50892	2.40918	23.67833	1266	9.87878	24.18815	22.29617
1227	18.76477	1.25895	23.95116	1267	12.61129	3.32443	23.24025
1228	19.25462	4.97823	1.17366	1268	13.01709	3.24609	20.79539
1229	19.88379	4.56845	3.53351	1269	11.73008	1.66185	19.42094
1230	21.21495	3.34821	5.18732	1270	8.27184	11.02501	0.16938
1231	22.72599	1.54160	4.49342	1271	8.09313	10.46086	27.21656
1232	22.15207	0.79108	27.28885	1272	9.23390	13.11645	0.03950
1233	23.47268	1.54580	−0.77485	1273	10.43435	9.32388	26.57989
1234	24.29185	1.26555	1.89623	1274	11.73161	7.55116	25.50658
1235	23.51760	0.04300	2.76461	1275	13.56427	8.48752	21.76283
1236	17.58053	4.10088	1.05207	1276	13.59858	10.90644	22.32077
1237	15.93953	5.56542	2.12464	1277	13.76481	12.85680	23.03868
1238	15.16026	8.97929	23.55066	1278	13.35338	16.68202	25.76961
1239	18.80543	6.98282	22.53602	1279	12.94596	18.18689	27.61638
1240	19.42468	5.06241	24.85638	1280	10.07057	17.04586	1.96055

原子序号	X 坐标/Å	Y 坐标/Å	Z 坐标/Å	原子序号	X 坐标/Å	Y 坐标/Å	Z 坐标/Å
1281	9.62355	14.86287	0.97885	1321	23.56554	11.11958	17.17726
1282	13.92794	16.33814	23.86247	1322	24.90498	9.58569	24.09139
1283	11.31352	19.22967	1.78168	1323	24.23168	11.68001	23.08105
1284	12.56530	5.78034	24.12593	1324	−0.32844	5.33759	19.98212
1285	13.86758	6.14620	23.04526	1325	−0.50766	7.16369	23.83706
1286	12.09393	4.93450	18.88685	1326	23.15973	14.21256	20.62431
1287	9.69178	5.25239	19.07024	1327	24.31110	13.68463	21.80096
1288	10.29679	6.45518	24.24091	1328	22.66945	13.19168	21.93791
1289	10.45371	7.96549	23.47792	1329	0.82815	3.88043	20.89997
1290	5.66684	6.64916	21.67027	1330	1.44127	1.77489	21.99809
1291	4.65924	7.58357	23.69001	1331	1.06987	1.48386	24.41397
1292	6.09094	8.38159	25.54825	1332	0.00498	3.28953	25.72099
1293	8.54944	8.13963	25.34465	1333	25.42745	5.35943	24.60574
1294	14.64110	4.31938	22.35062	1334	21.35510	6.86497	19.94198
1295	17.01736	4.26234	21.71450	1335	19.78553	7.32166	20.48565
1296	13.78446	6.73550	18.94137	1336	22.45854	8.54685	21.24031
1297	19.55892	8.08537	15.13904	1337	21.32421	7.81163	22.32484
1298	17.30154	8.18711	15.92216	1338	21.64498	10.71867	19.98617
1299	18.89083	4.11902	21.12704	1339	20.69426	12.94625	20.44081
1300	21.14957	3.92483	20.30243	1340	19.34795	13.31167	22.47951
1301	21.88676	7.03407	15.28686	1341	18.90369	11.45555	24.02084
1302	22.85014	4.37470	18.43197	1342	19.79932	9.19781	23.52345
1303	24.51392	4.99395	16.30545	1343	14.49223	8.55989	0.74135
1304	19.04139	8.38729	21.16801	1344	14.40189	7.41970	2.04548
1305	14.84172	10.11041	19.18825	1345	13.59940	9.90265	9.15987
1306	14.82779	9.09256	21.40404	1346	13.01436	8.58109	8.88283
1307	16.07343	10.89358	17.17727	1347	11.57947	8.33773	8.83946
1308	18.18260	11.24375	16.01914	1348	10.96483	7.11691	9.32754
1309	22.49996	7.97805	18.33888	1349	11.81991	6.13463	9.85811
1310	22.09036	11.96470	14.01442	1350	13.25507	6.18171	9.58345
1311	23.70102	10.15607	14.25842	1351	13.86011	7.38330	8.97523
1312	21.15636	13.47304	13.88440	1352	12.98852	11.15434	8.74883
1313	20.09263	15.67831	13.90586	1353	13.53093	12.34671	9.21506
1314	18.48240	16.25758	15.67211	1354	14.68388	12.36684	10.07715
1315	18.01647	14.66269	17.50024	1355	15.28494	11.12890	10.49637
1316	19.19631	12.51034	17.57700	1356	14.74966	9.92854	10.03554
1317	24.96470	8.98204	15.87960	1357	15.14173	13.72222	10.43603
1318	24.00087	7.57271	16.15256	1358	14.36971	14.66681	9.87616
1319	25.10567	6.62964	17.91670	1359	12.86144	14.01550	8.79262
1320	23.11525	13.06204	18.58225	1360	9.51833	7.17903	9.29022

原子序号	X坐标/Å	Y坐标/Å	Z坐标/Å	原子序号	X坐标/Å	Y坐标/Å	Z坐标/Å
1361	9.33029	8.49787	8.81470	1401	9.09443	−0.16979	14.23564
1362	10.46022	9.21223	8.53383	1402	9.20174	24.25790	15.26309
1363	15.17903	7.30390	8.43704	1403	7.93039	23.72394	14.90161
1364	15.85115	6.04025	8.40724	1404	7.60476	23.34457	13.57987
1365	15.27507	4.86905	9.12174	1405	7.15277	22.48636	10.66514
1366	14.00922	4.99073	9.76213	1406	6.96663	22.17700	9.31294
1367	15.93708	3.59341	9.04753	1407	7.79714	22.75273	8.29150
1368	17.09715	3.43963	8.26979	1408	8.88190	23.68627	8.70960
1369	17.65653	4.54966	7.57023	1409	8.57766	−0.30339	7.76814
1370	17.07406	5.83118	7.67729	1410	9.25345	24.39815	6.39785
1371	15.88111	8.50303	7.80511	1411	8.28040	23.37184	5.94168
1372	16.94526	8.27726	6.77280	1412	7.59173	22.53532	6.88885
1373	17.75860	7.04947	7.04935	1413	8.00129	23.29536	4.54388
1374	11.39165	4.90103	10.61246	1414	8.64101	24.14465	3.61913
1375	11.29483	3.75409	9.77455	1415	8.52289	0.37208	4.05719
1376	11.14952	2.46593	10.31999	1416	8.79713	0.54554	5.43365
1377	11.05562	2.31470	11.73838	1417	9.56606	1.76280	5.90080
1378	11.17115	3.43774	12.57589	1418	10.90960	1.67122	6.42893
1379	11.37290	4.74915	12.05736	1419	11.62390	2.81938	6.68323
1380	11.60216	5.73687	13.14904	1420	10.97625	4.07065	6.51621
1381	11.57808	5.12725	14.44549	1421	9.62998	4.20218	6.09566
1382	11.20899	3.28237	14.45060	1422	8.93759	3.03433	5.74899
1383	11.78652	5.83293	15.63403	1423	11.88921	5.20218	6.78267
1384	12.02686	7.25568	15.56035	1424	13.06048	4.55898	7.06231
1385	11.98150	7.88913	14.28678	1425	13.03114	3.11647	7.10021
1386	11.80703	7.16641	13.09100	1426	6.63692	21.49788	6.34635
1387	11.85223	8.01473	11.82675	1427	6.92406	20.11934	6.47446
1388	12.13213	9.50163	11.92252	1428	6.06564	19.18652	5.82355
1389	10.94986	10.33928	11.84087	1429	4.99297	19.58459	5.01793
1390	9.61698	9.89142	11.67992	1430	4.60698	20.95292	4.83919
1391	8.51329	10.78022	11.64847	1431	5.47910	21.89710	5.57607
1392	8.69674	12.16801	11.84938	1432	5.15063	23.27992	5.48930
1393	10.01845	12.65918	11.98200	1433	4.06033	23.66769	4.70630
1394	11.10277	11.75037	11.93780	1434	3.33490	22.64015	4.02737
1395	9.43568	0.41761	11.83258	1435	3.58688	21.36024	4.09700
1396	10.55514	24.29720	10.52560	1436	6.83254	23.70736	16.01109
1397	9.18099	23.78856	10.12041	1437	7.30926	24.33656	17.33930
1398	8.26108	23.29917	11.10363	1438	6.67886	0.94486	17.52089
1399	8.52242	23.63788	12.53049	1439	6.94013	1.41828	18.89222
1400	9.69981	24.40952	12.88751	1440	6.86428	0.51562	19.99134

原子序号	X 坐标/Å	Y 坐标/Å	Z 坐标/Å	原子序号	X 坐标/Å	Y 坐标/Å	Z 坐标/Å
1441	7.58175	23.91200	19.74757	1481	9.75082	10.68637	17.30223
1442	7.33103	23.44235	18.40771	1482	8.92463	9.51329	17.68167
1443	7.25977	2.80501	19.17119	1483	8.36836	8.82277	16.55778
1444	7.40759	3.71853	18.04807	1484	8.66843	9.18227	18.93375
1445	7.31384	3.18629	16.66588	1485	9.03976	9.93248	19.92755
1446	6.88314	1.84190	16.43892	1486	9.74276	11.21461	19.72490
1447	7.74744	4.03107	15.57704	1487	10.12962	11.58635	18.37672
1448	8.19742	5.33847	15.82911	1488	10.01235	12.11209	20.78876
1449	8.14052	5.87881	17.15131	1489	9.62233	11.77879	22.15674
1450	7.72426	5.09409	18.24308	1490	9.05383	10.45690	22.38572
1451	7.01275	1.02329	21.36777	1491	8.79208	9.61464	21.32574
1452	7.42695	2.39699	21.63806	1492	10.81560	12.84002	18.14239
1453	7.49722	3.23443	20.52755	1493	11.05497	13.73317	19.18139
1454	7.33611	23.03255	20.88074	1494	10.62712	13.41731	20.53212
1455	7.30393	23.62526	22.23695	1495	9.75896	12.76609	23.18171
1456	6.67301	0.18439	22.46006	1496	10.28500	14.05268	22.91371
1457	6.76113	22.85281	23.32799	1497	10.74373	14.35177	21.61023
1458	6.27784	21.55774	23.12446	1498	10.33512	15.03543	23.97830
1459	6.43043	20.96727	21.82741	1499	12.32101	8.18499	16.70676
1460	6.93113	21.67711	20.72270	1500	13.07132	9.34245	16.35402
1461	7.73677	2.84383	22.96863	1501	13.22380	10.42145	17.25574
1462	5.62445	20.73030	24.12131	1502	12.77342	10.21843	18.64919
1463	8.92848	6.20337	14.74061	1503	12.06193	9.01730	19.00592
1464	8.06532	7.07219	13.80343	1504	11.81364	8.03298	18.04658
1465	7.85118	8.45016	14.10427	1505	13.07078	11.24170	19.61525
1466	6.93672	9.18369	13.30664	1506	13.81751	12.37032	19.25944
1467	6.33946	8.57889	12.17572	1507	14.19803	12.63829	17.89892
1468	6.66900	7.27073	11.73927	1508	13.76304	11.72517	16.84869
1469	7.54411	6.55336	12.58474	1509	13.77325	12.20672	15.49111
1470	7.98409	5.12260	12.16198	1510	14.26151	13.47455	15.14889
1471	7.72530	4.83418	10.65955	1511	14.89737	14.31433	16.12515
1472	6.76091	5.59540	9.95094	1512	14.90931	13.86002	17.51871
1473	6.09832	6.78720	10.47442	1513	15.65810	14.65522	18.44955
1474	6.49231	5.14994	8.63301	1514	16.22094	15.89955	18.06428
1475	7.16892	4.05493	8.04554	1515	16.14426	16.34876	16.71648
1476	8.19208	3.38472	8.76172	1516	15.53019	15.55246	15.72962
1477	8.47120	3.79365	10.07594	1517	16.03445	14.03467	19.79413
1478	8.60384	9.18725	15.22845	1518	16.81810	12.84564	19.73143
1479	9.50060	10.26091	14.90590	1519	17.15584	12.15644	20.91464
1480	10.07830	10.99876	15.95001	1520	16.71592	12.65646	22.16662

原子序号	X坐标/Å	Y坐标/Å	Z坐标/Å	原子序号	X坐标/Å	Y坐标/Å	Z坐标/Å
1521	15.95504	13.85198	22.22526	1561	8.68623	6.54128	9.80904
1522	15.60024	14.54722	21.04907	1562	8.37326	8.91177	8.71680
1523	15.48921	15.96654	14.23805	1563	10.49757	10.19982	8.19599
1524	16.76552	16.66504	13.67925	1564	13.57488	4.15757	10.21722
1525	16.98254	18.06670	14.00908	1565	15.52935	2.77663	9.55306
1526	18.20616	18.71130	13.52824	1566	17.57480	2.50764	8.22762
1527	19.10536	18.00633	12.69039	1567	18.53025	4.42160	7.00775
1528	18.82186	16.62679	12.28434	1568	15.12275	9.16727	7.45608
1529	17.64200	15.97746	12.84606	1569	16.32708	9.01616	8.63208
1530	18.49515	20.09992	13.88522	1570	18.54206	7.30073	7.73138
1531	17.52485	20.81519	14.65978	1571	18.27303	6.70357	6.18397
1532	16.31452	20.19680	15.06281	1572	11.36964	3.87705	8.73630
1533	16.04497	18.84499	14.76043	1573	11.11878	1.63026	9.69538
1534	20.31618	18.68137	12.21207	1574	11.75170	5.34726	16.56137
1535	20.59820	20.05499	12.60532	1575	12.04317	8.93058	14.23345
1536	19.71550	20.73834	13.42496	1576	10.93781	7.82247	11.32372
1537	19.72937	15.98894	11.38558	1577	12.60730	7.55574	11.22969
1538	20.88767	16.67007	10.90775	1578	9.42432	8.86743	11.59069
1539	21.19604	17.99232	11.33281	1579	7.55029	10.40400	11.48711
1540	17.82507	22.27811	15.04045	1580	7.86738	12.81632	11.85816
1541	21.88266	16.04033	9.94967	1581	10.18659	13.68727	12.07870
1542	22.92155	16.83106	9.37205	1582	12.07817	12.11912	11.96519
1543	23.90300	16.23266	8.55370	1583	8.85723	1.26842	11.58629
1544	23.87373	14.83516	8.30699	1584	10.01157	0.02251	9.73361
1545	22.82990	14.04840	8.85981	1585	11.16775	23.46997	10.77158
1546	21.83355	14.64578	9.66293	1586	9.99344	0.33762	14.45372
1547	13.17806	11.43369	14.29881	1587	9.41916	24.47673	16.26388
1548	14.17439	11.39296	13.05261	1588	6.67302	22.92466	13.36586
1549	15.63776	11.07355	13.41209	1589	6.49584	22.08677	11.37344
1550	16.55486	12.13764	13.63980	1590	6.18071	21.54604	9.02982
1551	17.92434	11.86145	13.85193	1591	9.27339	0.40453	8.08813
1552	18.38789	10.52001	13.85316	1592	7.29921	22.59136	4.19970
1553	17.47090	9.45908	13.64380	1593	8.45848	24.02027	2.59243
1554	16.10000	9.73027	13.42195	1594	8.97208	1.01103	3.35048
1555	10.86629	0.89507	12.32115	1595	11.37693	0.73967	6.52984
1556	12.16626	11.15286	8.10262	1596	9.19437	5.14825	5.98506
1557	16.08004	11.12386	11.17939	1597	7.96433	3.09071	5.36669
1558	15.16392	9.02536	10.37509	1598	11.70791	6.23861	6.69771
1559	15.98028	13.92599	11.03098	1599	13.91973	5.12242	7.24352
1560	14.61077	15.66413	10.02493	1600	7.78376	19.78848	7.00399

续表

原子序号	X 坐标/Å	Y 坐标/Å	Z 坐标/Å	原子序号	X 坐标/Å	Y 坐标/Å	Z 坐标/Å
1601	6.24611	18.15389	5.94676	1641	11.68191	8.90617	19.97496
1602	4.44229	18.84674	4.51941	1642	11.22376	7.20575	18.29235
1603	5.70850	23.99248	6.01180	1643	12.70508	11.14565	20.58899
1604	2.76522	−0.11766	4.64545	1644	14.05172	13.07488	19.99572
1605	2.52725	22.94595	3.40741	1645	14.20633	13.79151	14.15874
1606	6.53292	22.70823	16.17497	1646	16.74241	16.46124	18.77403
1607	5.99475	24.24943	15.65527	1647	16.59455	17.25795	16.44848
1608	7.11539	22.43223	18.24751	1648	17.11502	12.46852	18.80306
1609	6.76750	1.49713	15.46056	1649	17.72649	11.27657	20.86963
1610	7.78996	3.63853	14.61067	1650	16.97870	12.15673	23.04593
1611	8.46861	6.86384	17.32530	1651	15.66801	14.23949	23.15804
1612	7.73553	5.51249	19.21804	1652	15.02598	15.42008	21.10391
1613	7.76592	4.23052	20.70286	1653	14.66841	16.62503	14.10020
1614	6.62478	0.57976	23.42295	1654	15.30473	15.10585	13.65466
1615	6.65402	23.31441	24.26555	1655	17.46395	14.97202	12.62663
1616	6.11793	19.97781	21.69513	1656	15.60441	20.75978	15.59294
1617	6.95733	21.22451	19.78041	1657	15.14749	18.41255	15.07660
1618	7.87452	2.20721	23.57790	1658	21.46228	20.52988	12.25717
1619	5.37264	20.88693	24.95552	1659	19.92467	21.72524	13.69997
1620	9.49702	5.54466	14.14242	1660	19.54438	15.00953	11.08164
1621	9.59906	6.85072	15.24323	1661	22.06909	18.46258	11.01046
1622	6.71152	10.17770	13.55034	1662	17.02022	22.67359	15.60162
1623	5.64418	9.12183	11.60999	1663	17.95996	22.85944	14.16532
1624	9.00968	4.98533	12.37254	1664	18.71594	22.32014	15.61516
1625	7.44297	4.42011	12.73668	1665	22.97990	17.85398	9.57949
1626	5.77122	5.66804	8.07786	1666	24.68499	16.81277	8.16221
1627	6.92208	3.75338	7.07574	1667	24.63559	14.39094	7.74672
1628	8.74053	2.61617	8.31027	1668	22.83179	13.01017	8.72642
1629	9.20746	3.31084	10.63596	1669	21.09017	14.05150	10.09561
1630	9.68918	10.50532	13.90533	1670	12.27791	11.89679	13.99586
1631	10.72173	11.79516	15.73644	1671	12.94768	10.44263	14.59559
1632	7.70893	8.02207	16.73850	1672	14.14077	12.33179	12.56826
1633	8.79586	10.16751	23.35747	1673	13.81425	10.65355	12.37553
1634	8.34358	8.69043	21.53356	1674	16.21237	13.12293	13.67376
1635	11.15942	13.07462	17.18433	1675	18.58970	12.64726	14.04703
1636	11.55320	14.63452	18.99377	1676	19.39486	10.31428	14.05104
1637	9.43734	12.55348	24.15276	1677	17.80653	8.46767	13.65644
1638	11.12057	15.30500	21.41266	1678	15.43131	8.94514	13.25113
1639	10.71166	15.82751	23.86391	1679	10.90439	0.91828	13.38601
1640	13.52175	9.39878	15.40438	1680	11.60483	0.23279	11.95377

原子序号	X坐标/Å	Y坐标/Å	Z坐标/Å	原子序号	X坐标/Å	Y坐标/Å	Z坐标/Å
1681	25.83134	13.98816	1.74140	1721	5.78741	12.44609	3.25172
1682	−0.01429	12.64902	1.23006	1722	4.86729	11.78232	2.40979
1683	0.32859	11.51255	2.08715	1723	3.62012	12.58746	2.06477
1684	1.39700	10.59764	1.75527	1724	3.54650	14.03793	2.50432
1685	2.11111	10.78025	0.55901	1725	2.82057	14.28553	3.73573
1686	1.65310	11.73578	−0.44053	1726	1.91552	13.39718	4.36383
1687	0.41438	12.50587	−0.17330	1727	1.23694	13.72920	5.56464
1688	25.39273	14.22951	3.10932	1728	1.47609	14.97080	6.19923
1689	25.44141	15.52474	3.60417	1729	2.37616	15.88320	5.59733
1690	25.90214	16.62911	2.79928	1730	3.01804	15.53585	4.38761
1691	0.18951	16.40320	1.43723	1731	5.36962	5.34196	0.10763
1692	0.14238	15.10659	0.92897	1732	4.22630	4.33898	−0.40640
1693	25.90030	17.92286	3.50365	1733	3.85576	3.49090	0.79941
1694	25.45788	17.79578	4.76564	1734	4.91017	2.78966	1.48657
1695	24.97949	15.98349	5.33850	1735	6.31216	3.25201	1.30164
1696	1.56932	9.59800	2.79085	1736	6.53274	4.46343	0.53765
1697	0.52403	9.95415	3.68845	1737	7.83619	4.95384	0.28838
1698	−0.20730	11.05964	3.35766	1738	8.94251	4.30812	0.88334
1699	25.67449	13.35534	27.25523	1739	8.73001	3.20724	1.76043
1700	0.13688	13.36779	25.95562	1740	7.43906	2.65353	1.94058
1701	1.53370	12.87753	25.76918	1741	4.55651	1.73396	2.40545
1702	2.18029	12.18445	26.83185	1742	3.22716	1.53551	2.78499
1703	2.16036	13.05234	24.48670	1743	2.17930	2.39979	2.30892
1704	1.45601	13.68263	23.44516	1744	2.49970	3.43255	1.28177
1705	0.10203	14.10380	23.60094	1745	1.51852	4.39137	0.88762
1706	25.54955	13.89464	24.81920	1746	0.23455	4.38299	1.47168
1707	24.22198	13.82631	27.38834	1747	−0.09583	3.34945	2.48862
1708	23.33092	13.75307	26.18674	1748	0.86294	2.34440	2.86159
1709	24.07076	14.26583	24.99305	1749	24.78275	3.41385	3.17924
1710	3.22730	9.84450	0.17725	1750	23.85785	4.43748	2.89013
1711	2.74956	9.31510	27.62432	1751	24.14620	5.42867	1.91714
1712	3.57121	8.25144	27.20746	1752	25.37258	5.42608	1.20806
1713	4.92650	7.68871	−0.63715	1753	25.58490	6.57949	0.28231
1714	5.31161	8.55865	0.39676	1754	0.03579	6.79356	27.54697
1715	4.51659	9.66692	0.81570	1755	0.16652	7.90438	26.74733
1716	5.21428	10.49872	1.83437	1756	−0.42263	9.12754	27.16084
1717	6.49552	9.94487	2.15805	1757	25.14648	8.96532	−0.13616
1718	6.93145	8.33030	1.31532	1758	25.04399	7.84091	0.68796
1719	7.40745	10.59034	2.98984	1759	−0.19521	10.21596	26.18912
1720	7.05347	11.87192	3.54680	1760	0.58180	9.60348	25.24909

原子序号	X 坐标/Å	Y 坐标/Å	Z 坐标/Å	原子序号	X 坐标/Å	Y 坐标/Å	Z 坐标/Å
1761	0.86801	8.19713	25.45480	1801	3.64015	8.07488	7.24295
1762	0.54432	1.35916	3.96951	1802	3.40083	7.67821	8.58697
1763	0.10746	0.04153	3.70607	1803	3.30354	6.30634	8.90426
1764	0.98372	23.91096	4.77877	1804	3.47086	5.28613	7.93354
1765	1.33417	24.26658	6.08622	1805	3.67418	5.72643	6.60221
1766	0.69555	0.79704	6.48634	1806	3.95138	4.66142	5.50033
1767	0.74436	1.74549	5.34735	1807	4.52734	3.35049	6.09857
1768	0.99737	3.11698	5.63613	1808	4.17722	3.01144	7.43313
1769	1.19651	3.46813	6.97401	1809	3.49123	3.88901	8.37463
1770	1.18524	2.43435	7.96184	1810	4.58017	1.72309	7.85759
1771	0.94379	1.17125	7.73169	1811	5.43363	0.90516	7.08137
1772	9.97261	2.90802	2.65630	1812	5.82599	1.31575	5.78317
1773	10.66397	4.18761	3.19594	1813	5.34056	2.53899	5.26823
1774	9.92183	5.38297	3.58399	1814	4.15552	9.50133	7.02289
1775	10.64700	6.55084	4.12164	1815	3.67007	10.42101	6.03304
1776	12.06658	6.53830	4.20649	1816	4.34246	11.64487	5.89622
1777	12.76692	5.31874	3.84783	1817	5.45929	11.93917	6.72975
1778	12.04674	4.16074	3.37364	1818	6.06455	10.96562	7.67729
1779	9.94669	7.70847	4.64808	1819	5.30602	9.75917	7.78375
1780	8.49280	7.69680	4.65690	1820	7.16758	11.19929	8.36180
1781	7.78601	6.55338	4.03237	1821	7.78149	12.34429	8.30272
1782	8.50421	5.43018	3.53673	1822	7.27483	13.45840	7.47977
1783	6.34326	6.52484	3.99183	1823	6.07883	13.24923	6.68460
1784	5.63304	7.56714	4.60333	1824	7.88692	14.73665	7.45818
1785	6.31533	8.67471	5.19608	1825	9.05276	15.00484	8.29644
1786	7.71948	8.72933	5.25362	1826	9.59295	13.89962	9.07313
1787	12.76072	7.73822	4.72299	1827	8.98992	12.65927	9.04802
1788	12.06395	8.92341	5.20009	1828	5.50780	14.33434	5.91760
1789	10.67399	8.83780	5.16895	1829	6.12300	15.58018	5.88062
1790	14.21710	5.31278	3.97682	1830	7.33738	15.81691	6.63852
1791	14.88563	6.56215	4.41493	1831	9.55924	16.33998	8.40236
1792	14.17488	7.73347	4.79321	1832	8.98929	17.39272	7.65570
1793	16.32057	6.62032	4.47920	1833	7.97761	17.09987	6.71267
1794	17.12331	5.52444	4.14458	1834	9.37841	18.79916	7.84881
1795	16.45847	4.31578	3.79269	1835	8.13707	12.62916	4.28036
1796	15.05283	4.19578	3.71645	1836	8.40511	13.99737	4.00580
1797	12.71696	10.10647	5.68875	1837	9.56812	14.60461	4.53514
1798	18.57469	5.71069	4.16798	1838	10.49106	13.75487	5.32286
1799	4.07578	7.50726	4.76547	1839	10.14939	12.40029	5.66903
1800	3.72943	7.08926	6.21198	1840	8.97387	11.85171	5.15818

原子序号	X 坐标/Å	Y 坐标/Å	Z 坐标/Å	原子序号	X 坐标/Å	Y 坐标/Å	Z 坐标/Å
1841	11.78951	14.23257	5.70865	1881	1.15211	22.43157	1.35659
1842	12.20568	15.50119	5.29845	1882	2.51078	22.03594	1.34427
1843	11.33194	16.36975	4.56271	1883	7.57669	16.80388	3.52816
1844	9.94666	15.99865	4.29127	1884	7.31458	16.95015	1.95670
1845	9.05983	17.04521	3.85300	1885	5.85849	17.40500	1.77276
1846	9.48325	18.38083	3.73728	1886	5.58440	18.79827	1.68284
1847	10.86665	18.73133	3.89772	1887	4.24420	19.24302	1.67612
1848	11.85077	17.67450	4.15570	1888	3.18079	18.30836	1.77987
1849	13.25405	17.96675	4.01503	1889	3.45713	16.91749	1.80730
1850	13.66382	19.31052	3.81300	1890	4.79517	16.46096	1.79629
1851	12.71576	20.36259	3.71359	1891	5.64611	6.75519	27.56050
1852	11.33291	20.09361	3.74213	1892	25.08998	13.43884	3.72280
1853	14.31778	16.89321	3.93080	1893	0.55490	17.19245	0.85210
1854	15.64267	17.15245	4.39557	1894	0.49651	14.92573	−0.03830
1855	16.65729	16.18467	4.23458	1895	0.07635	18.82909	3.07258
1856	16.36908	14.94413	3.60737	1896	25.38448	18.63908	5.36203
1857	15.05734	14.68687	3.12564	1897	2.03415	8.54932	2.60192
1858	14.03800	15.64904	3.28467	1898	0.30591	9.38551	4.53967
1859	10.34001	21.27207	3.66640	1899	25.09640	11.44860	3.87945
1860	9.44372	21.34206	2.39176	1900	3.10459	11.72756	26.67305
1861	10.00278	21.48881	1.05606	1901	3.14371	12.72812	24.34129
1862	9.08472	21.59720	−0.08163	1902	1.93100	13.85253	22.52542
1863	7.69543	21.74385	0.16273	1903	25.74576	14.58709	22.80740
1864	7.16323	21.72790	1.52837	1904	23.92497	12.99390	−0.30318
1865	8.07166	21.39710	2.61659	1905	24.30779	14.84622	27.70009
1866	9.46839	21.94212	27.07562	1906	24.08606	15.33385	25.01833
1867	10.88853	21.88919	26.86665	1907	23.56415	14.03344	24.08459
1868	11.88820	21.54300	−0.54599	1908	1.81913	9.46063	27.16379
1869	11.40661	21.52942	0.78316	1909	3.25655	7.61306	26.43994
1870	6.65905	22.29888	27.57067	1910	8.35275	10.17068	3.17219
1871	7.17928	22.24684	26.21308	1911	5.56063	13.39961	3.62153
1872	8.53092	22.05016	25.97148	1912	2.79885	12.02903	2.43822
1873	5.80578	22.11500	1.75179	1913	3.54321	12.52810	1.00185
1874	4.96369	22.42056	0.65295	1914	1.70147	12.48156	3.90452
1875	5.41906	22.29498	−0.68492	1915	0.55538	13.05507	5.98277
1876	11.46841	21.90615	25.43636	1916	0.98922	15.22273	7.09307
1877	3.51109	22.91479	0.85137	1917	2.54762	16.81514	6.03952
1878	3.14845	24.22214	0.42312	1918	3.66704	16.22774	3.94426
1879	0.78584	−0.20232	0.38345	1919	4.99319	5.84813	0.95691
1880	0.78155	23.68350	0.80091	1920	3.39074	4.87006	−0.77363

原子序号	X 坐标/Å	Y 坐标/Å	Z 坐标/Å	原子序号	X 坐标/Å	Y 坐标/Å	Z 坐标/Å
1921	4.50360	4.05190	27.35109	1961	4.62515	5.04947	4.79133
1922	7.96626	5.83983	−0.26278	1962	4.21252	1.36377	8.77111
1923	9.90094	4.71558	0.79094	1963	5.78017	−0.00207	7.47245
1924	7.29771	1.84792	2.58689	1964	6.45015	0.70775	5.20407
1925	5.30281	1.12855	2.81700	1965	5.57197	2.84359	4.29455
1926	2.99222	0.78183	3.48145	1966	2.84164	10.19003	5.43825
1927	1.78270	5.16063	0.23395	1967	4.01416	12.34502	5.18883
1928	24.56048	2.70027	3.90869	1968	5.64383	9.01318	8.43988
1929	22.93728	4.45975	3.39294	1969	10.41916	14.05907	9.69286
1930	23.43233	6.16554	1.70703	1970	9.40069	11.90890	9.65456
1931	0.40639	5.87008	27.22490	1971	4.60181	14.19593	5.41427
1932	24.76792	9.89754	0.15406	1972	5.67843	16.35475	5.34132
1933	24.58987	7.92177	1.62409	1973	10.33102	16.53998	9.07706
1934	25.61273	11.21985	26.23273	1974	7.67641	17.86714	6.06704
1935	0.92772	10.15586	24.43431	1975	9.98694	18.82000	8.50732
1936	−0.06041	−0.26429	2.72521	1976	7.77128	14.53794	3.36272
1937	0.70132	22.91989	4.58032	1977	10.79327	11.82911	6.26551
1938	1.34074	23.51397	6.81268	1978	8.69228	10.86932	5.40373
1939	1.01187	3.83512	4.87382	1979	12.42908	13.60959	6.25473
1940	1.37839	4.45979	7.25838	1980	13.17224	15.84699	5.53554
1941	1.40293	2.72956	8.96812	1981	8.79597	19.12547	3.47909
1942	10.67683	2.36196	2.08490	1982	14.68178	19.52840	3.71153
1943	9.66446	2.31067	3.48563	1983	13.05693	21.35247	3.62931
1944	12.57573	3.28108	3.16633	1984	15.85241	18.05268	4.88314
1945	7.96775	4.61950	3.16761	1985	17.62497	16.37852	4.58761
1946	5.84744	5.73153	3.52823	1986	17.11775	14.22186	3.50211
1947	5.76033	9.45740	5.60826	1987	14.84368	13.77373	2.65453
1948	8.18727	9.52584	5.75941	1988	13.07765	15.45955	2.91078
1949	10.14485	9.64739	5.55062	1989	10.88934	22.17787	3.72969
1950	14.69783	8.56622	5.14590	1990	9.69572	21.22186	4.50890
1951	16.77182	7.50476	4.81293	1991	7.69500	21.28812	3.59390
1952	17.04350	3.47222	3.58828	1992	12.92390	21.52521	−0.71088
1953	14.62646	3.27045	3.47542	1993	12.08613	21.48480	1.57435
1954	13.61411	10.19077	5.67418	1994	6.52006	22.36823	25.40438
1955	18.83473	6.54908	4.35223	1995	8.87805	21.98065	24.98674
1956	3.67209	6.81196	4.08075	1996	5.44507	22.20382	2.72533
1957	3.68360	8.46891	4.57552	1997	4.63965	22.79328	27.05163
1958	3.40166	8.39213	9.35310	1998	11.23402	22.82541	24.96361
1959	3.21404	6.03450	9.91216	1999	11.04296	21.11711	24.86966
1960	3.04839	4.44004	4.99734	2000	12.52187	21.79133	25.46184

原子序号	X 坐标/Å	Y 坐标/Å	Z 坐标/Å	原子序号	X 坐标/Å	Y 坐标/Å	Z 坐标/Å
2001	2.88472	0.09890	0.10998	2009	7.96685	17.68889	1.57999
2002	0.51449	0.74673	0.03141	2010	6.36935	19.48741	1.62796
2003	25.88287	23.96045	0.72765	2011	4.03865	20.27376	1.59644
2004	0.41752	21.75809	1.67521	2012	2.19130	18.64427	1.79969
2005	2.77550	21.06456	1.65402	2013	2.66937	16.22463	1.84774
2006	6.99010	17.53993	4.00974	2014	5.00188	15.43018	1.82841
2007	7.27723	15.83734	3.86265	2015	6.68376	6.96840	27.65325
2008	7.48423	16.02982	1.46493	2016	5.43495	6.39641	26.58869